Word 2007
Avancé

Guide de formation avec exercices et cas pratique

Word 2007
Avancé

Philippe Moreau — Patrick Morié

T soft
EDITEUR

EYROLLES

ÉDITIONS EYROLLES
61, bd Saint-Germain
75240 Paris Cedex 05
www.editions-eyrolles.com

TSOFT
10, rue du Colisée
75008 Paris
www.tsoft.fr

© Tsoft et Groupe Eyrolles, 2008, ISBN : 978-2-212-12214-5

Avant-propos

Conçu par des pédagogues expérimentés, ce manuel vise à vous apprendre à utiliser efficacement les fonctions avancées du logiciel Microsoft Office Word 2007. Il fait suite à un manuel d'initiation chez le même éditeur.

Ce manuel s'adresse donc à des utilisateurs ayant déjà assimilé et mis en pratique les fonctions de base de Office Word 2007.

FICHES PRATIQUES

La première partie, *Manuel utilisateur*, présente sous forme de fiches pratiques l'utilisation des fonctions avancées du logiciel et leur mode d'emploi. Ces fiches peuvent être utilisées soit dans une démarche d'apprentissage pas à pas, soit au fur et à mesure de vos besoins, lors de la réalisation de vos propres documents. Une fois ces fonctions maîtrisées, vous pourrez également continuer à vous y référer en tant qu'aide-mémoire. Si vous vous êtes déjà aguerri sur une version plus ancienne de Word ou sur un autre logiciel traitement de texte, ces fiches vous aideront à vous approprier rapidement les fonctions avancées d'Office Word 2007.

CAS PRATIQUES

La seconde partie, *Cas pratiques*, consiste à réaliser des documents complets en se servant des commandes d'Office Word 2007. Cette partie vous propose douze cas pratiques, qui vous permettront de mettre en œuvre la plupart des fonctions étudiées dans la partie précédente, tout en vous préparant à concevoir vos propres documents de manière autonome. Ils ont été conçus pour vous faire progresser vers une bonne maîtrise des fonctionnalités avancées d'Office Word 2007.

Ces cas pratiques constituent un parcours de formation ; la réalisation du parcours complet permet d'apprendre seul en autoformation.

Un formateur pourra aussi utiliser cette partie pour animer une formation à l'utilisation avancée d'Office Word 2007. Mis à disposition des apprenants, ce parcours permet à chaque élève de progresser à son rythme et de poser ses questions au formateur sans ralentir la cadence des autres élèves.

Les données nécessaires à la réalisation de ces cas pratiques peuvent être téléchargées depuis le site Web *www.editions-eyrolles.com*. Il vous suffit pour cela de taper le code **G12215** dans le champ <RECHERCHE> de la page d'accueil du site, puis d'appuyer sur ⏎. Vous accéderez à la fiche de l'ouvrage sur laquelle se trouve un lien vers le fichier à télécharger. Une fois ce fichier téléchargé sur votre poste de travail, il vous suffit de le décompresser vers le dossier *C:\Exercices Word 2007* ou un autre dossier si vous préférez.

Les cas pratiques sont particulièrement adaptés en fin de parcours de formation à l'issue d'un stage ou d'un cours de formation en ligne sur Internet, par exemple.

Téléchargez les fichiers des cas pratiques depuis www.editions-eyrolles.com

Conventions typographiques

Pour faciliter la compréhension visuelle par le lecteur de l'utilisation pratique du logiciel, nous avons adopté les conventions typographiques suivantes :

Gras : les onglets, les groupes, les boutons et les zones qui sont sur le Ruban.

Italique : noms des commandes dans les menus et noms des dialogues (*).

Gras : sections dans les menus, sections ou onglets dans les dialogues (*).

<xxxx> zone case à cocher ou déroulante ou de saisie dans un dialogue.

`Police bâton` : noms de dossier, noms de fichier, texte à saisir.

[xxxxx] : boutons qui sont dans les boîtes de dialogue (*).

■ Actions : les actions à réaliser sont précédées d'une puce.

(*) Dans cet ouvrage, le terme « dialogue » désigne une « boîte de dialogue ».

Table des matières

PARTIE 2
CAS PRATIQUES

PARTIE 1
GUIDE D'UTILISATION

Outils de vérification et correction

1

AFFICHER DANS PLUSIEURS FENÊTRES

BASCULER D'UNE FENÊTRE DOCUMENT À UNE AUTRE

Quand un document est affiché à l'écran et que vous en ouvrez un autre, le nouveau document s'affiche au premier plan et sa fenêtre occupe tout l'écran. L'autre document n'est plus visible, mais reste présent de façon masquée en arrière-plan.

Chaque fenêtre masquée reste accessible en cliquant sur le bouton qui la représente dans la barre des tâches. Lorsque les fenêtres document sont trop nombreuses, un seul bouton donne accès à la liste des fenêtres Word. Pour basculer d'une fenêtre document à un autre :

- Cliquez sur le bouton associé au document dans la barre des tâches, ou cliquez sur le bouton associé à Word puis sur le nom du document, ou
- Onglet **Affichage**>groupe **Fenêtre**, cliquez sur le bouton **Changement de fenêtre**, puis cliquez sur le nom du document ouvert, ou
- Appuyez sur Ctrl + F6 pour passer successivement d'une fenêtre document à la suivante.

AFFICHER LES FENÊTRES EN MOSAÏQUE

- Onglet **Affichage**>groupe **Fenêtre**, cliquez sur le bouton **Réorganiser tout**.

Toutes les fenêtres document s'ouvrent et s'affichent en mosaïque horizontale à l'écran. On passe d'une fenêtre document à une autre en cliquant dans la fenêtre, on peut faire défiler le document dans chaque fenêtre de façon indépendante.

OUVRIR PLUSIEURS FENÊTRES SUR UN MÊME DOCUMENT

Pour voir simultanément différentes parties du document en faisant défiler le document de manière indépendante dans chaque fenêtre (mais il est plus simple d'utiliser le fractionnement).

- Ouvrez le document et fermez les autres documents ouverts puis, sous l'onglet **Affichage**>groupe **Fenêtre**, cliquez sur le bouton **Nouvelle fenêtre**, puis
- Sous l'onglet **Affichage**>groupe **Fenêtre**, cliquez sur le bouton **Réorganiser tout**

Les deux fenêtres sont affichées en mosaïque horizontale à l'écran.

AFFICHAGE DE DOCUMENTS EN CÔTE À CÔTE

Pour comparer visuellement deux versions d'un même document, ouvrez les deux documents.

- Onglet **Affichage**>groupe **Fenêtre**, cliquez sur le bouton **Afficher côte à côte**, puis sélectionnez le document à afficher à côté.

Vous pouvez établir un défilement synchrone ou non en cliquant sur le bouton **Défilement synchrone**.

Si vous avez modifié la taille des fenêtres ou leur position, cliquez sur le bouton **Rétablir la position de la fenêtre** pour rétablir l'affichage côte à côte.

Pour enlever l'affichage côte à côte : cliquez à nouveau sur le bouton **Afficher côte à côte**.

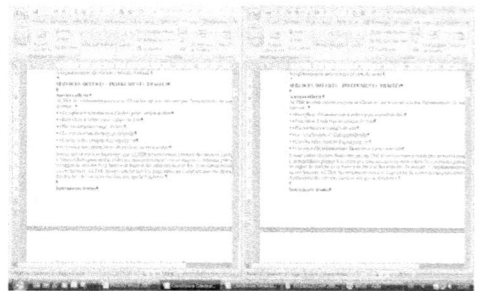

FRACTIONNER LA FENÊTRE DOCUMENT

Pour voir simultanément différentes parties du document :

- Onglet **Affichage**>groupe **Fenêtre**, cliquez sur le bouton **Fractionner**, puis cliquez dans la fenêtre à la position du fractionnement, la fenêtre est fractionnée en deux volet horizontaux, vous pouvez ensuite faites défiler séparément le document dans chacun des volets

Pour enlever le fractionnement, cliquez sur le bouton **Annuler le fractionnement**.

VÉRIFIER L'ORTHOGRAPHE ET LA GRAMMAIRE

Word fournit un vérificateur pour simplifier et accélérer votre travail de correction orthographique et grammaticale. Vous pouvez régler les options pour que les erreurs soient automatiquement signalées dès la saisie ou seulement après une vérification du document effectuée à la demande.

VÉRIFICATION AUTOMATIQUE DÈS LA SAISIE

Le vérificateur est configuré par défaut pour vérifier les fautes dès la saisie.

Orthographe

Les mots suspects sont soulignés d'un trait ondulé rouge, par exemple Je revien de vacances...

- Cliquez droit sur le mot suspect, un menu contextuel s'affiche.
  Cliquez sur un des mots suggérés par Word ou sur :
- − *Ignorer* : pour ne plus signaler cette occurrence du mot.
- − *Ignorer tout* : pour ne plus signaler ce mot dans tout le document.
- − *Ajouter au dictionnaire* : pour ajouter ce mot au dictionnaire personnel de façon à ce que la vérification ne le signale plus.
- − *Correction automatique* : pour ajouter le mot suspect à la liste des mots à corriger automatiquement.
- − *Langue* : pour changer la langue pour ce mot.
- − *Orthographe* : pour afficher le dialogue du vérificateur.

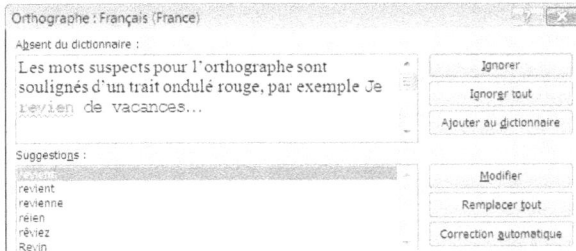

Grammaire

Les expressions suspectes sont soulignées d'un trait ondulé vert, exemple les règle du jeu...

- Cliquez droit sur l'expression suspecte, un menu vous propose de choisir une expression de remplacement ou d'ignorer.
  Si vous voulez en savoir plus sur la règle de grammaire : cliquez sur la commande *Grammaire...* Word affiche un dialogue qui vous permet d'avoir une explication.

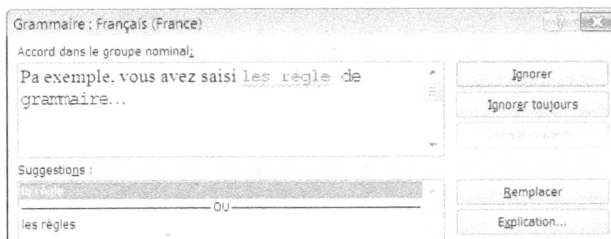

VÉRIFIER À LA DEMANDE

Si vous avez décoché les options de vérification au cours de la frappe, la vérification se fait seulement lorsque vous le demandez:

- Tapez sur F7 ou sous l'onglet **Révision**>groupe **Vérification**, cliquez sur le bouton **Grammaire et orthographe**.

VÉRIFIER L'ORTHOGRAPHE ET LA GRAMMAIRE

La vérification s'effectue à partir de la position sur point d'insertion, à chaque faute d'orthographe ou de grammaire rencontrée Word affiche un dialogue qui propose :

– Pour l'orthographe, des suggestions de mots puis des actions [Modifier] ou [Remplacer tout] ou [Correction automatique], ou bien [Ignorer] ou [Ignorer tout] ou [Ajouter au dictionnaire].

– Pour la grammaire, des suggestions puis l'action [Remplacer], ou les actions [Ignorer], [Ignorer toujours], [Phrase suivante] ou bien l'action [Explication] pour en savoir plus sur la règle.

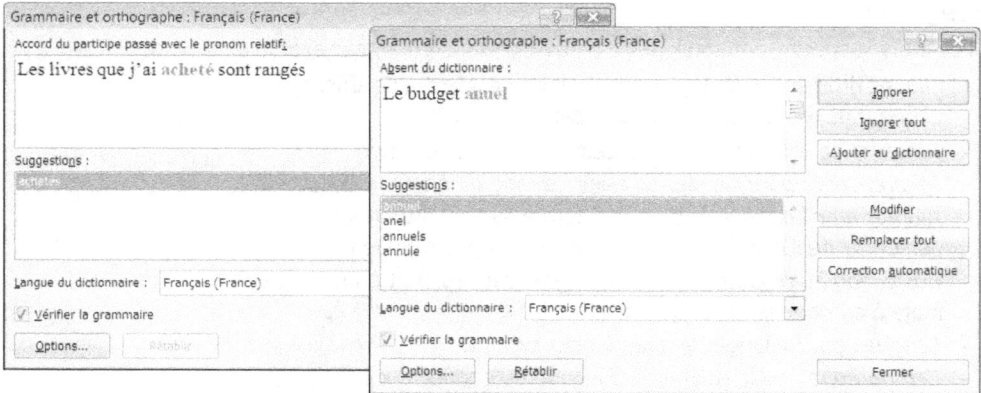

RÉGLER LES OPTIONS DE VÉRIFICATION

■ Cliquez sur le **Bouton Office**, puis sur le bouton [Options Word] situé au bas du menu. Cliquez sur *Vérification,* cochez ou décochez les options :

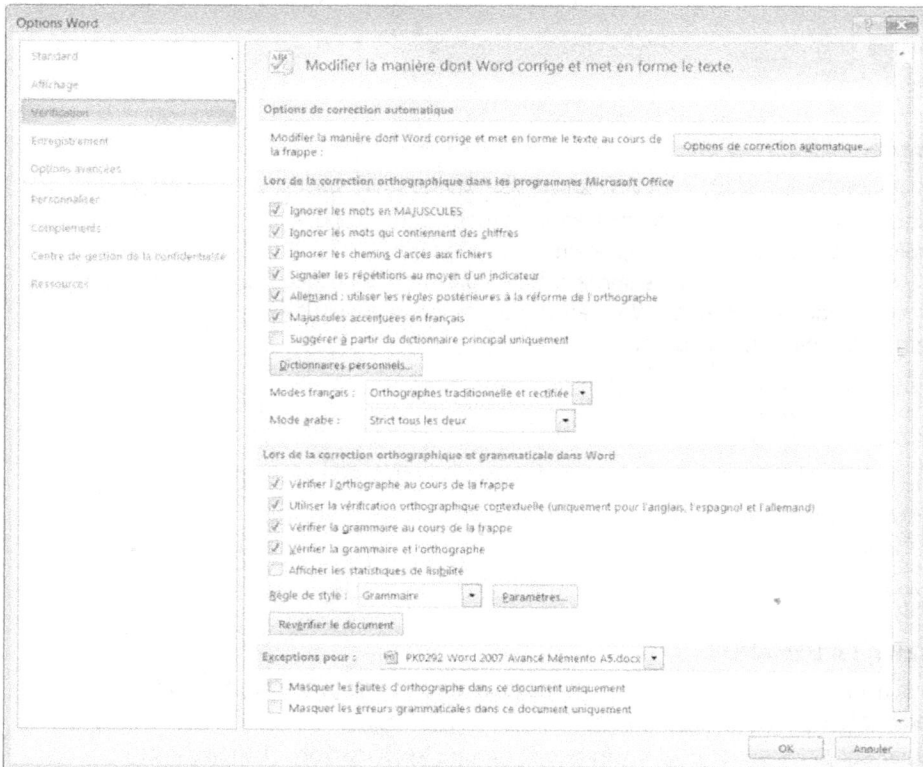

VÉRIFIER L'ORTHOGRAPHE ET LA GRAMMAIRE

OPTIONS DE VÉRIFICATION POUR TOUT OFFICE

- <☑ Ignorer les mots en MAJUSCULES> : ne signale pas les mots tout en majuscules.
- <☑ Ignorer les mots qui contiennent des chiffres> : ne signale pas les mots avec des chiffres.
- <☑ Ignorer les chemins d'accès aux fichiers> : ne signale pas les mots qui représentent des adresses Internet ou des chemins d'accès aux fichiers, par exemple : http://www.aware.com/, \\awware\public\, mailto:andy@awware.com.
- <☑ Signaler les répétitions au moyen d'un indicateur> : signale les mots répétés se suivant.
- <☑ Majuscules accentuées en français> : signale les mots français contenant une majuscule non accentuée. Lorsque vous utilisez le français canadien, cette option est toujours activée par défaut car le dictionnaire de cette langue contient la forme accentuée des mots.
- <☑ Suggérer à partir du dictionnaire principal uniquement> : suggère uniquement des mots du dictionnaire principal, pas les mots de vos dictionnaires personnels.
- <Modes français> : cette zone de liste permet de choisir entre les variantes de la nouvelle orthographe française : l'orthographe rectifiée (règles d'orthographe recommandées par l'Académie française depuis la réforme d'orthographe de 1990) et l'orthographe traditionnelle (règle antérieures à la réforme de 1990).

OPTIONS DE VÉRIFICATION POUR WORD UNIQUEMENT

- <☑ Vérifier l'orthographe au cours de la frappe> : effectue la vérification orthographique dès la saisie et les mots suspects sont soulignés immédiatement.
- <☑ Vérifier la grammaire au cours de la frappe> : effectue la vérification grammaticale dès la saisie et les expressions suspectes sont soulignées immédiatement.
- <☑ Vérifier la grammaire et l'orthographe> : déclenche aussi la vérification grammaticale lorsque la vérification orthographique s'effectue.
- <☑ Afficher les statistiques de lisibilité> : affiche des statistiques de lisibilité au terme de la vérification grammaticale.
- <Règles de style> : cette zone permet de choisir entre « règles de grammaire » seulement ou « règles de grammaire et règles de style ». Le bouton [Paramètres] sert à activer ou désactiver les règles que vous voulez vérifier.

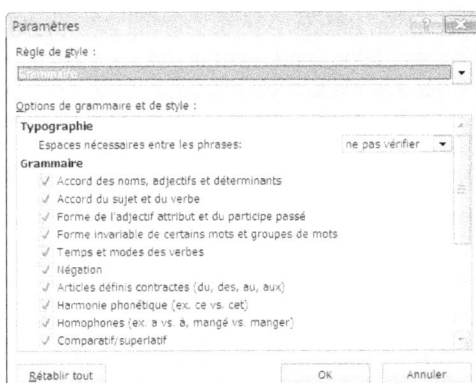

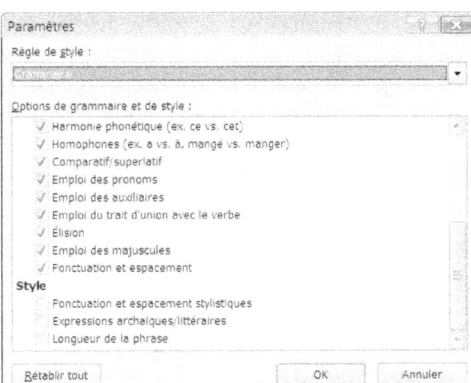

SOULIGNER OU NON LES MOTS OU EXPRESSIONS SUSPECTS

- Dans la zone <Exceptions pour> : choisissez le document en cours seulement ou tous les nouveaux documents que vous allez créer.
- <☐ Masquer les fautes d'orthographe> : si vous activez cette option, les mots suspects orthographiquement ne sont plus mis en évidence (par un soulignement ondulé rouge).
- <☐ Masquer les erreurs grammaticales> : si vous activez cette option, les expressions suspectes grammaticalement ne sont plus mises en évidence (par un soulignement ondulé vert)

LES DICTIONNAIRES PERSONNELS

Lorsque Word effectue la vérification, il compare les mots de votre document à ceux du dictionnaire principal ou du dictionnaire personnel par défaut pour la langue de votre texte et il vous propose d'ajouter les mots qu'il ne reconnait pas au dictionnaire personnel par défaut. Votre installation de Word prévoit un dictionnaire personnel nommé CUSTOM.DIC, mais vous pouvez créer d'autres dictionnaires personnels.

LE DICTIONNAIRE PERSONNEL PAR DÉFAUT

Vous pouvez créer plusieurs dictionnaires personnels, mais un seul d'entre eux peut être utilisé à la fois lors d'une vérification orthographique, c'est le dictionnaire personnel que vous avez défini par défaut pour la langue de votre texte.

Word peut même faire des suggestions à partir du dictionnaire personnel par défaut à condition que l'option <☐ Suggérer à partir du dictionnaire principal uniquement> ne soit pas cochée.

CRÉER UN DICTIONNAIRE PERSONNEL

- **Bouton Office**, cliquez sur [Options Word], sélectionnez **Vérification**.
- Cliquez sur le bouton [Dictionnaires personnels], puis sur [Nouveau], saisissez un nom pour le nouveau dictionnaire, dans l'exemple `Informatique`, puis cliquez sur [OK].

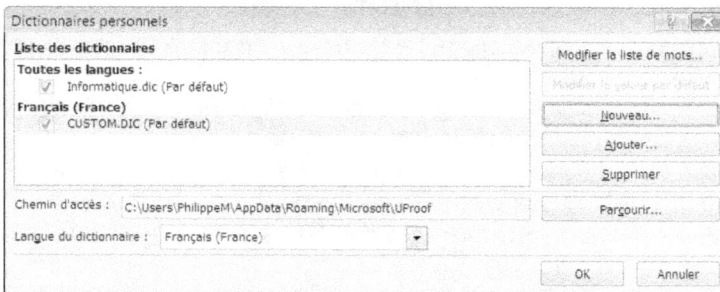

- Dans la liste déroulante <Langue du dictionnaire> : choisissez une langue si ce dictionnaire est spécifique à une langue, puis validez en cliquant [OK].

Il y a un dictionnaire par défaut pour chaque langue et un dictionnaire par défaut éventuellement pour *Toutes les langues*. Pour choisir le dictionnaire par défaut pour une langue, cliquez sur le nom du dictionnaire sous la rubrique de cette langue, puis cliquez sur le bouton [Modifier la valeur par défaut]. Le nom de ce dictionnaire se place alors en tête de liste avec la mention *(Par défaut)*.

AJOUTER OU SUPPRIMER DES MOTS DANS UN DICTIONNAIRE PERSONNEL

Pour ajouter un mot au coup par coup au dictionnaire personnel par défaut lors de la vérification, cliquez sur la commande contextuelle du mot suspect *Ajouter au dictionnaire*. Vous pouvez aussi ajouter ou supprimer des mots en série à tout dictionnaire personnel :

- Affichez les options de vérification de Word, cliquez sur le bouton [Dictionnaires personnels...], sélectionnez le dictionnaire à modifier. Cliquez sur le bouton [Modifier la liste de mots...], un dialogue s'affiche :
- Ajouter des mots : saisissez le ou les mots dans la zone <Mot(s)>, cliquez sur [Ajouter].
  Conseil : ajoutez les différentes formes d'un mot (singulier, pluriel, majuscule, minuscule...).
- Supprimer un mot : sélectionnez le mot dans la zone <Dictionnaire> et cliquez sur [Supprimer].

Les dictionnaires personnels sont des fichiers texte. Pour ajouter un grand nombre de mots, vous pouvez ouvrir un dictionnaire personnel avec le *Bloc-notes* de Windows, chaque mot du dictionnaire occupe une ligne. L'emplacement du fichier dictionnaire est visible dans le dialogue *Dictionnaires personnels* lorsque vous avez sélectionné le dictionnaire.

COUPURE DES MOTS EN FIN DE LIGNE

Si un mot est trop long pour tenir sur une ligne, Word le déplace au début de la ligne suivante, sauf tiret (conditionnel ou non) dans le mot. Pour éviter d'avoir à insérer des tirets, vous pouvez utiliser la coupure automatique, c'est alors Word qui effectue les coupures automatiquement.

TIRET CONDITIONNEL

Un tiret conditionnel permet de contrôler dans un mot l'endroit où une coupure peut être effectuée en fin de ligne. Par exemple, vous voulez imposer que le mot `automatique` puisse être coupé comme `auto-matique` mais jamais comme `automati-que`.

- Pour insérer un tiret conditionnel, cliquez dans le mot à la position voulue, puis tapez `Ctrl`+`☐`.

Les tirets conditionnels dans les mots ne sont pas visibles sauf si le mot se trouve coupé en fin de ligne. Ils peuvent être rendus visibles à l'écran par l'affichage des caractères spéciaux.
Un mot contenant un tiret conditionnel sera considéré comme un mot suspect par la vérification.

TIRET INSÉCABLE

Lorsqu'un mot composé contient un tiret (inséré avec la touche ☐), la coupure en fin de ligne s'opère sur le tiret. Si vous voulez empêcher que ce mot puisse être coupé en fin de ligne, insérez un tiret insécable en tapant sur `Ctrl`+`☐`+`☐`.

UTILISER LA COUPURE DE MOTS AUTOMATIQUE

Lorsque vous activez la coupure de mots automatique, Word coupe automatiquement les mots selon ses règles syllabiques, mais n'insère pas de tirets conditionnels dans les mots. Le résultat n'est pas toujours le plus approprié.

- Onglet **Mise en page**>groupe **Mise en page**, cliquez sur **Coupure de mots**, puis sur *Automatique*.

Si aucun texte n'est sélectionné, la coupure automatique s'applique à tous les paragraphes du document. Sinon elle s'applique aux seuls paragraphes sélectionnés.
Pour désactiver la coupure automatique : onglet **Mise en page**>groupe **Mise en page**, cliquez sur le bouton **Coupure de mots**, puis sur *Aucun*.
Les mots ne sont plus coupés sauf s'ils contiennent un tiret conditionnel.

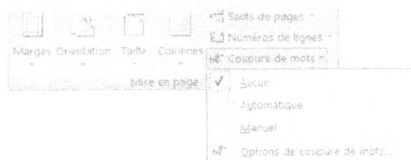

EFFECTUER LA COUPURE DES MOTS SEMI-AUTOMATIQUE

Il est préférable de contrôler la façon dont s'effectuent les coupures de mots : effectuez une coupure des mots assistée par Word, sur tout le document ou sur les paragraphes sélectionnés :

- Sous l'onglet **Mise en page**>groupe **Mise en page**, cliquez sur **Coupure de mots**, puis sur *Manuelle*. Word trouve les mots ou expressions à couper, il affiche dans un dialogue les endroits de coupure possibles, cliquez sur le tiret que vous souhaitez puis cliquez sur [Oui].

Word insère alors un tiret conditionnel dans les mots que vous avez traités ; ces mots seront ensuite toujours coupés en fin de ligne à la position du tiret conditionnel.

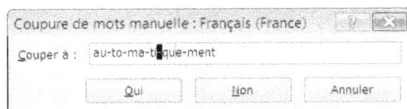

RÈGLES DE COUPURE DE MOTS

La zone de coupure de mots est l'espace maximal entre un mot et la marge de droite sans que le mot soit coupé. Vous pouvez la rétrécir (éviter les irrégularités à droite) ou l'élargir (réduire le nombre de traits d'union).

- Onglet **Mise en page**>groupe **Mise en page**, cliquez sur le bouton **Coupure de mots**, puis sur *Options de coupure de mots...*

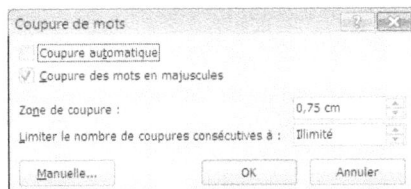

VÉRIFIER AVEC DES LANGUES ÉTRANGÈRES

La version française d'Office est livrée avec les dictionnaires français, allemand, anglais, arabe, espagnol et néerlandais. La langue principale d'édition choisie par défaut à l'installation est le français, elle détermine le choix des dictionnaires français.

DOCUMENTS MULTILINGUES

Si votre document contient des morceaux de texte saisis dans une autre langue, vous pouvez indiquer au vérificateur une langue différente ❶, mais vous pouvez aussi le laisser détecter automatiquement la langue ❷ (cette option est activée par défaut).

- Sélectionnez le morceau de texte, puis sous l'onglet **Révision**>groupe **Vérification**, cliquez sur le bouton ✍ **Définir la langue**, ou cliquez sur l'indicateur de langue dans la barre d'état.

> Page : 11 sur 128   À : 7,2 cm   Ligne : 11   Colonne : 1   Mots : 28 120   ✍   Français (France)

Si vous êtes sûr que vous n'avez que du texte dans la langue principale, il est préférable de décocher l'option <☐ Détecter automatiquement la langue>, option qui s'applique à tout le document.

Si un morceau de texte contient des sigles ou des mots de différentes langues, il vaut mieux éviter que le vérificateur ne s'arrête à chaque mot suspect, et donc cochez l'option <☑ Ne pas vérifier l'orthographe ou la grammaire> sur ce morceau du texte que vous aurez sélectionné.

Les langues placées au-dessus du double trait sont les langues actives pour le vérificateur ; dès que vous sélectionnez une langue pour un bout de texte, elle devient active pour le vérificateur.

La langue identifiée pour un morceau de texte détermine les points suivants :
- Le dictionnaire principal et les règles utilisées pour vérifier l'orthographe du texte, ainsi que la langue du dictionnaire personnalisé dans lequel les mots sont ajoutés.
- Les règles adoptées pour vérifier la grammaire du texte.
- La langue du dictionnaire principal qui est utilisé pour la fonction de correction automatique.

CHANGER LA LANGUE PRINCIPALE ET SUPPRIMER DES LANGUES ACTIVES

Si vous saisissez principalement vos documents dans une langue qui n'est pas le français, il est alors préférable de changer la langue principale :

- Cliquez sur le bouton **Démarrer** de Windows, sur *Tous les programmes*, sur *Microsoft Office*, sur *Outils Microsoft Office*, sur *Microsoft Office 2007 Paramètres de langue*, sous l'onglet **Langue d'édition**, dans <Langue d'édition principale> : sélectionnez la langue, validez par [OK].

Attention : en faisant ce changement de langue d'édition principale, le fichier modèle *Normal.dotm* est écrasé par un nouveau fichier réinitialisé. Si vous voulez conserver les modifications apportées à ce fichier, vous devez en enregistrer une copie avant de modifier la langue principale d'édition.

Notez qu'il est plutôt conseillé de définir des dispositions de clavier à partir du *Panneau de configuration* de Windows, puisque Word se configure automatiquement par rapport aux paramètres de clavier de Windows et qu'il prend mieux en compte dans ce cas toutes les fonctionnalités spéciales pour les langues concernées.

C'est dans ce dialogue que vous pouvez supprimer une langue qui a été activée précédemment : dans la zone <langues d'édition activées> : sélectionnez la langue, puis cliquez sur [Supprimer].

TRADUCTION

Word peut vous aider à traduire des mots d'une langue dans une autre langue grâce aux dictionnaires. Pour des phrases entières, Word fait appel à un service de traduction automatique sur Internet, mais les traductions obtenues sont approximatives et doivent être remaniées.

UTILISER LES INFOBULLES DE TRADUCTION

Vous pouvez activer l'infobulle qui affiche la traduction du mot sur lequel vous positionnez le pointeur :

■ Onglet **Révision**>groupe **Vérification**, cliquez sur le bouton ⬜ **Info-bulle de traduction**, puis sur la langue souhaitée.

■ Amenez ensuite le pointeur sur un mot pour obtenir sa traduction dans la langue choisie dans une infobulle.

■ Pour désactiver l'infobulle de traduction cliquez à nouveau sur ⬜ puis sur la commande ❶ *Désactiver l'info-bulle de traduction*.

TRADUIRE UN MOT

■ Cliquez sur le mot à traduire, puis sous l'onglet **Révision**>groupe **Vérification**, cliquez sur le bouton **Traduction**, ou cliquez droit sur le mot que voulez traduire, puis sur la commande *Traduire...* ou utilisez le raccourci clavier ⎇Alt+⇧+F7.

Le volet *Rechercher* s'ouvre à droite de la fenêtre Word :

— Dans la zone <Rechercher> ❶ : le mot actuel est inscrit.
— Dans la zone <Ressource> ❷ : le service *Traduction* est sélectionné.
— Dans la zone <Résultat> ❸ : les choix de langue en cours sont spécifiés dans les zones <De> et <Vers> et le mot traduit s'affiche sous la rubrique **Dictionnaire bilingue**.

Vous pouvez aussi saisir un mot dans la zone ❶, si vous avez déjà sélectionné *Traduction* dans la zone déroulante au-dessous.

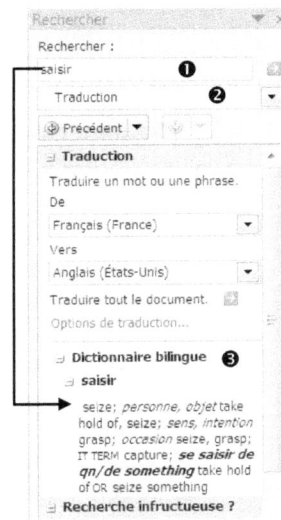

TRADUIRE UNE OU PLUSIEURS PHRASES

Vous devez être connecté à Internet car la traduction s'effectue par un service de traduction assisté par ordinateur, WorldLingo.

■ Sélectionnez la phrase, par exemple Je réponds à votre courrier et procédez comme précédemment.

— Dans la zone <Résultat> ❸ : la phrase traduite s'affiche sous la rubrique **WorldLingo**.

TRADUIRE TOUT LE DOCUMENT

■ Cliquez sur la case fléchée verte à côté de *Traduire tout le document*, le document est envoyé au service de traduction WorldLingo

Le résultat s'affiche dans une fenêtre de votre navigateur Internet, ainsi qu'un devis pour une traduction de qualité professionnelle.

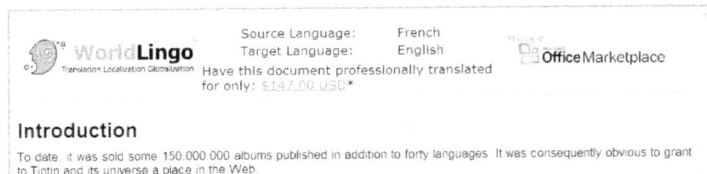

RECHERCHER DES SYNONYMES

Vous pouvez obtenir un style plus varié et précis en utilisant le dictionnaire des synonymes pour chercher rapidement un synonyme pour un mot.

UTILISER LE MENU CONTEXTUEL

- Cliquez droit sur le mot, puis cliquez sur la commande contextuelle *Synonymes,* une liste de synonymes s'affiche.
- Cliquez sur le synonyme de votre choix, il remplacera le mot.

Si les suggestions de la liste ne vous suffisent pas, cliquez sur la commande *Dictionnaire des synonymes...* qui ouvre le dictionnaire des synonymes dans le volet *Rechercher*, afin de vous permettre de poursuivre votre recherche de synonymes.

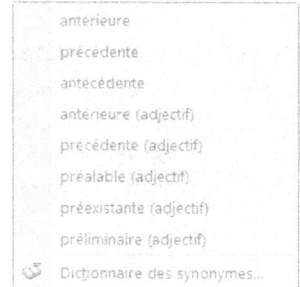

antérieure

précédente

antécédente

antérieure (adjectif)

précédente (adjectif)

préalable (adjectif)

préexistante (adjectif)

préliminaire (adjectif)

Dictionnaire des synonymes...

UTILISER LE DICTIONNAIRE DES SYNONYMES

Pour ouvrir directement le dictionnaire des synonymes :

- Cliquez sur un mot, puis appuyez sur ⇧+F7 (raccourci clavier) ou sous l'onglet **Révision**>groupe **Vérification**, cliquez sur le bouton ⑤ **Dictionnaire des synonymes**...

Le volet *Rechercher* s'ouvre à droite de la fenêtre Word :

- Dans la zone <Recherche> ❶ : le mot actuel est inscrit.
- Dans la zone <Ressource> ❷ : le dictionnaire des synonymes français est sélectionné.
- Dans la zone <Résultat> ❸ : s'affiche la liste des synonymes (en gras) du mot ainsi que les synonymes de ces synonymes qui sont listés en deuxième niveau.
- Amenez le pointeur sur le synonyme qui convient, et cliquez sur sa flèche déroulante, puis choisissez l'une des commandes :
- *Insérer* : pour insérer le mot à la place de celui qui est sélectionné.
- *Copier* : pour copier le mot dans le Presse-papiers.
- *Rechercher* : pour chercher un synonyme du synonyme.

Rechercher

Rechercher :
Volonté ❶

Dictionnaire des synonyme❷ Fran

Précédent

Dictionnaire des synonymes :
Français (France) ❸
Détermination (substantif)
Résolution (substantif)
Résolution
Détermination
Dessein
Volonté
Opiniâtreté
Hardiesse
Énergie
Décision
Irrésolution (Antonyme)
Volition (substantif)
Volition

Après avoir recherché des synonymes de synonymes, les boutons [Précédent] et [Suivant] :

Précédent

servent à revenir au synonyme précédent ou au synonyme suivant déjà consulté. En cliquant sur la flèche de ces boutons vous accédez à la liste des synonymes déjà recherchés précédent ou suivant.

Pour fermer la liste des synonymes d'un synonyme : cliquez sur la case ⊟ devant le synonyme.

Pour développer la liste des synonymes d'un cliquez sur la case ⊞ devant le synonyme.

Dictionnaire des synonymes :
Français (France)
Détermination (substantif)
Résolution (substantif)
Volition (substantif)
Volition
Volonté
Détermination
Intention (substantif)
Dessein (substantif)
Désir (substantif)
Souhait (substantif)
Exigence (substantif)
Ténacité (substantif)
Opiniâtreté (substantif)

synonyme :

© Eyrolles/Tsoft – Word 2007 Avancé

UTILISER LES SERVICES DE RECHERCHE

Les services de recherche vous permettent de consulter des ressources d'information dont les dictionnaires d'othographe, de synonymes, de langue, de définitions (dictionnaire Encarta), des sites de recherche avec des encyclopédies (Encyclopédie Encarta), des sites juridiques et d'information d'entreprises, ou d'autres catégories que vous pouvez définir.

AFFICHER LE VOLET DE RECHERCHE

- Pour ouvrir ou fermer le volet *Rechercher* : sous l'onglet **Révision**>groupe **Vérification**, cliquez sur le bouton **Recherche**.
- Dans la zone <Ressource> ❷ : sélectionnez la ressource à consulter.

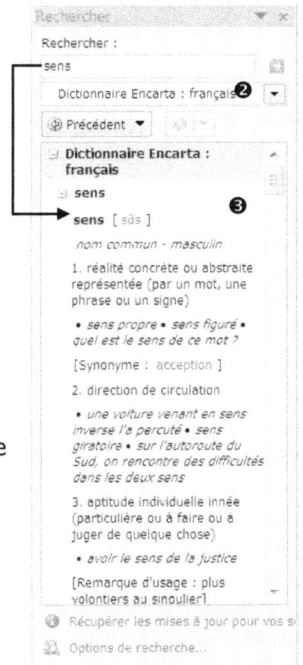

TROUVER DES DÉFINITIONS DE MOTS DANS ENCARTA

- Cliquez droit sur un mot, cliquez sur *Rechercher*...

Le volet *Rechercher* s'ouvre sur le dernier type de recherche effectuée (synonyme, traduction...) :

- Dans la zone <Ressource> ❷ : sélectionnez *Dictionnaire Encarta : français*, les définitions du mot sont recherchées dans l'encyclopédie en ligne et affichées dans le volet inférieur.
- Dans la zone <Résultat> ❸ : s'affichent les définitions issues du dictionnaire Encarta.

ACTIVER LES SERVICES À CONSULTER

- Cliquez sur Options de recherche... au bas du volet *Rechercher* et cochez les services que vous voulez pouvoir utiliser.

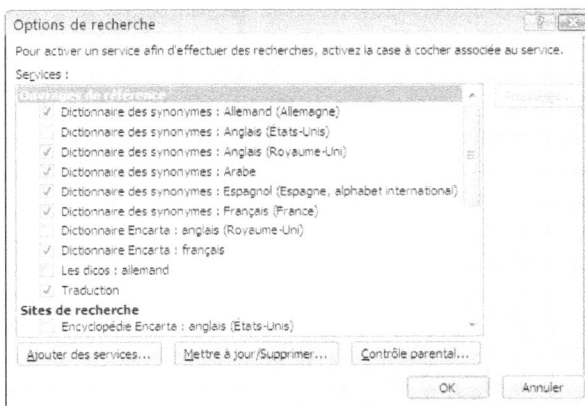

Le service MSN Search permet de faire des recherches de sites sur le Web.

Le service MSN Money France permet de consulter le marché boursier, en recherchant sur le code de la société, par exemple pour EDF (EDF), pour Lafarge (LG), pour IBM (US:IBM)... Vous pourrez trouver les codes des sociétés sur Internet.

[Contrôle parental...] : ce bouton permet de n'autoriser l'accès qu'aux services qui peuvent filtrer le contenu pour bloquer les résultats inconvenants et d'activer ce filtre.

[Ajouter des services...] : ce bouton permet d'ajouter des services qui seront disponibles dans le futur, que des prestataires pourront proposer.

CORRECTIONS AUTOMATIQUES

Lorsque l'option Correction en cours de frappe est active, Word corrige les fautes de frappe courantes et remplace certaines suites de caractères par des symboles. Vous pouvez enrichir la liste des corrections automatiques et créer vos propres abréviations pour accélérer la saisie.

OUVRIR LE DIALOGUE CORRECTION AUTOMATIQUE

- **Bouton Office**, cliquez sur [Options Word], cliquez sur *Vérification*, puis sur le bouton [Options de correction automatique...].

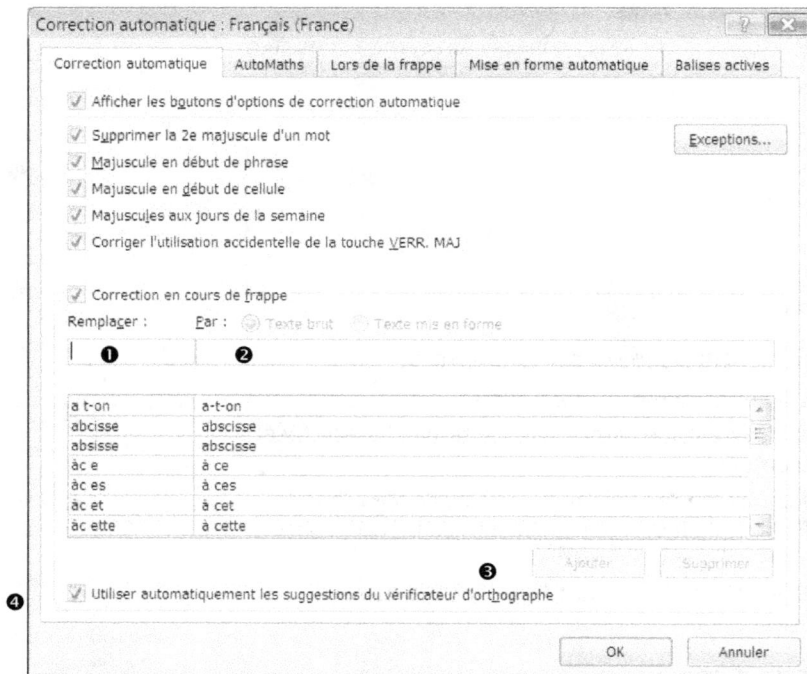

Ajouter ou modifier des entrées de correction en cours de frappe

- Pour ajouter une entrée : saisissez le mot à remplacer dans la zone ❶ <Remplacer> : saisissez le mot de remplacement dans la zone ❷ <Par :>, puis cliquez sur ❸ [Ajouter].
  Si vous souhaitez un remplacement avec mise en forme, saisissez et mettez en forme le mot de remplacement, sélectionnez-le puis ouvrez le dialogue *Correction automatique*. La zone ❷ <Par :> contient le mot de remplacement mis en forme, l'option <⊙ Texte mis en forme> est activée. Dans la zone ❶ <Remplacer> tapez le mot à remplacer, cliquez sur [Ajouter].

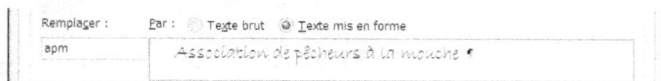

- Pour supprimer une entrée : sélectionnez l'entrée dans la liste, cliquez sur [Supprimer].
- Pour modifier une entrée : sélectionnez l'entrée dans la liste, elle s'affiche dans les zones <Remplacer :> et <Par :>, modifiez le contenu de ces zones, cliquez sur [Remplacer].

Ajouter une suggestion du correcteur d'orthographe

Si l'option ❹ est cochée, vous pouvez ajouter une correction automatique en corrigeant un mot à l'aide d'une suggestion du vérificateur.

- Cliquez droit sur le mot à corriger, cliquez sur la commande contextuelle *Correction automatique...* puis cliquez sur une suggestion proposée par le vérificateur.

La correction est effectuée dans le texte et la correction automatique est créée en même temps.

 © Eyrolles/Tsoft – Word 2007 Avancé

CORRECTIONS AUTOMATIQUES

CORRECTIONS EN COURS DE FRAPPE

Substitution automatique

L'option < ☑ Correction en cours de frappe> est activée par défaut (vous pouvez la désactiver si elle vous gêne au moins temporairement) :

- Tapez le mot erroné suivi d'un espace, par exemple `abcisse` . Si ce mot est dans la liste des corrections automatiques, il est automatiquement remplacé (dans l'exemple par `abscisse`)
- Si la substitution ne vous convient pas à cet endroit, le plus rapide est d'annuler en cliquant sur le bouton *Annuler* dans la barre d'outils *Accès rapide* ou en appuyant sur Ctrl+Z
- Si vous amenez le pointeur sur le mot de substitution, un petit rectangle bleu s'inscrit sous la première lettre du mot, amenez le pointeur sur ce rectangle, une balise s'affiche, cliquez sur la balise : vous pouvez accéder au dialogue *Correction automatique* ❶ ou supprimer directement la correction automatique ❷

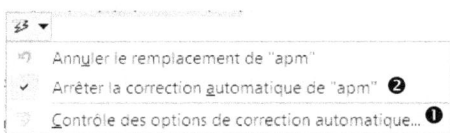

Correction des majuscules

Si vous laissez cochées les options de correction des majuscules, Word met automatiquement en majuscule les débuts de phrase (après un point) ou de cellule, les débuts de jour de la semaine et il supprime les 2e majuscules en début de mot.

Toutefois, il y a des exceptions : une abréviation finissant par un point n'est pas une fin de phrase, vous pouvez vouloir conserver un mot par plusieurs majuscules. Ces exceptions se gèrent en cliquant sur le bouton [Exceptions...].

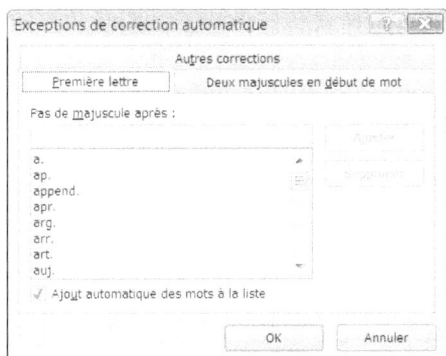

LES AUTOMATHS

Les AutoMaths (nouveauté de la version 2007) permettent de saisir des codes qui seront remplacés par des symboles mathématiques, à condition que vous ayez activé l'option ❶.

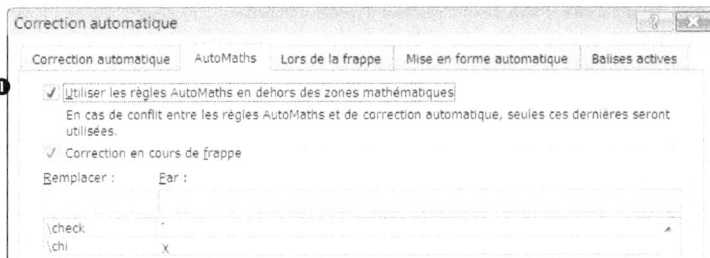

VÉRIFIER LA COHÉRENCE DE LA MISE EN FORME

Word peut vous aider à rectifier des écarts ponctuels de mise en forme. Par exemple, si les titres du document ont pour taille 28 points sauf ponctuellement où ils sont à 30 points, Word peut vous aider à appliquer une taille de 28 points à tous les titres.

Word recherche les incohérences de mise en forme suivantes appliquées directement à du texte, ou à des listes à puces ou numérotée, ou à des styles utilisés dans le document.

Si deux occurrences de mise en forme sont nettement dissemblables, Word ne les considère pas comme des incohérences. Par exemple, des occurrences de police Arial de taille 12 et 16, l'une pouvant être utilisée pour le corps du texte et l'autre pour les titres.

ACTIVER LE SUIVI DE LA MISE EN FORME

Cette option permet de conserver une trace des mises en forme qui ont été appliquées ici ou là dans le document. Vous pourrez grâce à cela, afficher la liste des mises en forme appliquées et aussi sélectionner tous les morceaux de texte ayant une même mise en forme, par exemple pour la modifier partout de la même façon.

- Cliquez sur le **Bouton Office** , sur [Options Word], puis sur *Options avancées*, sous la rubrique **Options d'édition** et cochez l'option <☑ Suivi de la mise en forme> ❶.

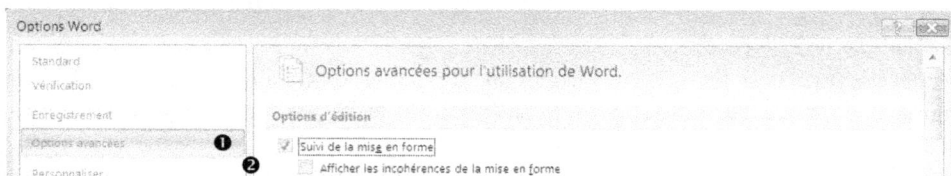

Si cette option est active, vous pouvez sélectionner tous les morceaux de texte ayant une même mise en forme :

- Sélectionnez un morceau de texte avec cette mise en forme, puis cliquez droit sur la sélection, sur *Styles*, puis sur *Sélectionner le texte ayant une mise en forme semblable*.

Pour afficher dans le volet *Styles* une liste des mises en forme directe appliquées :

- Cliquez sur *Options* ... situé au bas du volet *Styles*, puis activez les cases à cocher.

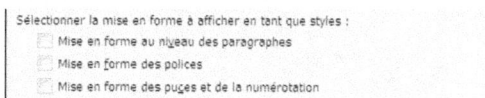

AFFICHER LES INCOHÉRENCES DE LA MISE EN FORME

Cette option signale par un soulignement ondulé bleu une mise en forme lorsqu'elle est similaire mais non identique au reste de la mise en forme appliquée dans le document.

- Dans les options Word, cochez la case <☑ Afficher les incohérences de la mise en forme> ❷.

Lorsque cette option est active, Word signale les incohérences dès la saisie.

Pour traiter une incohérence de mise en forme signalée :

- Cliquez droit sur le texte souligné en bleu, puis sur l'une des options :

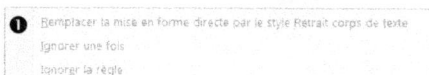

- ❶ Applique la suggestion pour harmoniser la mise en forme avec celle du reste du document.
- *Ignorer une fois* : ignore cette occurrence de différence de mise en forme.
- *Ignorer la règle* : ignore partout cette différence de mise en forme.

Fusion et publipostage

2

CRÉER RAPIDEMENT UNE LETTRE

La plupart du temps, vous créerez vos lettres à partir d'un modèle prévoyant des emplacements ou des zones pour l'adresse du destinataire, la date, la formule de politesse.

CRÉER ET UTILISER UN MODÈLE

Créer un modèle à partir d'un modèle existant

Utilisez par exemple le modèle `Lettre de suivi(Client)` disponible sur Microsoft Office Online.

Le téléchargement de modèle depuis Microsoft Office Online est réservé aux utilisateurs travaillant sur une version authentique d'Office 2007. La vérification est faite au moment du téléchargement.

- Cliquez sur le **Bouton Office**, puis sur *Nouveau*, sous la rubrique **Microsoft Office Online** cliquez sur la catégorie *Lettre*, puis sur la sous-catégorie <u>Professionnelle</u>, puis sur <u>Publicitaire</u>, puis *Lettre de suivi (Client)*, cliquez sur [Téléchargement].
- Faites les modifications de mise en forme que vous souhaitez, supprimez les paragraphes dont vous n'avez pas besoin a priori, ainsi que l'en-tête s'il ne vous sert pas.
- Enregistrez le document comme modèle sous le nom `Lettre1.dotx` (par exemple) dans le dossier `Templates` pour pouvoir être utilisé facilement.

- Fermez le fichier : cliquez sur le **Bouton Office**, puis sur *Fermer*.

Créer un document à partir du modèle

- Cliquez sur le **Bouton Office**, puis sur *Nouveau*, puis sur *Mes Modèles*...
- Dans le dialogue sélectionnez le modèle `Lettre1.dotx` que vous avez créé.

Un nouveau document nommé `DocumentN.docx` est créé à partir du contenu du modèle.

CRÉER ET UTILISER UN BLOC DE CONSTRUCTION

On peut obtenir un résultat similaire avec un bloc de construction, éléments que vous pouvez créer et insérer facilement, ils sont accessibles dans la galerie QuickPart.

Créer un bloc de construction

- Sélectionnez les données constituant la lettre, puis sous l'onglet **Insertion**> groupe **Texte**, cliquez sur le bouton **QuickPart**, puis sur *Enregistrer la sélection dans la galerie de composants QuickPart*... dans le dialogue *Créer un nouveau bloc de construction* : renseignez le descriptif, en particulier le nom `Lettre1`, cliquez sur [OK].

Utiliser le bloc de construction

- Créez un nouveau document vierge, sous l'onglet **Insertion**>groupe **Texte**, cliquez sur le bouton **QuickPart**, cliquez sur le bloc `Lettre1` que vous avez créé qui est en début de galerie.

CRÉER ET IMPRIMER UNE ENVELOPPE

CRÉER ET IMPRIMER UNE ENVELOPPE

- ■ Onglet **Publipostage**>groupe **Créer**, cliquez sur le bouton **Enveloppes**.
- − Dans la zone <Destinataire> : tapez l'adresse postale, ou cliquez sur l'icône ❶ *Insérer une adresse* pour insérer une adresse du carnet d'adresse électronique de Windows. Vous pouvez mettre en forme le texte.
- − Dans la zone <Adresse de l'expéditeur> : votre adresse définie dans les options Word s'inscrit automatiquement, vous pouvez la modifier, vous pouvez aussi cliquer sur l'icône ❷ *Insérer une adresse* .
- − La case à cocher <□ Ajouter l'affranchissement électronique>, servira seulement dans le futur lorsque des prestataires pourront proposer ce service, non disponible à ce jour en France.
- − Pour ne pas inclure l'adresse de l'expéditeur sur l'enveloppe, cochez la case <☑ Omettre>.
- − Pour enregistrer l'enveloppe en vue d'une réutilisation ultérieure, cliquez sur [Ajouter au document], puis enregistrez le document. Word insère l'enveloppe dans une nouvelle section au début du document avec le numéro de page 0.
- ■ Imprimez l'enveloppe : chargez une enveloppe dans l'imprimante comme prescrit dans les options pour les enveloppes (voir ci-après), puis cliquez sur [Imprimer].

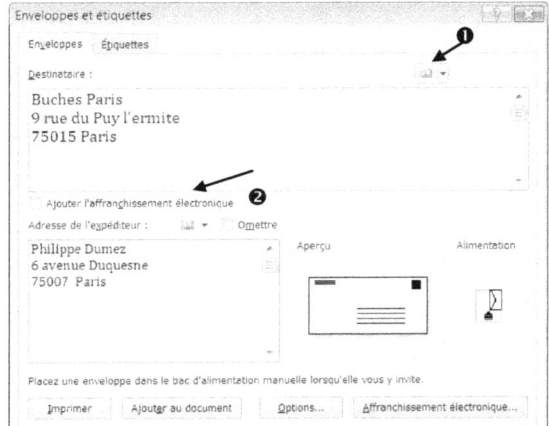

Remarque : si l'enveloppe est dans le document en page 0 de la section 1, pour imprimer le document sans l'enveloppe, entrez `s2` (section 2) dans la zone <Pages> du dialogue *Imprimer*.

Pour définir votre adresse d'expéditeur

- ■ Cliquez sur le **Bouton Office**, puis sur [Options Word], cliquez sur *Options avancées*, faites défiler les options jusqu'à la rubrique **Général**, tapez votre adresse dans la zone <Adresse>.

Word enregistre l'adresse, vous pourrez insérer cette adresse d'expéditeur dans tout document.

LES OPTIONS POUR LES ENVELOPPES

Avant d'imprimer des enveloppes, vérifiez si les options sont bien définies.

- ■ Onglet **Publipostage**>groupe **Créer**, cliquez sur le bouton **Enveloppes**, cliquez sur le bouton [Options...], puis sur l'onglet **Options d'enveloppe**.
- ■ Dans la zone <Taille d'enveloppe>, cliquez sur la taille correspondant à votre enveloppe. Si aucune taille ne correspond, faites défiler la liste et cliquez sur *Taille personnalisée*, puis tapez les dimensions de votre enveloppe dans les zones <Largeur> et <Hauteur>.
- ■ Cliquez sur l'onglet *Options d'impression*.

❶ Enveloppe à gauche, au milieu ou à droite et par le côté court ou par le côté long.

❷ Enveloppe face d'impression vers le haut (dessus) vers le bas (dessous)

❸ Pivoter pour que le texte s'imprime dans le sens souhaité pour la position de l'enveloppe

- ■ Cliquez sur [OK].

CRÉER ET IMPRIMER UNE ÉTIQUETTE

CRÉER ET IMPRIMER UNE ÉTIQUETTE

- Onglet **Publipostage**>groupe **Créer**, cliquez sur le bouton **Étiquettes**, dans la zone <Adresse> tapez le texte de l'étiquette ou cliquez sur l'icône *Insérer une adresse* si vous voulez inscrire une adresse du carnet d'adresse Windows.

❶ Pour modifier la mise en forme : sélectionnez le texte, cliquez droit sur la sélection, puis sur *Police* ou sur *Paragraphe*.

❷ Sous Imprimer, activez :
<⊙ Étiquette unique> pour n'imprimer qu'une étiquette, dont vous spécifiez la <ligne> et la <colonne> , ou
<⊙ Page d'étiquettes identiques> pour imprimer toutes les étiquettes de la feuille à l'identique.

- Sélectionner le type d'étiquette et les autres options, cliquez sur [Options...] ❸.
  Dans le dialogue *Options pour les étiquettes*, effectuez vos sélections, puis cliquez sur [OK].
- Cliquez sur [Imprimer], pour envoyer les étiquettes directement à l'imprimante.

Pour afficher un aperçu des étiquettes afin de pouvoir les modifier, par exemple y insérer une image, et les enregistrer dans un document réutilisable, cliquez sur [Nouveau document]. Word crée un document et place les étiquettes en tableau. Pour voir le quadrillage des étiquettes, sous **Outils de tableau/Disposition**>groupe **Tableau**, cliquez sur **Afficher le quadrillage**.

OPTIONS POUR LES ÉTIQUETTES

Avant d'imprimer des étiquettes, vérifiez si les options sont bien définies.

- Onglet **Publipostage**>groupe **Créer**, cliquez sur le bouton **Étiquettes**, puis sur [Options...].

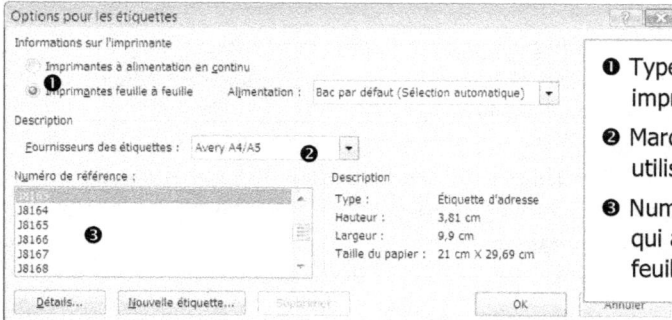

❶ Type d'imprimante utilisé pour imprimer les étiquettes.

❷ Marque des feuilles d'étiquettes utilisées.

❸ Numéro de la référence produit qui apparaît sur votre boîte de feuilles d'étiquettes.

- Une fois que vous avez indiqué la marque, le numéro de référence des étiquettes (figurant sur la boite), ou éventuellement défini des dimensions spécifiques, cliquez sur [OK].

Mesurez vos étiquettes de manière très précise. Il est possible que la taille réelle de vos étiquettes soit légèrement inférieure à celle annoncée par le fabricant. Si c'est le cas ou si le type d'étiquette que vous utilisez n'est pas répertorié dans la liste <Numéro de référence>, vous pouvez sélectionner une autre étiquette proche en taille, puis cliquer sur [Nouvelle étiquette...] spécifier les dimensions et nommer votre format d'étiquette.

PRINCIPE DE LA FUSION OU PUBLIPOSTAGE

Une opération de fusion consiste à fusionner dans un document de base (lettre, enveloppe, étiquette...) les données d'une source de données (par exemple des adresses) de façon à obtenir plusieurs exemplaires du document de base personnalisés avec les données.

Tous les outils de fusion et publipostage sont rassemblés sous l'onglet **Publipostage** :

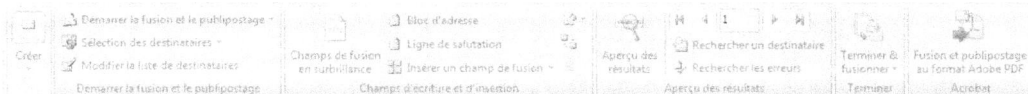

LA SOURCE DE DONNÉES

La source de données peut être un tableau Word ou Excel, une base de données Access ou une base de données d'un autre logiciel compatible pour cela. Il peut aussi s'agir de contacts Outlook ou encore d'un fichier texte.

| Un fichier des adresses | Une lettre type contenant des champs de fusion. | Des courriers personnalisés |

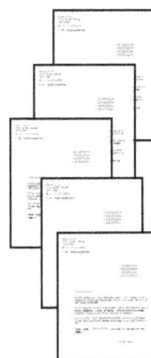

LES ÉTAPES D'UNE OPÉRATION DE FUSION

Créer un document de base

Il s'agit du document qui contient les informations invariables qui sont reproduites sur chaque lettre, étiquette, enveloppe. Dans le cas d'une lettre type, ce document contiendra le corps du texte, l'adresse de l'expéditeur, la formule de politesse qui sont identiques pour chaque destinataire.

Associer une source de données au document de base

La source de données est un fichier qui contient les données variables qui vont servir à personnaliser le document type. Dans le cas d'une lettre, il s'agira d'une liste d'adresses contenant le nom et les coordonnées de chaque destinataire de la lettre.

Insérer les champs de fusion dans le document de base

Il faut ensuite insérer les champs de fusion dans le document de base. Les champs de fusion sont des contrôles qui correspondent aux rubriques du fichier de données. Une fois placés dans le document principal ils déterminent où insérer les données de la source de données.

Lancer la fusion

Il reste à fusionner les données de la source de données vers le document de base. Chaque ligne (ou enregistrement) de la source de données produit une lettre, une étiquette, une enveloppe. On peut envoyer les documents qui en résultent vers l'imprimante, vers un nouveau document (ce qui permet de les relire et de les modifier), ou vers des adresses électroniques.

CRÉER UNE SOURCE DE DONNÉES AVEC WORD

Avec Word, vous pouvez créer une liste d'adresses qui sera enregistrée au format Office Access, ou créer un tableau Word qui sera enregistré dans un document Word.

- Onglet **Publipostage**>groupe **Démarrer la fusion et le publipostage**, cliquez sur le bouton **Sélection des destinataires**, puis sur la commande *Entrer une nouvelle liste...*

Le dialogue *Créer une liste d'adresses* s'affiche, commencez par personnaliser les champs.

- Cliquez sur [Personnaliser colonnes].

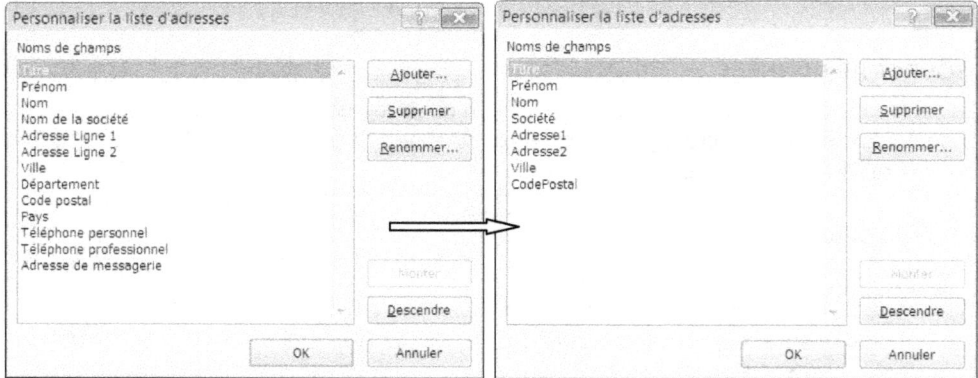

- Pour supprimer un champ : sélectionnez le champ, puis cliquez sur le bouton [Supprimer].
- Pour renommer un champ : sélectionnez le champ, puis cliquez sur le bouton [Renommer...].
- Pour ajouter un champ : cliquez sur [Ajouter...] puis entrez le nom du champ.
- Pour changer l'ordre des champs : utilisez les boutons [Monter) et [Descendre].
- Cliquez sur [OK].
- Saisissez les enregistrements dans le dialogue *Créer une liste d'adresses*.

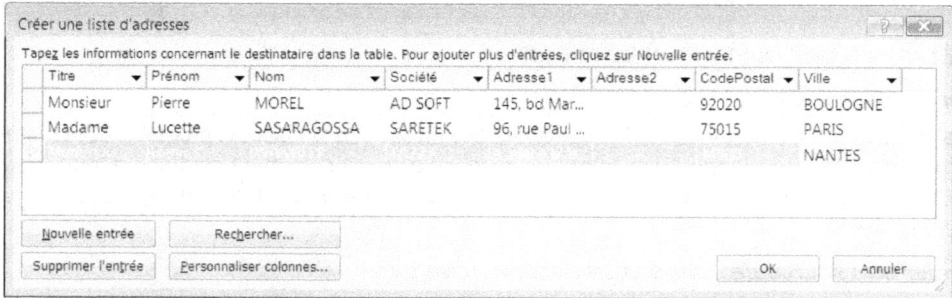

Titre	Prénom	Nom	Société	Adresse1	Adresse2	CodePostal	Ville
Monsieur	Pierre	MOREL	AD SOFT	145, bd Mar...		92020	BOULOGNE
Madame	Lucette	SASARAGOSSA	SARETEK	96, rue Paul ...		75015	PARIS
							NANTES

- Utilisez la touche ⭾ pour passer d'un champ au suivant.
- Pour ajouter un nouvel enregistrement, cliquez sur [Nouvelle entrée].
- Pour supprimer un enregistrement : cliquez sur sa ligne puis sur [Supprimer l'entrée].
- Lorsque vous avez terminé la saisie des enregistrements, cliquez sur [OK].

Le dialogue *Enregistrer une liste d'adresse* s'affiche, par défaut le dossier d'enregistrement est *Mes sources de données* , mais vous pouvez en sélectionner un autre).

- <Nom de fichier> : saisissez un nom pour ce fichier de données.
- <Type de fichier> : le type *Listes d'adresses Microsoft Office (*.mdb)* est sélectionné.
- Cliquez sur [Enregistrer].

Votre source de données pourra aussi être un document Word (`.doc` ou `.docx`) comportant un tableau unique, les titres de champs étant en première ligne, les lignes suivantes étant les lignes d'adresses.

MODIFIER LA SOURCE DE DONNÉES

Une fois qu'une source de données est connectée au document, vous pouvez y accéder :

■ Onglet **Publipostage**>groupe **Démarrer la fusion et le publipostage**, cliquez sur le bouton **Modifier la liste de destinataires**, dans la zone <Source de données> cliquez sur la source de données ❶ puis sur le bouton [Modifier] ❷.

S'il s'agit d'une source de données au format Access Office, le dialogue *Modifier la source de données* est identique à *Créer une liste d'adresses* (voir page précédente). Vous pouvez ajouter et modifier des enregistrements, vous pouvez aussi en supprimer. Vous pouvez aussi ajouter, renommer ou supprimer des champs. Mais pour d'autres format de sources de données les modifications possibles peuvent être limitées ou impossibles.

AFFINER LA LISTE DES ENREGISTREMENTS À FUSIONNER

■ Onglet **Publipostage**>groupe **Démarrer la fusion et le publipostage**, cliquez sur le bouton **Modifier la liste de destinataires**, sélectionnez la source de données ❶.

Cocher les enregistrements à fusionner

Les enregistrements cochés sont ceux qui seront fusionnés dans le document principal. Vous devez décocher les enregistrements que vous souhaitez ignorer lors de la fusion.

Pour cocher ou décocher tous les enregistrements filtrés : cochez ou décochez la case en regard de *Source de données* ❸.

Affiner la liste des enregistrements à fusionner

Dans la zone <Affiner la liste de destinataires>, vous pouvez effectuer des actions sur la liste :

– Trier... : permet trois critères de tri des enregistrements de la liste.

– Filtrer... : permet de spécifier plusieurs critères de filtre sur les valeurs des champs, après avoir filtré et décoché/coché les enregistrements, le bouton [Effacer tout..] dans le dialogue *Filtrer et trier* efface tous les critères pour réafficher tous les enregistrements de la source.

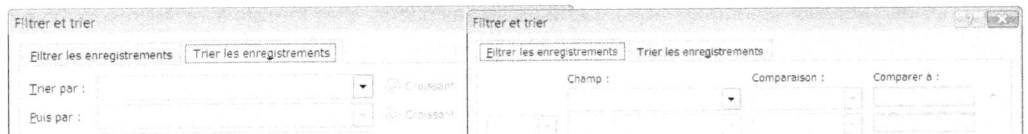

– Rechercher les doublons... : détecte les doublons, vous pouvez décocher les doublons inutiles.

– Rechercher un destinataire... : trouve l'enregistrement suivant dont un champ contient une valeur spécifiée, vous pouvez le décocher/cocher, le bouton [Suivant] continue la recherche.

■ Cliquez sur [OK] quand votre liste est prête à l'emploi pour la fusion.

CONNECTER À UNE SOURCE DE DONNÉES

CONNECTER LE DOCUMENT À UNE SOURCE DE DONNÉES

Pour pouvoir fusionner des données dans le document en cours, vous devez connecter le document à une source de données :

- Onglet **Publipostage**>groupe **Démarrer la fusion et le publipostage**, cliquez sur le bouton **Sélection des destinataires**, puis cliquez sur :

  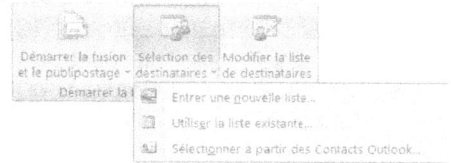

  – *Utiliser la liste existante...*pour choisir une source de données existante : dans le dialogue *Sélectionner la source de données* : localisez le dossier dans lequel se trouve la source (par exemple `Documents/Mes sources de données`), puis sélectionnez le fichier source de données : Word (`*.docx`), Excel (`*.xlsx`) Access (`*.mdb`), etc.

Avec Excel (en OLE), vous pouvez sélectionner des données d'une feuille de calcul. Avec Access, vous pouvez sélectionner des données de n'importe quelle table ou requête.

  – *Sélectionner à partir des contacts Outlook...* pour utiliser vos contacts Outlook (pas Outlook Express, pour Outlook Express exportez les adresses sous forme de fichier texte `.csv`)
  – *Entrer une nouvelle liste...* pour créer une liste d'adresses (voir page 26).

Déconnecter la source de données

À chaque ouverture d'un document préparé pour la fusion avec des données, Word va ouvrir le lien. Vous pouvez déconnecter le document de la source de données :

- Cliquez sur le **Démarrer la fusion et le publipostage**, puis sur Document Word Normal.

CONTRÔLER LE PROTOCOLE DE LIAISON AVEC UN FICHIER DE DONNÉES

Certains fichiers de données peuvent être connectés différents protocoles, vous pouvez contrôler le choix du protocole en activant une option Word :

- **Bouton Office**, cliquez sur [Options Word], cliquez sur *Options avancées*, sous la rubrique **Général** cochez la case <☑ Confirmer la conversion du format de fichier lors de l'ouverture>.

Si cette option est activée, lorsque vous sélectionnez le fichier de données, un dialogue permet de choisir le protocole (sinon le protocole par défaut OLE DB est choisi) :

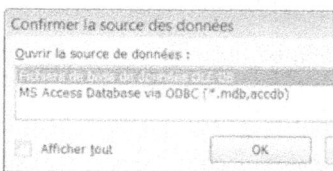

Avec Excel si les données sont formatées (pourcentage, valeur monétaire, code postal..., vous pouvez conserver le format numérique des données en utilisant le protocole DDE (Dynamic Data Exchange). Par exemple, pour que le code postal à cinq chiffres 07865 ne s'affiche pas sous la forme du nombre 7865 (sans le zéro d'en-tête).

Dans le dialogue *Sélectionner la source de données*, si vous cliquez sur le bouton [Toutes les sources de données], vous affichez la liste de tous les types de fichier source avec leur extension.

- Fichiers de SGBD : (`*.odc`) si vous avez installé un fournisseur OLE DB, (`*.odc`) avec un pilote ODBC (utilisant le langage SQL). Certains de ces pilotes sont fournis avec Microsoft Office.
- Fichier HTML (`*.htm`) ou document Word (`*.docx`) qui comportent un tableau unique. La première ligne du tableau avec les noms de champ et les autres lignes avec les données.
- Classeur Excel, le tableau dans une feuille contenant les noms de champ en première ligne et les données dans les lignes suivantes.
- Fichier texte délimité, nom de champs en première ligne et données dans les lignes suivantes séparées par un délimiteur (tabulation, point-virgule...).
- Carnets d'adresses électroniques : Outlook, Liste de contacts Microsoft Schedule+ 7.0, Liste d'adresses créées à l'aide d'un système de messagerie compatible MAPI.

PRÉPARER LA LETTRE-TYPE

- Connectez le document à la source de données (voir page 28).
- Saisissez et mettez en forme le document et insérez des champs de fusion à l'aide des outils de l'onglet **Publipostage**>groupe **Champs d'écriture et d'insertion**. La fusion aura pour résultat de remplacer les champs de fusion par les données.

INSÉRER LE BLOC D'ADRESSE

- Placez le point d'insertion, cliquez sur le bouton **Bloc d'adresse**, choisissez les options.

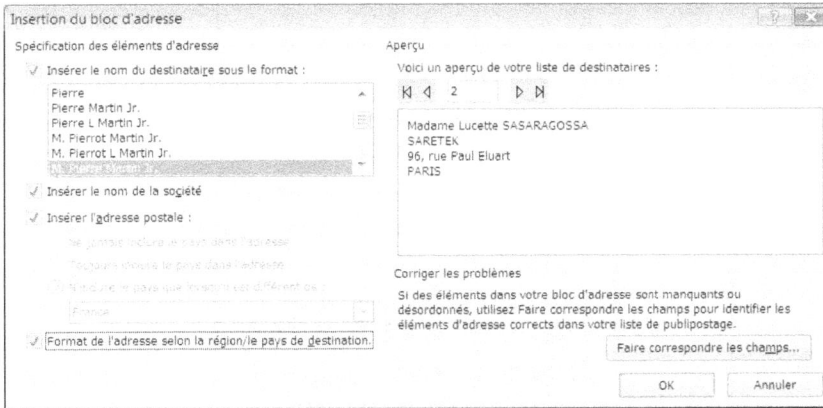

- Cliquez sur [OK], le champ «BlocAdresse» est inséré.

Pour basculer entre affichage du résultat et affichage du nom de champ : sous l'onglet **Publipostage**>groupe **Aperçu des résultats**, cliquez sur le bouton **Aperçu des résultats**.

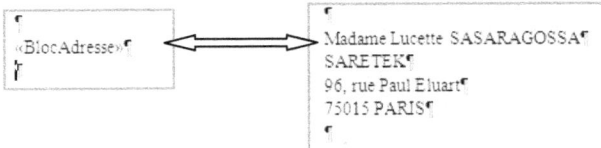

Modifier le bloc d'adresse

- Cliquez droit dans le bloc adresse, puis sur la commande *Modification du bloc d'adresse*, le dialogue *Modifier le bloc d'adresse* s'affiche et vous permet les modifications.

Correspondance des champs

Word gère le bloc d'adresse en fonction de noms de champs courants. Si les noms de champ de votre source de données ne sont pas reconnus, il faut indiquer leur correspondance avec les noms de champ du bloc adresse :

- Cliquez sur [Faire correspondre les champs...].
- Pour chaque champ sans correspondance, sélectionnez le champ de votre source de données qui convient.
- Cliquez sur [OK].

Si vous utilisez ces noms de champ régulièrement, cochez l'option ❶ pour mémoriser cette correspondance.

PRÉPARER LA LETTRE-TYPE

INSÉRER UNE LIGNE DE SALUTATION

- Placez le point d'insertion, cliquez sur le bouton **Ligne de salutation**, choisissez les options, cliquez sur [OK].

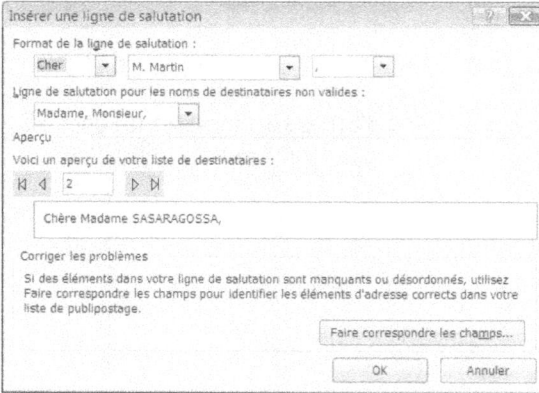

INSÉRER DES CHAMPS DE FUSION

- Placez le point d'insertion, cliquez sur le bouton **Insérer un champ de fusion**, sélectionnez le champ.

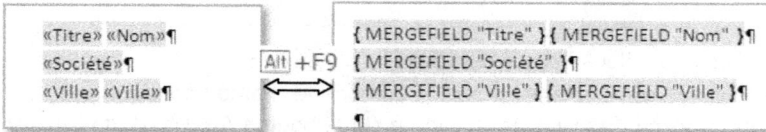

INSÉRER UN CHAMP CONDITIONNEL

Lors de la fusion, on peut vouloir qu'un texte soit inséré seulement si une condition est vraie, et qu'un texte différent le soit si la condition est fausse.

- Cliquez sur le bouton **Règle**, puis sur la commande *Si...Alors...Sinon...*

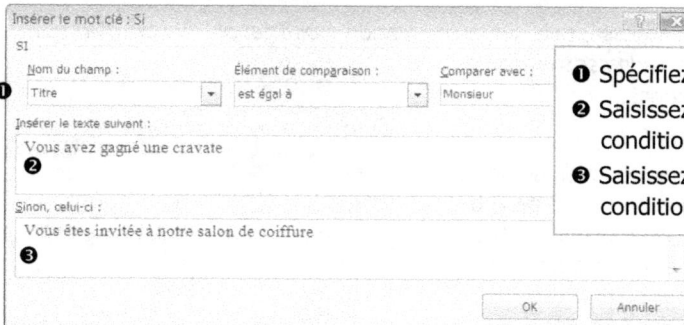

❶ Spécifiez la condition sur un champ.

❷ Saisissez le texte qui s'inscrira si la condition est vraie.

❸ Saisissez le texte qui s'inscrira si la condition n'est pas vraie.

- Cliquez sur [OK] pour insérer le champ.

Pour basculer l'affichage entre le texte et le champ : tapez sur [Alt]+F9 pour tous les champs du document ou [⇧]+[F9] sur un seul champ.

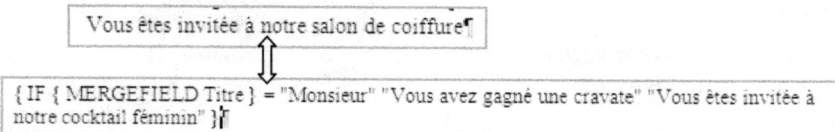

IMPRIMER LES LETTRES D'UN PUBLIPOSTAGE

- Le document de base (lettre-type) a été connecté à la source de données (voir page 26).
- Les champs de fusion ont été insérés dans le document de base (voir page 30).
- Les enregistrements à fusionner sont cochés comme il faut (voir page 27).

APERÇU DES RÉSULTATS ET VÉRIFICATION AVANT FUSION

Avant d'effectuer la fusion, vous pouvez afficher un aperçu pour vérifier que l'impression sera correcte :

- Onglet **Publipostage**>groupe **Aperçu des résultats**, cliquez sur le bouton **Aperçu des résultats**.

Vous voyez à l'écran un aperçu du résultat de la fusion dans la lettre des données de l'enregistrement dont le numéro est en ❷.

- Vous pouvez faire défiler les enregistrement dans la lettre à l'aide des flèches ❶, le numéro qui apparaît en ❷ est le numéro de l'enregistrement actuellement fusionné dans la lettre.
- Vous pouvez rechercher un destinataire : cliquez sur le bouton **Rechercher un destinataire**, entrez le critère de recherche, cliquez sur [Suivant], l'enregistrement trouvé est fusionné dans le document à l'écran, cliquez sur [Annuler] son numéro apparaît en ❷.
- Vous pouvez faire une simulation ❸ de façon à repérer les erreurs et les corriger avant de lancer la fusion finale : cliquez sur le bouton **Rechercher les erreurs**.

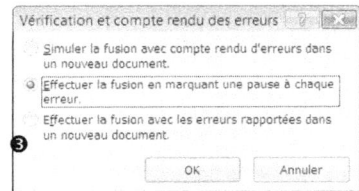

EFFECTUER LA FUSION

- Onglet **Publipostage**>groupe **Terminer**, cliquez sur le bouton **Terminer&Fusionner**, puis cliquez sur l'une des commandes :

- *Modifier des documents individuels...*
  Le résultat de la fusion est envoyé dans un nouveau document Word. S'il s'agit d'une fusion de lettre type, les documents individuels personnalisés sont séparés dans le nouveau document par des sauts de section. L'avantage de cette méthode est que vous pouvez vérifier l'aspect des documents individuels par un aperçu avant impression, et que vous pouvez retoucher certains documents individuels avant de les imprimer. Vous pouvez enregistrer le résultat de la fusion pour l'imprimer ultérieurement ou le copier sur un autre ordinateur.
- *Imprimer les documents...*
  L'impression est sortie sur l'imprimante sans passer par un document intermédiaire.
- *Envoyer des messages électroniques...*
  Cette option permet d'envoyer par votre messagerie les documents individuels, si la source de données comporte un champ d'adresse e-mail.

❶ Sélectionnez le nom du champ qui contient l'adresse de messagerie des destinataires.

❷ Saisissez l'objet du message.

❸ Choisissez HTML ou Texte brut pour envoyer le document en tant que corps du message électronique ou Pièce jointe pour envoyer le document en tant que pièce jointe.

Si vous envoyez le document sous forme d'un message électronique en texte brut, la mise en forme du texte ou les graphismes éventuels ne seront pas compris dans le message.

IMPRIMER LES ÉTIQUETTES D'UN PUBLIPOSTAGE

Vous disposez de planches d'étiquettes provenant d'un fournisseur comme Avery, AOne ou Formtec par exemple. Chaque type de feuille a une taille précise et contient un certain nombre d'étiquettes de dimensions spécifiques.

Vous devez faire correspondre les dimensions du document de base et du tableau des étiquettes qu'il contient avec celles de la planche d'étiquettes dont vous disposez.

■ Créer un nouveau document vierge, puis Onglet **Publipostage**>groupe **Démarrer la fusion et le publipostage**, cliquez sur **Démarrer la fusion et le publipostage**, puis sur *Étiquettes*. Dans le dialogue *Options pour les étiquettes*, vous devez sélectionner plusieurs options.

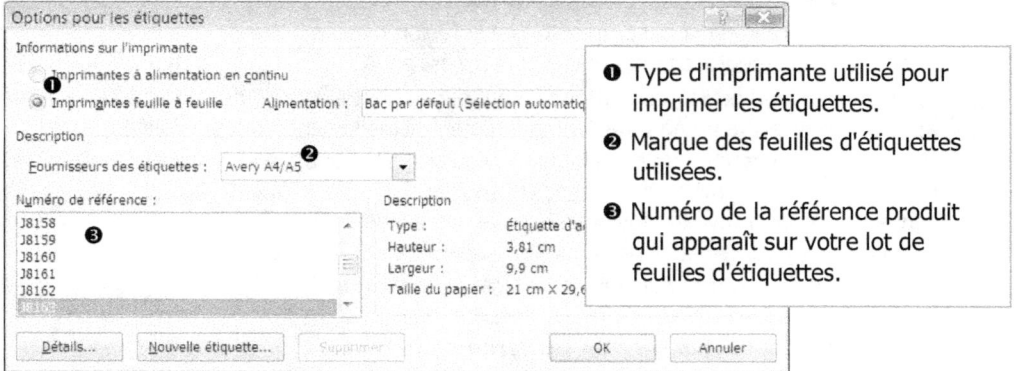

❶ Type d'imprimante utilisé pour imprimer les étiquettes.

❷ Marque des feuilles d'étiquettes utilisées.

❸ Numéro de la référence produit qui apparaît sur votre lot de feuilles d'étiquettes.

Mesurez vos étiquettes de manière très précise. Il est possible que la taille réelle de vos étiquettes soit légèrement inférieure à celle annoncée par le fabricant. Si c'est le cas ou si le type d'étiquette que vous utilisez n'est pas répertorié dans la liste <Numéro de référence>, vous pouvez sélectionner une autre étiquette proche en taille, puis cliquer sur [Nouvelle étiquette...], spécifier les dimensions et nommer votre format d'étiquette.

■ Cliquez sur [OK] pour créer un tableau d'étiquettes dans le document.

■ Connectez le document à la source de données (voir page 28), et affinez la liste d'adresse des destinataires (voir page 27).

■ Dans la première étiquette du tableau insérez les champs de fusion constituant l'adresse ou le bloc d'adresse (voir page 30), ainsi que les autres éléments texte ou image que vous souhaitez avoir sur chaque étiquette.

■ Onglet **Publipostage**>groupe **Aperçu des résultats**, cliquez sur le bouton **Aperçu des résultats** pour visualiser le résultat de la première étiquette, faites les modifications que vous voulez et la mise en forme des caractères ou des paragraphes.

■ Onglet **Publipostage**>groupe **Champs d'écriture ou d'insertion**, cliquez sur le bouton **Mettre à jour les étiquettes**, ce qui va copier la première étiquette sur les autres étiquettes.

■ Il reste à imprimer le document sur la planche d'étiquettes et l'enregistrer si vous le voulez.

IMPRIMER LES ENVELOPPES D'UN PUBLIPOSTAGE

Si vous souhaitez utiliser des enveloppes pour envoyer un publipostage à votre liste d'adresses, le processus de fusion et publipostage vous permet de créer un lot d'enveloppes. Sur chaque enveloppe est inscrite une adresse provenant de la liste.

■ Créez un document vierge, sous l'onglet **Publipostage**>groupe **Démarrer la fusion et le publipostage**, cliquez sur le bouton **Démarrer la fusion et le publipostage**, puis sur *Enveloppes*.

■ Dans le dialogue Options pour les enveloppes

– Sous l'onglet **Options d'enveloppe** : dans la zone <Taille d'enveloppe>, sélectionnez la taille correspondant à vos enveloppes. Si aucune taille ne correspond à la taille de vos enveloppes, sélectionnez *Taille personnalisée* (dernière option de la liste) et tapez les dimensions de votre enveloppe dans les zones <Largeur> et <Hauteur>.

– Effectuez les ajustements de positionnement et de police pour les adresses du destinataire et de l'expéditeur. Un aperçu du résultat de votre mise en forme s'affiche dans la section **Aperçu** du dialogue.

– Sous l'onglet **Options d'impression** : définissez la façon dont vous prévoyez de charger les enveloppes dans le bac d'alimentation de votre imprimante.

■ Cliquez sur [OK].

Word modifie le document en cours de façon que la page corresponde aux dimensions d'enveloppe que vous avez définies. Si une adresse d'expéditeur est définie dans les options de Word, cette adresse s'affiche dans un cadre sur la page. Un autre cadre vierge s'affiche pour l'adresse du destinataire. Pour visualiser les limites du cadre, cliquez sur le corps de l'enveloppe, à l'emplacement où vous souhaitez insérer l'adresse du destinataire.

■ Connectez le document à la source de données (voir page 28), et affinez la liste d'adresse des destinataires (voir page 27).

■ Dans le cadre de l'adresse du destinataire insérez les champs de fusion constituant l'adresse ou le bloc d'adresse (voir page 30), ainsi que les autres éléments texte ou image que vous souhaitez avoir sur chaque enveloppe.

■ Onglet **Publipostage**>groupe **Aperçu des résultats**, cliquez sur le bouton **Aperçu des résultats** pour visualiser le résultat d'une enveloppe avec les données d'un destinataire.

■ Onglet **Publipostage**>groupe **Terminer**, cliquez sur le bouton **Terminer & Fusionner**, puis cliquez sur l'une des commandes :

– *Modifier des documents individuels...* : pour envoyer les enveloppes dans un nouveau document Word. Vous pouvez donc enregistrer le résultat de la fusion pour l'imprimer ultérieurement ou le copier sur un autre ordinateur.

– *Imprimer les documents...* : pour lancer directement l'impression des enveloppes sans passer par un document intermédiaire. Au moment de lancer l'impression vous devez avoir chargé les enveloppes dans l'imprimante comme vous l'avez prescrit dans les options d'impression pour les enveloppes.

IMPRIMER LES DONNÉES EN LISTE

Si vous voulez obtenir une liste des données dans un document, le processus de fusion vous permet de créer un document avec une présentation sous forme tabulaire, par exemple un répertoire téléphonique, une liste d'articles...

■ Créez un document vierge, puis sous l'onglet **Publipostage**>groupe **Démarrer la fusion et le publipostage**, cliquez sur le bouton **Démarrer la fusion et le publipostage**, puis sur la commande *Répertoire*.

■ Connectez la source de données au document (voir page 28).

■ Dans le document de base, insérez les champs de fusion que vous pouvez espacer par un caractère de tabulation plutôt que par un espace pour obtenir un alignement en colonne, terminez la ligne par une marque de paragraphe.

Vous pouvez saisir plusieurs paragraphe avec du texte, des champs de fusion, des images... tous les paragraphes du document de base, sauf le dernier paragraphe qui doit être vide, seront imprimés autant de fois qu'il y a d'enregistrements à fusionner.

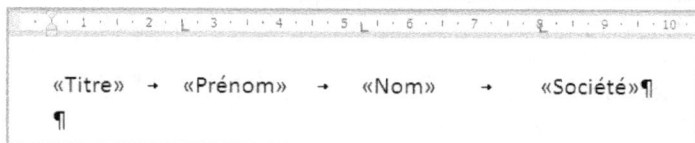

■ Pour mettre en forme les données du document, sélectionnez le champ de fusion et mettez-le en forme, comme vous le feriez pour un autre texte. Assurez-vous que votre sélection englobe les chevrons (« ») qui entourent le champ.

■ Sous l'onglet **Publipostage**>groupe **Aperçu des résultats**, cliquez sur le bouton **Aperçu des résultats** pour visualiser le résultat d'une ligne avec les données d'un destinataire.

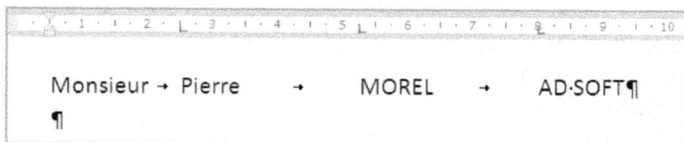

■ Affiner les enregistrements à fusionner (voir page 27).

■ Sous l'onglet **Publipostage**>groupe **Terminer**, cliquez sur le bouton **Terminer & Fusionner**, puis cliquez sur *Modifier des documents individuels*...
Les données sont fusionnées dans un nouveau document nommé *RépertoireN* (N étant un numéro de séquence) chaque enregistrement de données est séparé du suivant par une marque de paragraphe.

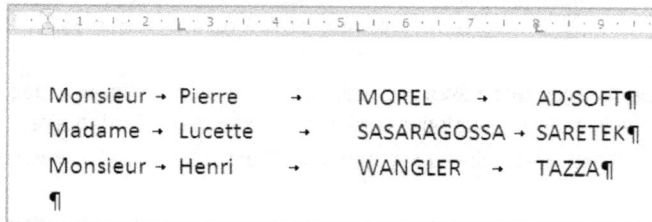

■ Si vous voulez insérer du texte avant ou après la liste, vous devez le faire dans le document résultat de la fusion nommé *RépertoireN* et pas dans le document contenant les champs de fusion.

UTILISER L'ASSISTANT DE PUBLIPOSTAGE

L'assistant de publipostage sert de guide pour réaliser le processus complet de publipostage.

- Créez un document vierge, puis sous l'onglet **Publipostage**>groupe **Démarrer la fusion et le publipostage**, cliquez sur le bouton **Démarrer la fusion et le publipostage**, puis sur *Assistant Fusion et publipostage pas à pas...*

Le volet *Publipostage* s'affiche à droite de la fenêtre Word, il vous guide en six étapes :

Étape 1.   Sélection du type de document.

Étape 2.   Sélection du document de base.

Étape 3.   Sélection des destinataires.

Étape 4.   Écriture de la lettre en insérant les champs de fusion.

Étape 5.   Aperçu des lettres fusionnées.

Étape 6.   Fin la fusion : imprimer ou modifier les lettres individuelles.

Vous pouvez toujours revenir à l'étape précédente ou repasser à l'étape suivante en cliquant sur les boutons ◆ Précédente et ◆ Suivante situés au bas du volet *Publipostage*.

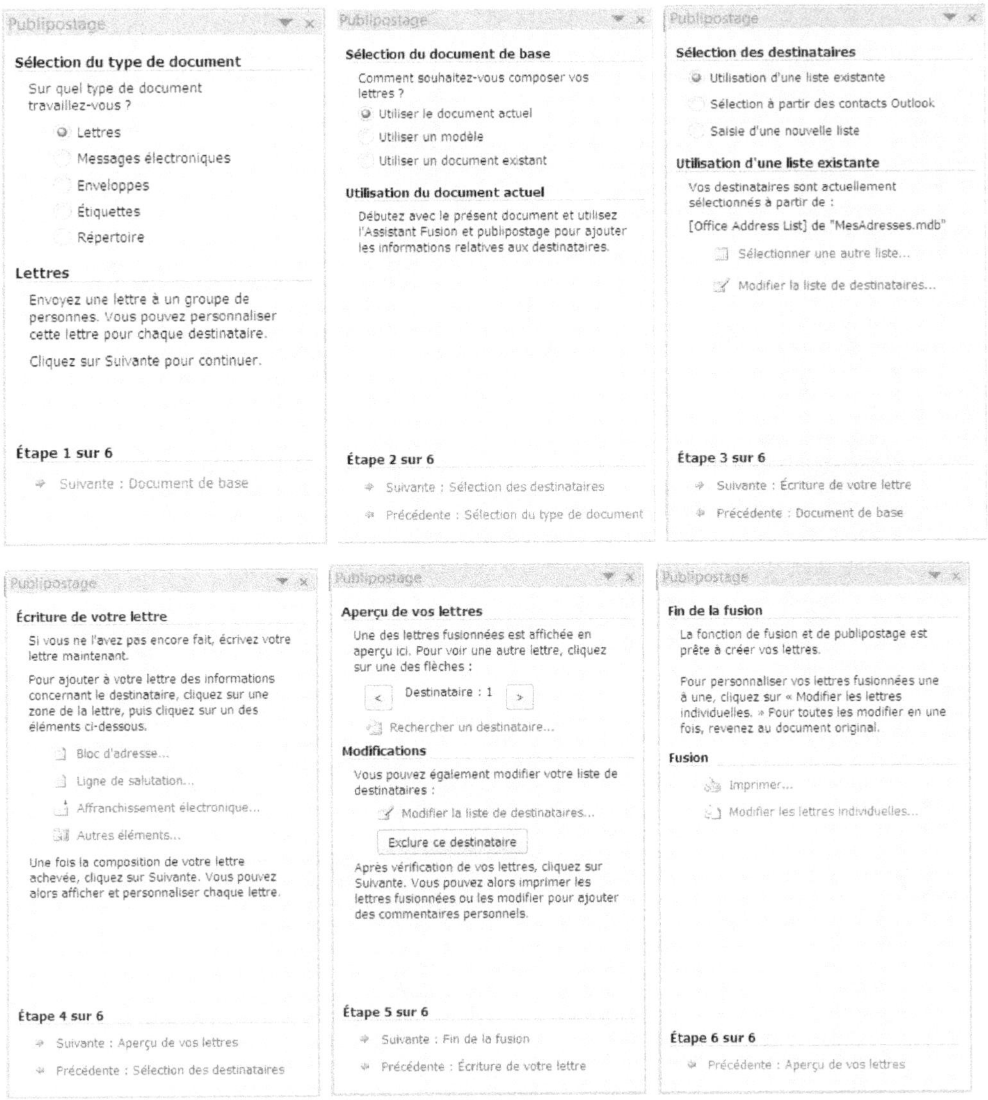

Publipostage

Sélection du type de document

Sur quel type de document travaillez-vous ?

- ● Lettres
- ○ Messages électroniques
- ○ Enveloppes
- ○ Étiquettes
- ○ Répertoire

Lettres

Envoyez une lettre à un groupe de personnes. Vous pouvez personnaliser cette lettre pour chaque destinataire.

Cliquez sur Suivante pour continuer.

Étape 1 sur 6

→ Suivante : Document de base

Publipostage

Sélection du document de base

Comment souhaitez-vous composer vos lettres ?

- ● Utiliser le document actuel
- ○ Utiliser un modèle
- ○ Utiliser un document existant

Utilisation du document actuel

Débutez avec le présent document et utilisez l'Assistant Fusion et publipostage pour ajouter les informations relatives aux destinataires.

Étape 2 sur 6

→ Suivante : Sélection des destinataires

◆ Précédente : Sélection du type de document

Publipostage

Sélection des destinataires

- ● Utilisation d'une liste existante
- ○ Sélection à partir des contacts Outlook
- ○ Saisie d'une nouvelle liste

Utilisation d'une liste existante

Vos destinataires sont actuellement sélectionnés à partir de :

[Office Address List] de "MesAdresses.mdb"

▭ Sélectionner une autre liste...

✎ Modifier la liste de destinataires...

Étape 3 sur 6

→ Suivante : Écriture de votre lettre

◆ Précédente : Document de base

Publipostage

Écriture de votre lettre

Si vous ne l'avez pas encore fait, écrivez votre lettre maintenant.

Pour ajouter à votre lettre des informations concernant le destinataire, cliquez sur une zone de la lettre, puis cliquez sur un des éléments ci-dessous.

▭ Bloc d'adresse...

▭ Ligne de salutation...

▯ Affranchissement électronique...

▨ Autres éléments...

Une fois la composition de votre lettre achevée, cliquez sur Suivante. Vous pouvez alors afficher et personnaliser chaque lettre.

Étape 4 sur 6

→ Suivante : Aperçu de vos lettres

◆ Précédente : Sélection des destinataires

Publipostage

Aperçu de vos lettres

Une des lettres fusionnées est affichée en aperçu ici. Pour voir une autre lettre, cliquez sur une des flèches :

[<] Destinataire : 1 [>]

▨ Rechercher un destinataire...

Modifications

Vous pouvez également modifier votre liste de destinataires :

✎ Modifier la liste de destinataires...

[Exclure ce destinataire]

Après vérification de vos lettres, cliquez sur Suivante. Vous pouvez alors imprimer les lettres fusionnées ou les modifier pour ajouter des commentaires personnels.

Étape 5 sur 6

→ Suivante : Fin de la fusion

◆ Précédente : Écriture de votre lettre

Publipostage

Fin de la fusion

La fonction de fusion et de publipostage est prête à créer vos lettres.

Pour personnaliser vos lettres fusionnées une à une, cliquez sur « Modifier les lettres individuelles. » Pour toutes les modifier en une fois, revenez au document original.

Fusion

▨ Imprimer...

▨ Modifier les lettres individuelles...

Étape 6 sur 6

◆ Précédente : Aperçu de vos lettres

Documents longs

3

MISE EN PAGE MULTI-SECTIONS

Préparer une Mise en page recto verso

Un document destiné à être imprimé recto verso présente :

- des marges intérieure et extérieure au lieu de marges gauche et droite, et une marge de reliure obligatoirement à l'intérieur (à gauche sur pages impaires, à droite sur pages paires).
- des en-tête/pied de page sur les pages paires et impaires qui peuvent avoir des contenus différents alignés de façon symétrique.
- Onglet **Mise en page**, cliquez sur le lanceur du groupe **Mise en page**.
- Sous l'onglet **Marge**, dans la zone <Afficher plusieurs pages> : sélectionnez *Pages en vis-à-vis*, les marges sont alors appelées Intérieur et Extérieur et la position de reliure ne peut plus être modifiée (en effet, elle est obligatoirement à l'intérieur).
- Sous l'onglet **Disposition**, cochez l'option <☑ Paires et impaires différentes> : si vous voulez des en-têtes et des pieds de page différents sur les pages paires et impaires.

Mise en page multi-sections

En scindant le document en plusieurs sections, vous pouvez définir une mise en page différente, et des en-têtes/pieds de pages différents d'une section à une autre. L'en-tête et le pied de page peuvent être différents sur la première page d'une section, sur les pages paires et sur les pages impaires. Enfin une section peut commencer dans la continuité de la section précédente sans saut de page, ou bien commencer sur une nouvelle page (impaire, ou paire, ou suivant simplement).

- Cliquez dans la section, puis sous l'onglet **Mise en page** cliquez sur le lanceur du goupe **Mise en page**, puis sous l'onglet **Disposition** :
- Cochez l'option <☑ Première page différente>.
- Dans <Début de la section> : choisissez *Page impaire*, *Page paire*, *Nouvelle page* ou *Continu*.

Lorsque vous modifiez la mise en page dans une section, dans la zone <Appliquer à> : choisissez si la modification s'applique *À cette section*, *À partir de ce point*, *À tout le document*.

Gérer des en-têtes et pieds de page multiples

Supposons que nous ayons plusieurs sections, nous voulons définir des en-têtes différents d'une section à une autre.

- En affichage *Page*, dans la première page de la première section, double-cliquez dans l'en-tête.

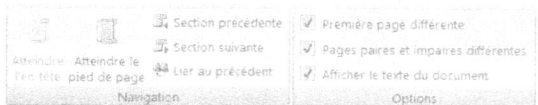

- Sous l'onglet contextuel : **Outils des en-têtes et pieds de page/Création**>groupe **Options**, cochez <☑ Pages paires et impaires différentes> et <☑ Première page différente>.

Avec ces deux options vous aurez à gérer trois en-têtes (et trois pieds de page) dans la section, un pour la première page, un pour les pages paires et un pour les pages impaires. Pour pouvoir définir les trois en-têtes la section doit comporter au moins trois pages.

Premier en-tête ·Section 1 ·

- Saisissez ou laissez vide votre premier en-tête puis cliquez sur le bouton **Section suivante** pour atteindre le deuxième en-tête de la même section (et non pas de la section suivante).

En-tête de page paire ·Section 1 ·

- Saisissez ou modifiez votre deuxième en-tête, puis cliquez sur le bouton **Section suivante** pour atteindre le troisième en tête de la même section (et non pas de la section suivante).

En-tête de page impaire ·Section 1 ·

■ Créez ou modifiez votre troisième en-tête, puis cliquez sur le bouton **Section suivante** pour atteindre cette fois-ci le premier en tête de la section suivante, qui est lié à l'en-tête précédent.

En-tête de page impaire -Section 2 -   Identique au précédent

■ Cliquez sur le bouton **Lier au précédent** pour rendre l'en-tête de cette section indépendant de celui de même position de la section précédente, sinon toute modification sur l'en-tête de cette section change aussi l'en-tête de section précédente. Puis saisissez ou modifiez l'en-tête.

■ Cliquez sur le bouton **Section suivante**, puis cliquez sur le bouton **Lier au précédent**, puis saisissez ou modifiez l'en-tête. Procédez de la même façon pour les en-têtes de cette section, et ainsi de suite pour toutes les autres sections.

NAVIGATION DANS LES EN-TÊTES ET LES PIEDS DE PAGE

■ En affichage *Page*, double-cliquez sur un en-tête ou pied de page, ou
sous l'onglet **Insertion** >groupe **En-tête et pied de page**, cliquez sur le bouton **En-tête** (ou **Pied de page**) puis sur la commande *Modifier l'en-tête* (ou *Modifier le pied de page*).

L'en-tête ou le pied de page que vous accédez en édition correspond à celui de la page courante. Les outils de l'onglet **Outils des en-têtes et pieds de page/Création** s'affichent sur le Ruban.

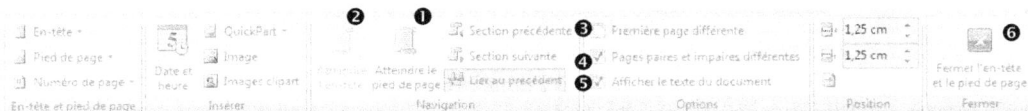

❶ pour basculer de l'en-tête au pied de page.

❷ pour basculer du pied de page à l'en-tête.

❸ pour passer à l'en-tête précédent.

❹ pour passer à l'en-tête suivant.

❺ pour rendre indépendant ou lier l'en-tête ou le pied de page en cours d'édition avec celui de la section précédente qui lui correspond.

❻ pour quitter l'édition des en-têtes/pieds de page et revenir au document.
Vous pouvez aussi double-cliquer dans le corps du document, ou passer en affichage *Page*.

NOM DU CHAPITRE COURANT DANS L'EN-TÊTE OU LE PIED DE PAGE

Un en-tête ou un pied de page peut contenir un champ qui afficher le titre du chapitre en cours, c'est le cas de l'en-tête prédéfini nommé *Guide (pages impaire)* dans la galerie. Ce champ est {STYLEREF "1"=}, il affiche le texte du paragraphe de style *Titre 1* qui précède la page.

Pour basculer entre l'affichage de résultat et du code de champ, cliquez droit sur le champ, puis sur la commande *Basculer les codes de champ* ou ⇧+F9.

Vous pouvez insérer ce champ de la façon suivante :

■ Cliquez sur le bouton **Quickpart** (onglet **Insertion**>groupe **Texte**), puis sur *Champ...*, le dialogue *Champ* s'affiche : dans la zone <Noms des champs >: sélectionnez *RéfStyle*, puis dans la zone <Nom de style>: sélectionnez le style du texte qui doit être visible dans l'en-tête, et définissez éventuellement des options, par exemple si vous souhaitez voir seulement le numéro du paragraphe cochez <☑ Insérer le numéro du paragraphe>.

Si vous voulez voir le numéro de paragraphe et le texte du paragraphe, il faut insérer une fois le champ avec l'option ci-dessus et une autre fois sans cette option.

Il peut être intéressant d'insérer d'autres champs, provenant par exemple des propriétés du document, comme le titre du document (champ *Title*) ou l'auteur (champ *Author*).

MODE PLAN

Dans un long document vous aurez des titres et des sous-titres. Plutôt que de mettre en forme directement ces titres, il est préférable de leur appliquer les styles de titre *Titre 1, Titre 2, Titre 3...* De cette manière, vous pourrez utiliser facilement le mode plan pour afficher la structure de document, et l'explorateur de document pour naviguer facilement d'un titre à l'autre.

Le mode *Plan* fournit des outils pour structurer un document en niveaux hiérarchiques (titres de niveau un et deux... et corps du texte). Le mode *Plan* permet d'accomplir les actions suivantes :

- Réorganiser le plan du document en déplaçant des titres et les sous-titres.
- Visualiser le plan du document en n'affichant que les titres des niveaux souhaités.
- Gagner du temps lors de la création de la table des matières.

PASSER EN MODE PLAN

- Cliquez sur l'icône ☰ *Plan* dans la barre d'état ou onglet **Affichage**>groupe **Affichages document**, cliquez sur le bouton **Plan**, l'onglet **Mode Plan** s'affiche dans le Ruban.

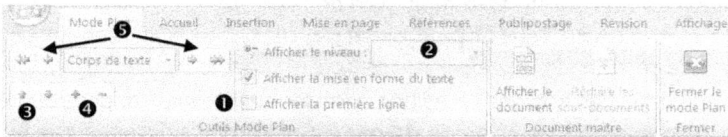

- Le document s'affiche avec ses différents niveaux. Les différents styles de titre intégrés sont associés à un niveau de plan *Titre 1* pour le niveau 1, *Titre 2* pour le niveau 2... le dernier niveau étant le corps de texte.

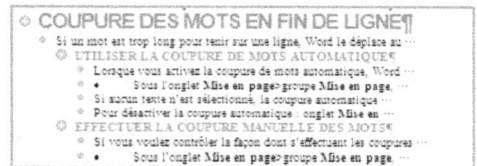

- Chaque paragraphe titre est précédé d'une puce grise ⊙, chaque paragraphe corps de texte est précédé d'une puce grise ∘ .
- L'option ❶ cochée n'affiche que la première ligne de chaque paragraphe de corps de texte.
- Pour fermer le mode *Plan* : cliquez sur le bouton **Fermer le mode plan** ou cliquez sur l'icône de l'affichage *Page* ou *Brouillon*.

AFFICHER LES TITRES SÉLECTIVEMENT

- Pour masquer les titres au dessous d'un certain niveau : dans la zone déroulante <Afficher le niveau> ❷ : sélectionnez le niveau.
- Pour développer un titre/réduire un titre : utilisez les boutons ❹, outil ✛ ou [Alt]+[⇧]+[+] (pavé numérique) /outil − ou [Alt]+[⇧]+Moins (pavé numérique).

DÉPLACER UN TITRE

- Cliquez dans le titre, cliquez sur les flèches bleues ❸ ↓ ([Alt]+[⇧]+[↓]), ↑ ([Alt]+[⇧]+[↑]).

Si les sous-niveaux sont masqués ils se déplacent avec le titre ; si les sous-niveaux ne sont pas masqués, ils ne sont pas déplacés seul le titre l'est.

Vous pouvez aussi cliquer sur la puce grise devant le titre, cela sélectionne le titre et tous ses sous-niveaux, puis faites glisser à un autre emplacement.

HAUSSER OU BAISSER UN NIVEAU DE TITRE

- Cliquez sur un titre, puis cliquez sur les flèches vertes ❺, vers la droite pour baisser ([Alt]+[⇧]+[→]) d'un niveau le titre, vers la gauche ([Alt]+[⇧]+[←]) pour hausser d'un niveau le titre, [Alt]+[⇧]+5 abaisse en corps de texte.

Si vous avez masqué les sous-niveaux du titre, tous les sous-niveaux changeront de niveau en même temps.

NUMÉROTER LES TITRES

LE VOLET EXPLORATEUR DE DOCUMENT

■ Onglet **Affichage**>groupe **Afficher/Masquer**, cochez **<☑ Explorateur de document>**.

Le volet *Explorateur de document* s'affiche à gauche de la fenêtre Word. Il affiche l'arborescence des titres du document.

Lorsque vous cliquez sur un titre dans le volet Explorateur, le point d'insertion se place devant le premier caractère de ce titre dans le document.

Les cases + et – en regard de chaque titre servent à réduire le titre (masquer les sous-niveaux) ou à développer le titre (afficher les sous-niveaux).

Vous pouvez modifier la police de l'explorateur de document en modifiant le style intégré *Explorateur de document* (sans que cela affecte la mise en forme des titres dans le document).

NUMÉROTER LES TITRES

Si les titres ont été mis en forme par les styles intégrés *Titre 1, Titre 2, Titre 3*... vous pouvez numéroter facilement tous les titres du document.

■ Placez le point d'insertion sur un titre de n'importe quel niveau, puis sous l'onglet **Accueil**>groupe **Paragraphe**, cliquez sur le bouton **Liste à plusieurs niveaux**.

■ Dans la galerie, cliquez sur une vignette dont les niveaux numérotés sont représentés par les styles *Titre 1, Titre 2*...

Tous les titres de tous les niveaux deviennent numérotés dans le document avec le format de numérotation défini dans la liste à plusieurs niveaux choisie. La numérotation apparaît aussi dans l'explorateur de document.

En pratique, les styles *Titre 1, Titre 2*... ont été modifiés automatiquement pour la numérotation à plusieurs niveaux.

Modifier/supprimer le format de numérotation de niveau N

■ Cliquez sur un titre numéroté de niveau N, cliquez sur le bouton **Liste à plusieurs niveaux**, puis cliquez sur la commande *Définir une nouvelle liste à plusieurs niveaux...*, le dialogue s'affiche :

– Pour modifier le format de numérotation : modifiez les paramètres dans les zones ❶, ❷, ❸ et les autres.

– Pour supprimer la numérotation : effacez la zone ❶, sélectionnez *Aucun* en ❷, sélectionnez *Rien* en ❸.

■ Cliquez sur [OK].

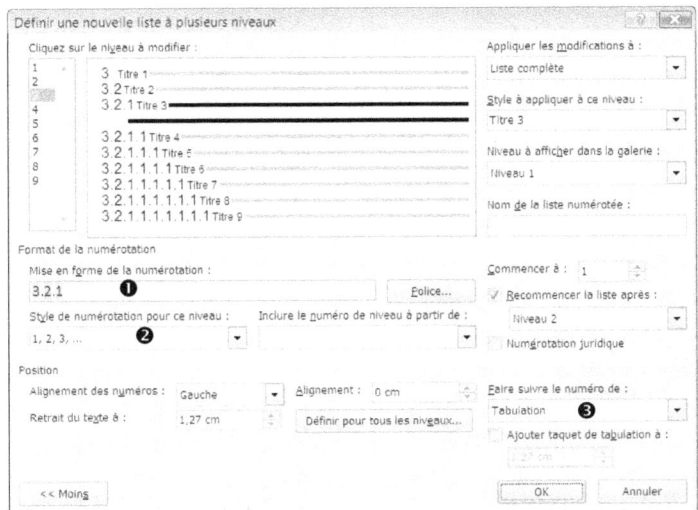

Si vous voulez pouvoir utiliser dans d'autres documents ces formats de numérotation des titres sur plusieurs niveaux, il faut créer un style de liste. Le style sera ensuite proposé dans la galerie. Pour créer un style de liste : cliquez sur le bouton **Liste à plusieurs niveaux**, puis cliquez sur la commande *Définir un nouveau style de liste...*

DOCUMENT MAÎTRE ET SOUS-DOCUMENTS

Il peut être pratique de gérer un long document comme un document maître réunissant plusieurs sous-documents. Chaque sous-document, enregistré dans un fichier séparé, peut être travaillé séparément. Le document maître les englobe et contient les tables des matières et les index.

Le document maître permet de numéroter globalement les pages, les titres, les illustrations, les notes, d'utiliser les renvois... comme si les sous-documents faisaient partie d'un seul et même document.

Le document maître intègre automatiquement les styles qu'il trouve dans les sous-documents. Si vous modifiez un style dans le document maître, le style de même nom n'est pas modifié pour autant dans les sous-documents. Pour ne pas donner dans la difficulté, il est conseillé d'utiliser le même modèle et les mêmes styles dans tous les sous-documents et dans le document principal. De même, il est préférable d'utiliser les jeux de police, de couleur et les thèmes dans les styles et les mises en forme directes pour conserver l'homogénéité de la présentation.

Pour plus de facilité, enregistrez les sous-documents et le document maître dans le même dossier.

CRÉER UN DOCUMENT MAÎTRE

Réunir plusieurs documents dans un document maître

- Créez un nouveau document, passez en affichage *Plan*, puis sous l'onglet **Mode Plan**>groupe **Document maître**, cliquez sur le bouton **Afficher le document**.
- Placez le point d'insertion dans le document, pour chaque sous-document, cliquez sur le bouton **Insérer**, sélectionnez le sous-document et insérez-le en cliquant sur [Ouvrir]. Les sous-documents doivent être insérés dans l'ordre où vous voulez les placer dans le document maître.

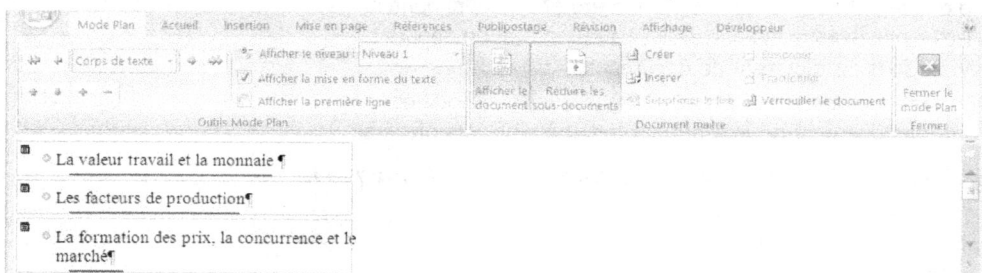

En fait, ce sont des liens vers les sous-documents qui sont insérés dans le document maître. Pour afficher les liens au lieu du contenu : cliquez sur le bouton **Réduire les sous-documents**. Pour afficher le contenu du sous-document : cliquez sur **Développer les sous-documents**.

Notez que Word insère une marque ---Saut de section (continu)---- avant chaque sous-document.

Découper un document en plusieurs sous-documents

La division se fera automatiquement à chaque style de titre de plus haut niveau (en mode *Plan*), par exemple le style intégré *Titre 1* si vous avez appliqué ces styles intégrés pour les titres.

- Ouvrez le document à découper et passez en affichage *Plan*. Affichez seulement le niveau 1, celui des *Titre 1*, sélectionnez les titres (la sélection doit contenir uniquement des niveaux de titre), cliquez sur le bouton **Afficher le document**, puis cliquez sur le bouton **Créer.** Chaque titre de niveau 1 constituera un sous-document incluant tous les sous-niveaux.

DOCUMENT MAÎTRE ET SOUS-DOCUMENTS

Les sous-documents sont dans un cadre avec une icône de sous-document en marge gauche.

Pour nommer un fichier sous-document, il faut l'enregistrer individuellement :

- Double-cliquez sur son icône dans la marge gauche pour l'afficher dans une fenêtre séparée, qui est nommée *DocumentN*, enregistrez le sous-document de manière habituelle : cliquez sur le **Bouton Office**, puis sur *Enregistrer* et nommez le fichier.

Remarque : si vous ne nommez pas vous-même les sous-documents, ils seront tous enregistrés avec les titres pour nom lors de l'enregistrement du document maître.

GÉRER LES SOUS-DOCUMENTS

Afficher les liens ou le contenu des sous-documents

- Pour afficher les liens au lieu du contenu du sous-document : cliquez sur le bouton **Réduire les sous-documents**, le bouton est remplacé par **Développer les sous-documents**
- Pour réafficher le contenu des sous documents : cliquez sur le bouton **Développer les sous-documents**, le bouton est remplacé par **Réduire les sous-documents**.

Ouvrir un sous-document dans une fenêtre séparée

- Double-cliquez sur l'icône du sous-document.

Supprimer un sous-document

- Cliquez sur l'icône du sous-document et appuyez sur ⌹Suppr⌹.
  Le contenu du sous-document n'est plus visible dans le document principal. Le lien est supprimé mais pas le fichier lui-même.

Convertir un sous-document en une partie du document maître

- Cliquez sur l'icône du sous-document, cliquez sur le bouton **Supprimer le lien**.
  Le fichier sous-document existe toujours mais une copie du contenu de ce fichier a été insérée dans le document maître et le lien vers le sous-document n'existe plus.

Fusionner deux sous-documents qui se suivent

- Cliquez sur l'icône du premier sous-document, maintenez appuyée la touche ⌹⇧⌹ et cliquez sur l'icône du second sous-document, cliquez sur le bouton **Fusionner**.

Déplacer les sous-documents au sein du document maître

- Cliquez sur l'icône du sous-document et faites glisser la sélection vers le haut ou le bas.

Fractionner un sous-document

- Placez le point d'insertion dans le texte du sous-document qui est affiché à l'endroit où vous voulez fractionner le sous-document, cliquez sur le bouton **Fractionner**.

Verrouiller ou déverrouiller un sous-document

Pour éviter une modification involontaire, vous pouvez verrouiller/déverrouiller un sous-document : (les sous-documents réduits à l'affichage des liens sont automatiquement verrouillés. Il faut développer les sous-documents pouvoir les verrouiller ou les déverrouiller).

- Cliquez sur l'icône du sous-document, cliquez sur le bouton **Verrouiller**, un symbole cadenas se place alors sous l'icône du sous-document.

GÉNÉRER UNE TABLE DES MATIÈRES

La méthode la plus facile pour créer une table des matières consiste à utiliser les styles de titre intégrés Titre 1 à Titre 9. Vous pouvez également créer une table des matières basée sur des styles personnalisés que vous avez appliqués ou sur les niveaux de titres (mode plan) que vous avez définis dans le document.

INSÉRER UNE TABLE DES MATIÈRES

- Placez le point d'insertion à l'endroit ou vous voulez insérer la table des matières, puis sous l'onglet **Références**>groupe **Table des matières**, cliquez sur le bouton **Table des matières**, cliquez sur *Insérer une Table des matières...*

- Dans le dialogue *Table des matières* indiquez le nombre de niveau à afficher dans la table, choisissez le format (l'aspect), d'afficher ou non les numéros de page, de choisir les caractères de suite..., cliquez sur [OK].

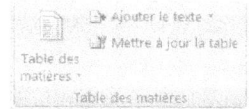

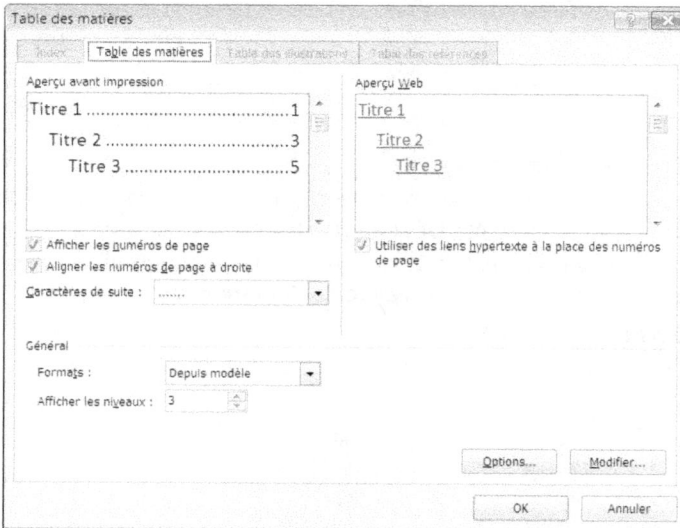

Les valeurs par défaut génèrent trois niveaux de titres construits à partir des styles *Titre 1* à *Titre 3*. Les titres de la table des matières fonctionnent comme des liens hypertextes.

Mettre à jour la table des matières

Après avoir modifié votre document, il faut mettre à jour la table des matières :

- Cliquez dans la table des matières, puis sous l'onglet **Références**>groupe **Table des matières**, cliquez sur le bouton **Mettre à jour la table**, ou tapez F9 ou cliquez droit puis sur *Mettre à jour les champs*.

- Dans le dialogue : si vous êtes sûr de ne pas avoir modifié les titres, activez <⊙ Mettre à jour les numéros de page uniquement>, sinon activez l'option <⊙ Mettre à jour toute la table>.

- Cliquez sur [OK].

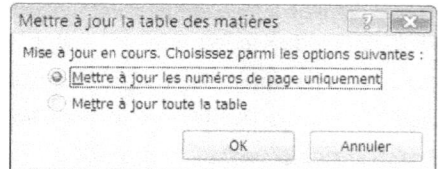

Mettre en forme les styles de la table des matières

Ces niveaux de titre sont mis en forme par les styles intégrés *TM 1, TM 2, TM 3...* Pour changer la présentation de la table, modifiez ces styles.

Si vous avez sélectionné dans la zone <Formats> : *Depuis modèle*, le bouton [Modifier] du dialogue *Table des matières* peut servir à définir les styles TM 1, TM 2...

GÉNÉRER UNE TABLE DES MATIÈRES

Marquer du texte pour l'inclure dans la table des matières

- Cliquez dans le paragraphe, sous l'onglet **Références**>groupe **Table des matières**, cliquez sur le bouton **Ajouter du texte**, choisissez le niveau.
- Pour enlever ce texte de la table des matières, cliquez sur le paragraphe dans le corps du document, puis cliquez sur le bouton **Ne pas afficher dans la table des matières**.

REGÉNÉRER UNE TABLE DES MATIÈRES

- Cliquez dans la table, sous l'onglet **Références**>groupe **Table des matières**, cliquez sur le bouton **Table des matières**, cliquez sur *Insérer une table des matières...*
  Le dialogue *Table des matières* s'affiche pour vous permettre de modifier vos choix antérieurs de construction de la table des matières.

OPTIONS DE CONSTRUCTION DE LA TABLE DES MATIÈRES

Le bouton [Options] sert à choisir des styles de titres personnalisés que vous avez utilisé dans votre document en plus ou à la place des styles intégrés de Word. Et, si vous avez prévu d'utiliser des champs d'entrée de table {TE}, il faut aussi le signaler à Word dans ce dialogue.

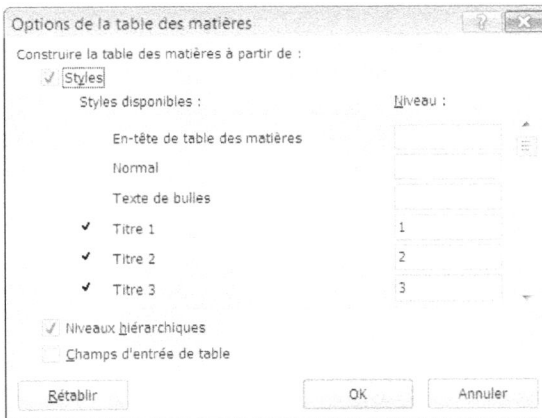

- Dans la section **Styles disponibles** : recherchez le nom du style personnalisé, et sur la même ligne sous **Niveau** : tapez un chiffre compris entre 1 et 9 pour indiquer le niveau à affecter au style de titre.

SUPPRIMER UNE TABLE DES MATIÈRES

- Onglet **Références**>groupe **Table des matières**, cliquez sur le bouton **Table des matières**, cliquez sur *Supprimer la table des matières...*

LE CHAMP {TOC}

La table des matières est en fait un champ {TOC}, vous pouvez visualiser les champs en tapant sur ⬆+F9. Certains paramètres de construction de table des matières ne peuvent être spécifiés que dans le champ, par exemple pour une table des matières partielle (\b).
Le champ {TOC} utilise des commutateurs par exemple { TOC \o "1-3" \b chapitre1}.

\b signet : génère une table des matières sur la partie du document couverte par le signet.

"1-4" : construit une table à quatre niveaux.

\o : construit la table à partir des niveaux hiérarchiques de plan.

GÉNÉRER UNE TABLE DES ILLUSTRATIONS

Les tables des illustrations sont les tables des figures, les tableaux, les graphiques... qui se trouvent dans le document. Ces tables reprennent soit les textes de légende de ces éléments, soit les textes d'un style de votre choix que vous avez placés comme libellé à côté des éléments.

INSÉRER LES LÉGENDES

■ Cliquez sur un élément à référencer, puis sous l'onglet **Références**>groupe **Légendes** cliquez sur le bouton **Insérer une légende**, sélectionnez l'étiquette à utiliser, vous pouvez créer une nouvelle étiquette avec le bouton [Nouvelle étiquette], spécifiez la position de la légende par rapport à l'élément, cliquez sur [OK] pour insérer la légende.

GÉNÉRER UNE TABLE EN UTILISANT LES LÉGENDES

■ Assurez-vous qu'une légende existe pour chaque élément (image, tableau...).
Une légende est une étiquette numérotée par exemple : Figure 1, Figure 2... ou
Tableau 1, Tableau 2...Exemple 1, Exemple 2...

■ Placez le point d'insertion à l'endroit où vous voulez insérer la table, puis sous l'onglet **Références**>groupe **Légendes**, cliquez sur le bouton **Insérer une table des illustrations**.

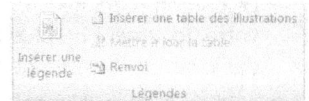

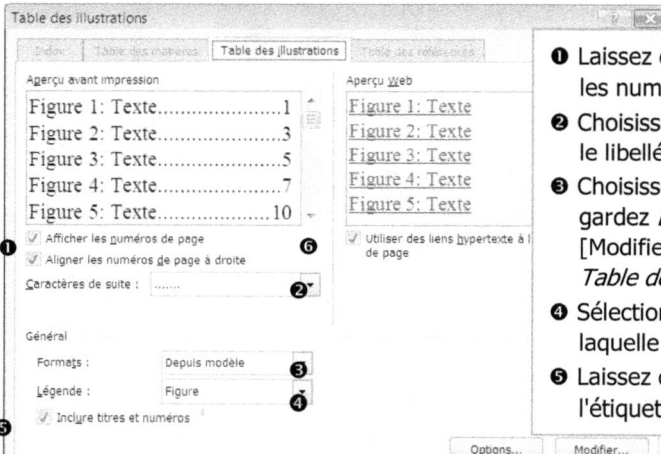

❶ Laissez ces options cochées pour avoir les numéros de page sinon décochez.

❷ Choisissez les caractères de suite entre le libellé et le numéro de page.

❸ Choisissez une présentation ou si vous gardez *Depuis modèle*, cliquez sur [Modifier] pour mettre en forme le style *Table des illustrations*.

❹ Sélectionnez le texte de la légende pour laquelle vous voulez créer la table

❺ Laissez cette case cochée pour inclure l'étiquette numérotée sinon décochez.

■ Cliquez sur [OK] pour insérer la table.

Les lignes d'une table des illustrations sont mises en forme avec le style intégré *Table des illustrations*. Pour changer leur présentation, modifiez ce style. Les lignes d'une table d'illustration fonctionnent comme des liens hypertextes si vous avez laissé cochée l'option ❻.

GÉNÉRER UNE TABLE EN UTILISANT UN STYLE

■ Associez à chaque élément un texte d'accompagnement et appliquez à ces textes un style personnalisé que vous avez créé et que vous réservez à cet usage.

■ Placez le point d'insertion à l'endroit où vous voulez insérer la table, sous l'onglet **Références**>groupe **Légendes**, cliquez sur le bouton **Insérer une table des illustrations**.

■ Cliquez sur [Options...], cochez l'option <☑ Style> et sélectionnez le style personnalisé.

■ Cliquez sur [OK] deux fois.

METTRE À JOUR LA TABLE

Après avoir modifié votre document, il faut mettre à jour les tables des illustrations :

■ Cliquez dans la table, puis sous l'onglet **Références**>groupe **Légendes**, cliquez sur le bouton **Mettre à jour la table**, ou tapez F9 ou cliquez droit puis sur *Mettre à jour les champs*.

GÉNÉRER UN INDEX

Un index est une liste de termes et de sujets rencontrés dans un document, indiquant les numéros de page auxquels ils figurent. Pour créer un index, insérez dans un premier temps les entrées d'index dans le document pour marquer les mots à indexer, il reste ensuite à générer l'index.

INSÉRER LES ENTRÉES DE L'INDEX

Insérer manuellement les entrées d'index

- Onglet **Références**>groupe **Index**, cliquez sur le bouton **Entrée** (ou [Alt]+[⇧]+X).

Le dialogue *Marquer les entrées d'index* s'affiche.

- Sélectionnez dans le document un mot à indexer, puis cliquez dans le dialogue. Le texte sélectionné s'inscrit automatiquement dans la zone <Entrée> et vous pouvez le modifier.

Marquer les entrées d'index
 	
Index
  Entrée :
  Sous-entrée :
 	
Options
  Renvoi : *Voir*
  Page en cours
  Étendue de page
 	
Format des numéros de page
  Gras
  Italique
 	
Cette boîte de dialogue reste ouverte pour permettre le marquage de plusieurs entrées d'index.
 	
[Marquer]   [Annuler]
	– Créer une sous-entrée : tapez le texte dans la zone <Sous-entrée>, ou dans la zone <Entrée> après le texte l'entrée principale suivi de deux-points (:).
	– Créer une entrée d'index qui renvoie à une autre entrée : cliquez sur <⊙ Renvoi>, puis tapez le texte de l'autre entrée dans la zone.
	– Mettre en forme les numéros de page s'affichant dans l'index : cochez <☑ Gras> ou <☑ Italique>.
	– Mettre en forme le texte de l'entrée l'index : cliquez-droit sur le texte dans la zone <Entrée> ou <Sous-entrée>, puis sur *Police*, sélectionnez les options de mise en forme que vous souhaitez utiliser.

- Cliquez sur [Marquer] pour marquer l'occurrence de ce texte ou [Marquer tout] si vous voulez marquer toutes les occurrences de ce texte dans le document.

L'affichage des caractères masqués s'active automatiquement de façon à rendre visibles les entrées d'index qui ont été insérées dans le document.

Le dialogue *Marquer les entrées d'index* reste affiché pour vous permettre de créer d'autres entrées d'index, lorsque vous avez terminé de marquer les entrées :

- Cliquez sur le bouton [Fermer] dans le dialogue.

Insérer automatiquement les entrées d'index à partir d'un fichier d'indexation

- Créez un fichier Word contenant tous les mots à indexer (un mot par ligne).
  Si l'entrée d'index doit être différente du texte du document, le fichier Word contient un tableau de concordance : en première colonne le texte à recherche dans le document, en seconde colonne le texte de l'index.
- Sous l'onglet **Références**>groupe **Index**, cliquez sur le bouton **Insérer l'index**, cliquez sur le bouton [Marquage auto] et sélectionnez le fichier d'indexation.

INSÉRER L'INDEX

- Placez le point d'insertion à l'endroit où vous voulez insérer l'index, puis sous l'onglet **Références**>groupe **Index**, cliquez sur le bouton **Insérer l'index**.

Le dialogue *Index* s'affiche (voir l'illustration page suivante).

- Spécifiez le nombre de colonnes et la mise en forme des styles d'index :
- soit vous sélectionnez un des modèles d'index proposés dans la zone <Formats :> : *Classique, Recherché, Moderne...*, soit vous personnalisez les styles d'index : dans la zone <Formats :> choisissez *Depuis modèle*, puis cliquez sur [Modifier] pour mettre en forme les styles d'index...
- Cliquez sur [OK] pour générer l'index.

GÉNÉRER UN INDEX

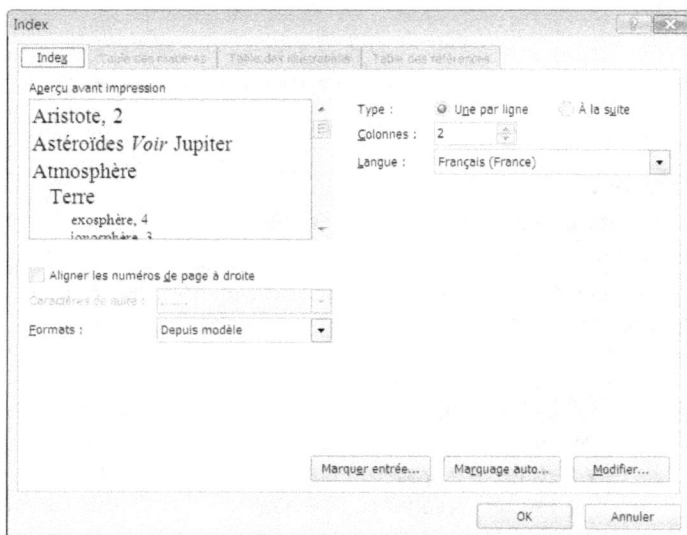

RECTIFIER DES ENTRÉES D'INDEX

Si vous trouvez une erreur dans l'index, recherchez l'entrée d'index que vous souhaitez modifier, apportez la modification et ensuite, mettez à jour l'index.

- Si les champs XE ne sont pas affichés, onglet **Accueil**>groupe **Paragraphe** cliquez sur Afficher tout, puis recherchez le champ XE de l'entrée que vous souhaitez modifier, par exemple, `{ XE "Mercure" \t "Voir Planètes" }`.

Vous pouvez trouver facilement un champ XE, par exemple vous pouvez rechercher ([Ctrl]+F) le texte XE"Mercure pour trouver toutes les entrées d'index commençant par Mercure. Vous pouvez aussi faire un remplacement de toutes les occurrences d'une entrée d'index.

SUPPRIMER UNE ENTRÉE D'INDEX

- Si les champs XE ne sont pas affichés, cliquez sur *Afficher / Masquer* (onglet **Accueil**>groupe **Paragraphe**, puis sélectionnez le champ de l'entrée d'index, y compris les accolades ({}) et appuyez sur [Suppr], puis mettez à jour l'index.

METTRE À JOUR L'INDEX

Si vous avez modifié le document et que la pagination a été modifiée, il est nécessaire de mettre à jour l'index.

- Placez le point d'insertion dans l'index, puis sous l'onglet **Références**<groupe **Index** cliquez sur le bouton **Mettre à jour l'index** ou appuyez sur [F9], ou cliquez droit dans l'index puis cliquez sur *Mettre à jour les champs*.

Si vous voulez générer à nouveau l'index en modifiant les options de présentation : cliquez dans l'index, puis sous l'onglet **Références**>groupe **Index** cliquez sur le bouton **Insérer un index**.

SUPPRIMER L'INDEX

- Cliquez droit sur l'index, puis sur la commande *Basculer le code de champ*.

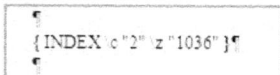

```
{ INDEX \c "2" \z "1036" }¶
```

- Sélectionnez le champ, y compris les accolades ({}) et appuyez sur [Suppr].

LÉGENDER DES FIGURES, DES TABLEAUX...

Une légende est un intitulé numéroté que vous pouvez associer à un tableau, une figure...Vous choisissez l'intitulé, Word se charge de la numérotation automatique. Vous pouvez faire en sorte que Word insère automatiquement une légende lorsque vous insérez des tableaux, des figures. Si vous avez déjà inséré ces éléments, vous pouvez ajouter une légende manuellement.

INSERTION AUTOMATIQUE DES LÉGENDES

Lorsque vous insérez des objets par Onglet **Insertion**>groupe **Texte** en cliquant sur l'outil **Objet**, vous sélectionnez le type d'objet. Word peut insérer automatiquement une légende lorsque vous insérez un certain type d'objet. Procédez de la façon suivante :

- Sous l'onglet **Références**>groupe **Légendes**, cliquez sur le bouton **Insérer une légende**, dans le dialogue *Légende*, cliquez sur le bouton [Légende automatique...].

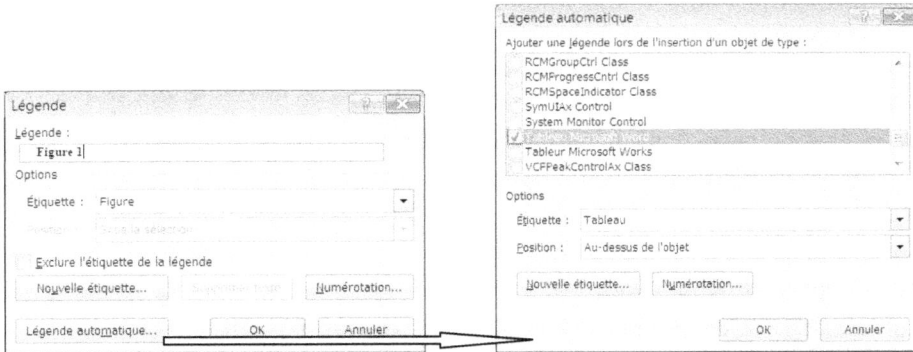

- Dans le dialogue *Légende automatique*, faites défiler les types d'objet et cochez le type de l'objet auquel vous voulez insérer systématiquement une légende, puis spécifiez les options :
- Dans la zone <Étiquette> : sélectionnez l'étiquette à utiliser. Si vous voulez créer une nouvelle étiquette, cliquez sur [Nouvelle étiquette...].
- Cliquez sur [Numérotation] : spécifiez le type de numérotation simple (1,2,3 ou A,B,C...) ou précédé d'un numéro de chapitre, [OK].
- Dans la zone <Position>: choisissez la position de la légende au-dessus/au-dessous de l'objet.
- Cliquez sur [OK].

Une fois ce choix effectué, lorsque vous insérez un élément du type spécifié, Word insère automatiquement une légende commençant par l'étiquette suivie d'un numéro de séquence (*Figure n* ou *Image n*), il vous reste à saisir un descriptif de l'objet.

INSÉRER MANUELLEMENT LES LÉGENDES

Vous pouvez insérer manuellement une légende pour un objet non encore légendé, dans ce cas toutes les légendes suivantes qui utilisent la même étiquette sont renumérotées en séquence.

- Sélectionnez l'objet à légender, sous l'onglet **Références**>groupe **Légendes**, cliquez sur le bouton **Insérer une légende**, le dialogue *Légende* s'affiche :
- Dans la zone <Étiquette> : sélectionnez l'étiquette à utiliser, il s'inscrit dans la zone <Légende> avec un numéro de séquence, il vous reste à saisir après le descriptif de l'objet, si vous voulez créer une nouvelle étiquette, cliquez sur [Nouvelle étiquette...].
- Dans la zone <Position>: choisissez la position de la légende au-dessus/au-dessous de l'objet.
- Cliquez sur [Numérotation] si vous voulez modifier le type de numérotation.
- Cliquez sur [OK].

Un numéro de légende est un champ {SEQ} que vous pouvez modifier, après avoir affiché le code de champ par ⇧+F9 ou cliquez droit sur le champ puis cliquez sur *Basculer les codes de champ*.

NOTES DE BAS DE PAGE ET DE FIN

Les notes s'utilisent pour expliquer, préciser des points sur le texte d'un document. La présence d'une note est marquée dans le texte par un appel de note. Les notes peuvent être placées en bas de page, en fin de section ou en fin de document.

Word numérote automatiquement les notes de bas de page et de fin selon une numérotation que vous avez spécifiée, celle-ci peut être différente dans chaque section du document. Lorsque vous ajoutez, supprimez ou déplacez des notes, Word renumérote les appels de note.

INSÉRER UN APPEL DE NOTE ET SAISIR LA NOTE

- En affichage *Page*, placez le point d'insertion à l'endroit où vous voulez insérer l'appel de note, puis sous l'onglet **Références**>groupe **Notes de bas de page**, cliquez sur le bouton **Insérer une note de bas de page** (⌷Ctrl⌷+⌷Alt⌷+B) ou **Insérer une note de fin** (⌷Ctrl⌷+⌷Alt⌷+F).

- Le point d'insertion se trouve en bas de page (ou en fin de document) : tapez le texte de la note puis, pour revenir au texte, double-cliquez sur le numéro de la note ou ⌷⇧⌷+⌷F5⌷.

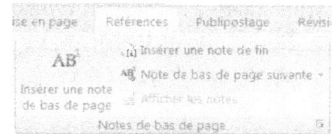

Vous pouvez insérer un symbole (non numéroté) comme appel de note : cliquez sur le lanceur du groupe **Note de bas de page**, le dialogue *Notes de bas de page et de fin de document* s'affiche. Dans la zone <Personnalisée> : saisissez un symbole ou cliquez sur [Symbole] pour sélectionner un symbole, puis cliquez sur [Insérer] pour créer la note dans le document.

NAVIGUER DE NOTE EN NOTE

- Cliquez sur la flèche du bouton **Note de bas page suivante**, puis sur la commande qui permet d'aller à la note suivante ou précédente.

Lorsque vous amenez le pointeur sur un appel de note, une infobulle affiche le contenu de la note.

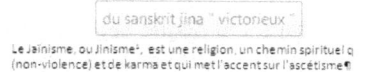

MODIFIER LE TEXTE DE LA NOTE

- Double-cliquez sur l'appel de note, Word affiche le texte de la note, modifiez le texte de la note, puis pour à la marque d'appel, double-cliquez sur le numéro de la note ou ⌷⇧⌷+⌷F5⌷.

MODIFIER L'EMPLACEMENT ET LE FORMAT DE NUMÉROTATION

- Onglet **Références** >groupe **Notes de bas de page**, cliquez sur le **lanceur** du groupe.

Le dialogue *Notes de bas de page et de fin de document* s'affiche.

- Dans la section **Emplacement** : activez <⊙ Notes de bas de page> : choisissez *Sous le texte* ou *Bas de page*, puis activez <⊙ Notes de fin> : choisissez *Fin de section* ou *Fin de document*. Le bouton [Convertir] permet de convertir les notes de bas de page en notes de fin.

- Dans la section **Format** : spécifiez le format de numérotation, si la numérotation est continue ou recommence à chaque section ou à chaque page.

- Cliquez sur [Appliquer].

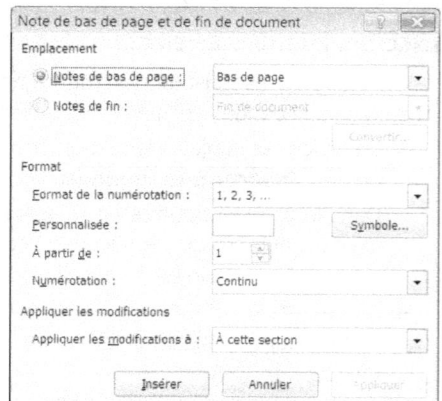

SUPPRIMER UNE NOTE

- Dans le document, sélectionnez l'appel de note correspondant à la note de bas de page ou à la note de fin à supprimer et appuyez sur ⌷Suppr⌷.

SIGNETS

Un signet marque un emplacement ou une sélection de texte. Après avoir créé un signet, vous pouvez créer des renvois à ce signet à partir d'autres endroits dans le texte.

Remarque : l'insertion d'un signet sur un élément numéroté (élément légendé, note de bas de page ou de fin) ou sur un titre même non numéroté est inutile car Word les marque déjà systématiquement par des signets masqués.

CRÉER UN SIGNET

- Sélectionnez le texte ou l'élément à marquer, ou cliquez sur une position à marquer, puis sous l'onglet **Insertion**>groupe **Liens**, cliquez sur se bouton **Signet**, dans <Nom du signet> : saisissez un nom, cliquez sur [Ajouter].

Les noms de signet doivent commencer par une lettre et peuvent contenir des chiffres, mais ils ne peuvent pas renfermer d'espaces. Utilisez le caractère de soulignement pour séparer des mots, par exemple `Connecter_source`.

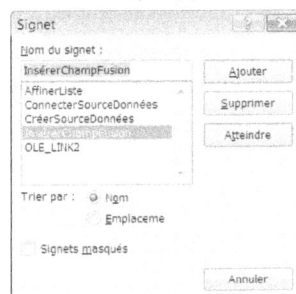

ATTEINDRE UN SIGNET SPÉCIFIQUE

- Sous l'onglet **Insertion**>groupe **Liens**, cliquez sur le bouton **Signet**, cliquez sur <⊙ Nom> ou <⊙ Emplacement> pour trier la liste des signets, cliquez sur le nom du signet à atteindre, cliquez sur [Atteindre].

Les marques de signets ne sont visibles à l'écran que si avez activez l'option Word <☑ Afficher les signets> dans *Options avancée>Afficher le contenu du document*. Les éléments ou textes marqués par un signet s'affichent entre crochets (**[...]**) à l'écran. Si vous marquez simplement la position du point d'insertion, le signet s'affiche en **I**. Les crochets ne sont jamais imprimés.

COPIER/DÉPLACER UN TEXTE CONTENANT UN SIGNET

Pour voir l'effet des sur le signet, activez l'option d'affichage des signets (voir ci-dessus).

La copie de tout ou partie dans le même document n'entraîne pas la copie du signet, alors que la copie dans un autre document entraîne la copie du signet.

Le déplacement ou le couper/coller de tout le texte marqué entre [ ] entraîne le déplacement du signet. Si vous supprimez une partie du texte, le signet reste sur le texte non supprimé. Si vous supprimez tout le texte du signet, le signet est supprimé. Si vous ajoutez du texte dans le signet entre les [ ], le signet englobe le nouveau texte.

SUPPRIMER UN SIGNET

- Onglet **Insertion**>groupe **Liens**, cliquez sur *Signet*, cliquez sur le nom du signet à supprimer, puis appuyez sur [Supprimer].

Pour supprimer à la fois le signet et l'élément ou le texte marqué par le signet, sélectionnez l'élément ou le texte entre [ ] et appuyez sur Suppr.

INSÉRER AVEC LIAISON UN TEXTE MARQUÉ PAR UN SIGNET

- Pour insérer un texte marqué par un signet dans le même document : insérez un renvoi vers le signet, un champ {REF nom_signet \h } est inséré.
- Pour insérer un texte marqué par un signet d'un autre document : onglet **Insertion**> groupe **Texte**, cliquez sur la flèche du bouton **Objet**, puis sur *Texte d'un fichier...*, le dialogue *Insérer un fichier* s'affiche : sélectionnez le dossier puis le document contenant le signet, cliquez sur [Plage], saisissez le nom du signet et validez par [OK], puis cliquez sur la flèche du bouton [Insérer] puis sur *Insérer comme Lien*.

Un champ {INCLUDETEXT "nom_fichier" nom_signet} est inséré.

RENVOIS

Un renvoi insère un élément ou une référence à un élément qui figure à un autre emplacement dans le même document. Par exemple `Voir Page 4`, où `4` est le numéro du page qui contient un titre vers lequel vous faites un renvoi. Vous pouvez créer des renvois à des titres, des pieds de page, des en-têtes, des signets, des légendes et à des éléments numérotés.

CRÉER UN RENVOI

Vous pouvez créer des renvois seulement vers des éléments qui appartiennent au même document. Pour faire référence à un élément qui se trouve dans un autre document, les documents doivent être groupés dans un document maître (voir page 42).

L'élément auquel vous faites référence, doit déjà exister. Par exemple, avant de faire référence à un signet, vous devez avoir créé le signet.

- Tapez le texte d'introduction du renvoi, par exemple `Pour plus d'informations, consultez`, puis sous l'onglet **Insertion**>groupe **Liens**, cliquez sur le bouton **Renvoi**.

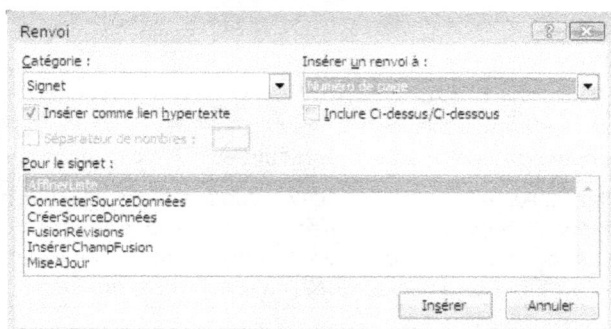

- Dans la zone <Catégorie> : sélectionnez le type d'élément pour lequel vous souhaitez créer un renvoi (un titre, une légende, un signet...).
- Dans la zone <Insérer un renvoi à> : sélectionnez sur les informations à insérer dans le document : le texte du titre ou le texte marqué par le signet, le Numéro de paragraphe, Numéro de paragraphe (contexte complet) ou Numéro de paragraphe (pas de contexte), Numéro de page...
- Dans la zone <Pour xxxxx> (xxxxxx étant la catégorie) : cliquez dans la liste sur l'élément auquel vous voulez faire référence, par exemple, un titre de chapitre ou un nom de signet...
- Pour que le renvoi fonctionne comme un lien hypertexte (Ctrl+clic sur le renvoi affiche l'élément référencé), activez la case à cocher <☑ Insérer comme lien hypertexte>.
- Si la case à cocher <☑ Inclure Ci-dessus/Ci-dessous> est disponible, vous pouvez la sélectionner pour que s'inscrive à côté du renvoi une mention `ci-dessus` ou `ci-dessous` selon la position de l'élément référencé.
- Cliquez sur [Insérer].

Un renvoi est un champ {REF}. Pour basculer l'affichage entre code champs et valeurs, cliquez-droit sur le code de champ, puis sur *Basculer les codes de champ* ou appuyez sur ⇧+F9.

METTRE À JOUR LES RENVOIS

Si le document a été remanié, et que vous voulez vous assurer que les informations des renvois sont à jour. Sélectionnez tout le document puis cliquez droit sur la sélection, puis cliquez sur la commande *Mettre à jour les champs* ou appuyez sur F9.

Dans les options Word d'*Affichage*, sous **Options d'impression**, <☑ Mettre à jour les champs avant impression> : les champs seront mis à jour avant l'impression ou l'aperçu avant impression.

CRÉER UNE BIBLIOGRAPHIE

Vous pouvez citer vos sources bibliographiques dans votre document. Vous pourrez ensuite générer automatiquement une bibliographie qui répertorie les sources citées dans le document.

CITER UNE SOURCE

Choisir un standard de description bibliographique

Les standards MLA ou APA sont recommandés pour les citations et les sources traitant des sciences sociales. Pour plus d'information, vous pouvez vous référer au site `www.revue-texto.net/Reperes/ Themes/Kyheng_References.html`.

■ Choisissez le style bibliographique : sous l'onglet **Références**>groupe **Citations et bibliographie**, cliquez sur la flèche de la zone **Style**, sélectionnez un des standards de description bibliographique ❶.

Citer une nouvelle source que vous créez

■ Cliquez à l'endroit où vous voulez citer une source (généralement à la fin de la phrase ou de l'expression citée), sous l'onglet **Références**>groupe **Citations et bibliographie**, cliquez sur le bouton **Insérer une citation** ❷, puis sur *Ajouter une nouvelle source...*

■ Complétez les informations sur la source : dans la zone <Type de source> sélectionnez Ouvrage/Section/Article de journal/Rapport.... Puis remplissez les zones d'information bibliographique sur la source : <Auteur>, <Titre>, <Année>, <Ville>, <Maison d'édition>.
- Pour afficher plus de zones, cochez l'option <☑ Afficher tous les champs bibliographiques>.
■ Cliquez sur [OK] pour créer la source et insérer la citation de cette source.

La citation est insérée dans un bloc de construction que vous voyez comme tel lorsque vous cliquez sur la citation.

Vous pouvez insérer une citation en réservant à plus tard la création de la source. Pour cela :

■ Cliquez sur le bouton **Insérer une citation**, puis sur *Ajouter un espace réservé...* (un point d'interrogation apparaît devant les sources d'espace réservé dans le Gestionnaire de source).

Les sources bibliographiques que vous créez par le bouton **Insérer une citation** sont enregistrées sur votre ordinateur dans un fichier `Sources.xml`, qui contient votre liste principale des sources qui se constitue au fur et à mesure de vos citations dans vos documents.

Citer une source déjà répertoriée dans sources.xml

Vous pouvez citer à nouveau n'importe quelle source précédemment répertoriée :

■ Cliquez sur le bouton **Insérer une citation**, puis sélectionnez dans la galerie des citations.

La galerie des citations affiche la liste active : liste de toutes les citations de sources déjà effectuées dans le document actuel ou qui ont été ajoutées à l'aide de l'outil *Gérer les sources*.

Modifier l'affichage de la citation

Vous pouvez masquer l'auteur, l'année, le titre... définis dans une source.
Par ailleurs vous pouvez mentionner la page de la source, ainsi vous pouvez
citer plusieurs fois la même source à des pages différentes, par exemple

(Clausewitz, 1955 p. 164) ▾ .

- Cliquez sur la flèche du bloc de construction, puis sur *Modifier la citation*...

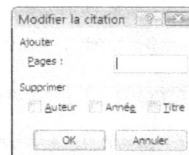

RECHERCHER UNE SOURCE BIBLIOGRAPHIQUE

Vous serez parfois amené à rechercher une source que vous avez citée dans un autre document
en utilisant l'outil *Gérer les sources*, ou même une source à disposition d'une équipe.

- Sous l'onglet **Références**>groupe **Citations et bibliographie**, cliquez sur le bouton **Gérer les sources**.

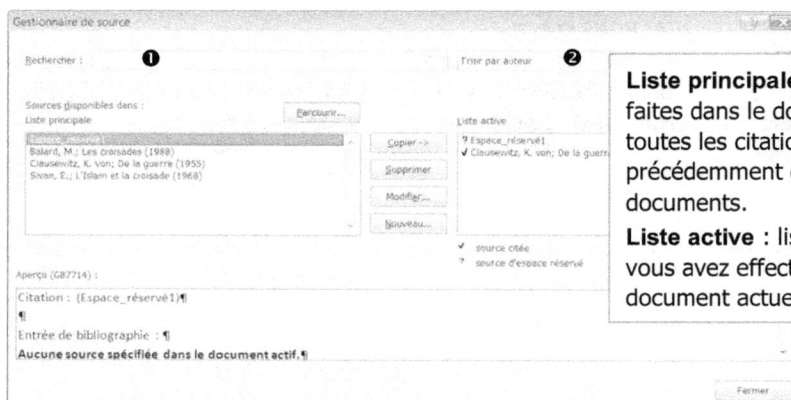

Liste principale : liste les citations faites dans le document actuel plus toutes les citations qui ont été faites précédemment dans vos autres documents.

Liste active : liste les citations que vous avez effectuées dans le document actuel.

Dans le *Gestionnaire de source*, les sources d'espace réservé (portant un nom de balise) sont
classées par ordre alphabétique avec toutes les autres sources. Vous pouvez personnaliser les
noms des balises d'espace réservé. Un point d'interrogation (?) apparaît devant les noms des
sources d'espace réservé.

Pour rechercher une source dans la liste principale, procédez comme suit :

- Dans la zone <Rechercher> ❶ : saisissez le titre ou l'auteur de la source recherchée. La liste
s'affine dynamiquement pour correspondre à votre critère de recherche.
- Dans la zone <de tri> ❷ : sélectionnez un tri par auteur, par titre, par nom de balise de
citation, ou par année et recherchez la source dans la liste résultante.
- Utilisez le bouton [Copier] pour copier une source de la liste principale à la liste active.
Utilisez le bouton [Supprimer] pour supprimer la liste sélectionnée.
Utilisez le bouton [Nouveau] pour créer une nouvelle source bibliographique.

Vous pouvez cliquer sur le bouton [Parcourir] dans le dialogue *Gestionnaire de source* pour
sélectionner une autre liste principale que votre fichier *Source.xml*, contentant dans un format XML
des sources à citer. Par exemple, un fichier situé sur un partage : ordinateur d'un collègue, serveur
d'une organisation, d'un institut de recherche, site Web d'une université...

MODIFIER UNE SOURCE DE CITATION

- Onglet **Références**>groupe **Citations et bibliographie**, cliquez sur le bouton **Gérer les sources**, dans la zone <Liste active> : sélectionnez l'espace réservé à modifier et cliquez sur
[Modifier], ou dans le document cliquez sur la citation, cliquez sur la flèche du bloc de
construction, puis sur la commande *Modifier la source*...

CRÉER UNE BIBLIOGRAPHIE

- Effectuez les modifications, cliquez sur [OK] pour enregistrer les informations sur cette source.

Si vous avez créé une citation d'espace réservé, vous devez compléter ultérieurement les informations d'ordre bibliographique de la source. Les modifications apportées seront reflétées automatiquement dans la bibliographie, si vous en avez déjà créé une.

- Dans le document, cliquez droit sur la balise d'espace réservé, puis sur *Modifier la source...*, ou dans le *Gestionnaire de source* : cliquez sur le nom d'espace réservé, puis sur [Modifier...].

- Complétez les informations sur la source, le <Type de source>, les zones d'information bibliographique, utilisez le bouton [Modifier] pour compléter les champs au lieu de taper les noms dans le format approprié.
- Cliquez sur [OK] pour enregistrer les informations de cette source.

INSÉRER UNE BIBLIOGRAPHIE

Vous pouvez insérer une bibliographie des sources citées dans un document. Les citations d'espace réservé n'apparaissent pas dans la bibliographie, tant qu'elles ne sont pas complétées.

- Placez le point d'insertion à l'emplacement où vous voulez insérer une bibliographie, généralement à la fin du document, sous l'onglet **Références**>groupe **Citations et bibliographie**, cliquez sur le bouton **Bibliographie**.

- Sélectionnez un format prédéfini de bibliographie pour insérer la bibliographie dans le document, cliquez sur [OK]. La bibliographie s'insère dans un bloc de construction.

Automatisation

4

MISE EN FORME AUTOMATIQUE

Des mises en forme peuvent s'appliquer automatiquement lors de la frappe. Word fournit également une fonction remise en forme automatique d'un document existant.

MISE EN FORME AUTOMATIQUE LORS DE LA FRAPPE

■ Cliquez sur le **Bouton Office**, puis sur [Options Word], puis sur *Vérifications*, sous la rubrique **Options de correction automatique** cliquez sur le bouton [Options de correction automatique], puis cliquez sur l'onglet **Lors de la frappe**.

> Les options cochées indiquent les corrections qui seront automatiquement effectuées lors de la frappe.

❶ Remplace les guillemets " " par les guillemets typographiques « ».

❷ Met en forme les fractions : 1/4 devient ¼.

❸ Met *mot* en Gras et _mot_ en italique.

❹ Transforme en lien les adresses réseau et les adresses Internet.

❺ Met en forme les nombres ordinaux : 1er devient $1^{er.}$

❻ Remplace deux tirets consécutifs par un tiret demi-cadratin.

❼ Crée des listes à puces lorsque vous débutez un paragraphe par : astérisque (*), trait d'union, supérieur à (>), ou (->) ou (=>) suivi d'un espace ou d'une tabulation.

❽ Applique une bordure inférieure au paragraphe précédent si vous tapez 3 fois le caractère: trait d'union (-), signe égal (=), astérisque (*), tilde (~), dièse (#) suivi de ⏎.

❾ Applique au texte les styles de titres intégrés, tels que *Titre 1*, lorsque vous tapez une ligne de texte sans point final, puis appuyez deux fois sur ⏎.

❿ Crée une liste numérotée lorsque vous débutez un paragraphe par un nombre 1 suivi d'un des caractères .) – > ⏎ puis d'un espace et d'un texte.

⓫ Crée un tableau avec une colonne par paire de +, si vous tapez +----+----+, puis ⏎.

En cours de saisie, refuser ou stopper une correction faite automatiquement par Word

■ Vous pouvez annuler la correction automatique, en cliquant sur le bouton **Annuler** ou Ctrl+Z.

■ Si une balise s'affiche à proximité de la correction après la correction automatique. Vous pouvez annuler ponctuellement ou stopper : cliquez sur la balise ⚡, puis sur *Annuler* ou sur *Arrêter*.

REMISE EN FORME AUTOMATIQUE D'UN DOCUMENT EXISTANT

Définissez les options de mise en forme automatique

La mise en forme automatique fait de son mieux pour appliquer un style à chaque paragraphe (corps du texte, retrait 1re ligne...), supprimer les marques de paragraphe superflues, et remplacer les retraits créés avec des espaces/tabulations par des retraits de paragraphe.

MISE EN FORME AUTOMATIQUE

Elle insère des puces à la place des astérisques (*), des traits d'union (-) ou de tout autre caractère utilisé pour mettre en forme la liste... Ces options de mise en forme automatique sont définies dans les options de Word :

- Dans le dialogue *Correction automatique*, cliquez sur l'onglet **Mise en forme automatique**

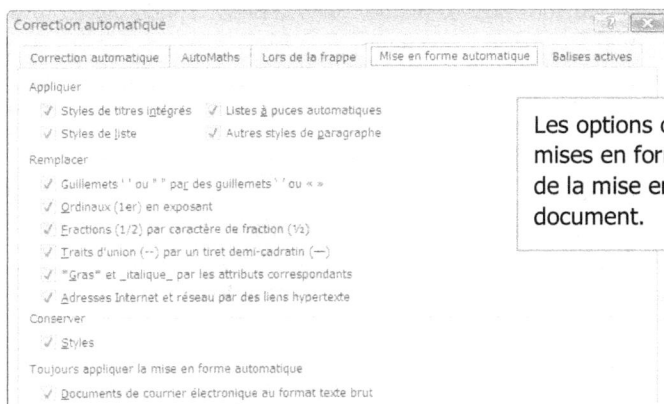

Les options cochées indiquent les mises en forme qui sont effectuées lors de la mise en forme automatique du document.

Lancer la mise en forme automatique

L'outil *Mise en forme automatique* qui sert à effectuer une remise en forme de tout le document n'est pas sur le ruban de Word 2007, vous devez l'ajouter à la barre d'outils *Accès rapide*. (Procédez comme sur la page suivante).

- Cliquez sur l'outil *Mise en forme automatique* (ajouté dans la barre d'outils Accès rapide).

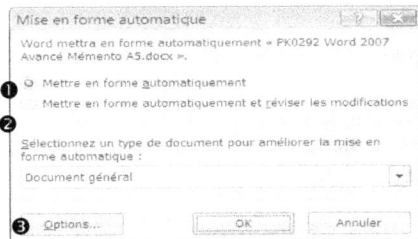

❶ Effectue la mise en forme directement sur le document.
❷ Insère des marques de révision de mise en forme.
❸ Permet d'accéder au dialogue de modification des options.

Si vous avez choisi la deuxième option, le dialogue suivant s'affiche.

Le bouton [Style automatique...] permet d'appliquer un modèle autre modèle de styles.

Si vous avez choisi [Réviser les modifications...], le dialogue suivant s'affiche.

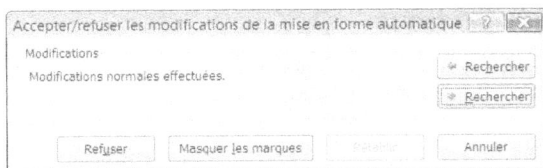

Les boutons [Rechercher] permettent de passer d'une modification à une autre vers l'avant ou vers l'arrière. Vous pouvez refuser des modifications.

Lorsque vous avez vérifié et éventuellement refusé certaines révisions de mise en forme, cliquez sur [Annuler] pour revenir au dialogue précédent, dans lequel vous pouvez décider d'accepter tout ou de refuser tout.

INSERTION AUTOMATIQUE

Les insertions automatiques sont des textes ou des graphismes que vous avez l'intention de réutiliser souvent, par exemple une clause de contrat standard, une formule de politesse.

Dans Word 2007, ces insertions automatiques sont stockées comme des blocs de construction. Pour les créer et les utiliser vous pouvez vous servir des commandes *QuickPart* ou de deux outils des versions antérieures de Word que vous pouvez ajouter dans la barre d'outils *Accès rapide*.

■ Pour ajouter les outils d'insertion automatique : cliquez sur la flèche à droite de la barre d'outils *Accès rapide*, puis sur *Autres commandes...* Dans la zone <Choisir les commandes dans les catégories suivantes> : sélectionnez *Toutes les commandes*, puis ajoutez les deux outils :   *Insertion automatique* et   *Créer une insertion*.

CRÉER UNE INSERTION AUTOMATIQUE

■ Sélectionnez un texte que vous voulez mémoriser dans une insertion automatique, pour mémoriser la mise en forme du paragraphe incluez la fin du paragraphe, puis

■ Sous l'onglet **Insertion**>groupe **Texte**, cliquez sur le bouton **Quickpart**, puis sur la commande *Enregistrer la sélection dans la galerie de composants QuickPart...* ou cliquez sur l'outil *Créer une insertion* ou appuyez sur [Alt]+[F3].

Créer un nouveau bloc de construction	? ⬇ ✕
Nom :	Pol-Monsieur
Galerie :	QuickPart
Catégorie :	Politesse
Description :	Formule de politesse pour Monsieur
Enregistrer dans :	Building Blocks.dotx
Options :	Insérer uniquement le contenu
	OK Annuler

Le choix de la galerie définit dans quelle galerie sera accessible le bloc de construction pour sa réutilisation.

Vous pouvez conserver *QuickPart* : il sera alors accessible par le bouton **QuickPart** ; vous pouvez aussi choisir *Insertion automatique* : il sera alors accessible par l'outil *Insertion automatique* que vous aurez ajouté à la barre d'outils *Accès rapide*.

■ Dans <Nom> : saisissez un nom pour le bloc ou plutôt une abréviation mnémonique ce qui sera plus pratique, dans <Catégorie> : sélectionnez la catégorie ou créez une catégorie, dans <Description> : saisissez un texte descriptif, cliquez sur [OK].

Dans la zone <Enregistrer dans> vous pouvez choisir `Building Blocks.dotx`, auquel cas le bloc sera disponible depuis n'importe quel document, ou dans `Normal.dotm` ou un des modèles proposés (sont proposés les modèles ouvert à ce moment).

UTILISER UNE INSERTION AUTOMATIQUE

■ Placez le point d'insertion, puis saisissez le nom de l'insertion, et appuyez sur [F3], ou

■ Onglet **Insertion**> groupe **Texte** cliquez sur **QuickPart**, ou cliquez sur *Insertion automatique* (dans la barre *Accès rapide*), puis sélectionnez l'insertion dans la galerie sous la catégorie que vous avez spécifiée à la création.

Politesse
Pol-Madame
Veuillez agréer, Madame, l'expression de mes courtoises salutations.
Pol-Monsieur
Veuillez agréer, Monsieur, l'expression de mes sentiments distingués.

MODIFIEZ LE TEXTE D'UNE INSERTION AUTOMATIQUE

■ Insérez le texte de l'insertion automatique, modifiez-le, puis sélectionnez le texte et créez l'insertion automatique sous le même nom dans la même Galerie comme décrit précédemment.

SUPPRIMER UNE INSERTION AUTOMATIQUE

■ Cliquez sur le bouton **QuickPart** ou sur   *Insertion automatique* dans la barre Accès rapide, cliquez droit sur le bloc, puis sur *Organiser et supprimer...*, le dialogue *Organisateur de blocs de construction* s'affiche avec le nom du bloc sélectionné, cliquez sur le bouton [Supprimer], confirmez en cliquant sur [Oui], puis cliquez sur [Fermer].

TEXTES ET OBJETS LIÉS

On peut insérer dans un document des liens vers du texte ou un objet (tableau Excel, graphique...) d'un autre fichier. Les données sont stockées dans le fichier source, le document cible stocke seulement l'emplacement du fichier source et affiche une représentation des données liées.

INSÉRER UN OBJET LIÉ

- Lancez l'application qui a servi à créer le fichier source, sélectionnez l'objet à copier, sous l'onglet **Accueil**>groupe **Presse-papiers**, cliquez sur le bouton **Copier** ou ⌨Ctrl+C.
- Dans le document cible, placez le point d'insertion à l'endroit où vous voulez insérer le lien, cliquez sur la flèche du bouton **Coller** puis sur *Collage spécial...*, activez l'option <⊙ Coller avec liaison>, dans <En tant que> : sélectionnez un format, cliquez sur [OK].

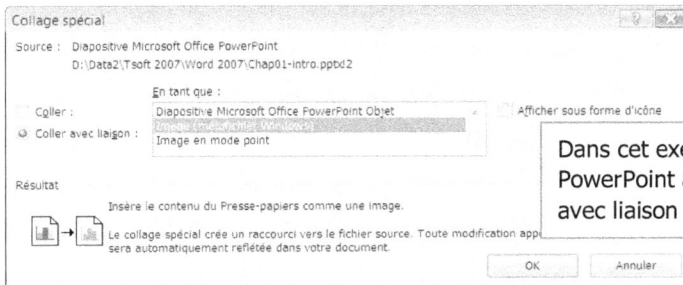

Dans cet exemple, une diapositive PowerPoint a été copiée, et sera collée avec liaison dans un document Word.

Un lien vers un objet est un champ {LINK}.

INSÉRER UN TEXTE LIÉ

Si vous souhaitez insérer avec liaison un texte partiel d'un autre document, il faut que vous définissiez auparavant un signet sur ce texte. Puis vous insérez le texte lié de la façon suivante :

- Onglet **Insertion**>groupe **Texte**, cliquez sur la flèche du bouton **Objet**, puis sur *Texte d'un fichier*, sélectionnez le fichier document puis cliquez sur le bouton [Plage] et saisissez le nom du signet [OK], cliquez sur la flèche du bouton [Insérer], puis cliquez sur *Insérer comme lien*.

La mise en forme du texte copié est celle du document destination, de même pour les styles du lorsqu'ils portent le même nom dans les documents source et cible. Un lien vers un texte est un champ {INCLUDETEXT}.

METTRE À JOUR LES LIAISONS

Les liaisons peuvent être mises à jour de façon automatique ou manuelle. Par défaut, la méthode de mise à jour d'une liaison est automatique : les données liées sont mises à jour dès que données sources sont modifiées si le fichier destination est ouvert, et Word vous propose de mettre à jour les liaisons automatiques à l'ouverture du document.

Empêcher Word de faire la mise à jour des liens à l'ouverture des documents

- Cliquez sur le **Bouton Office**, puis sur [Options Word], puis sur *Options avancées*, sous la rubrique **Général** décochez la case <☐ Mise à jour des liaisons à l'ouverture>.

Rendre manuelle la mise à jour de certaines ou de toutes les liaisons

- Ouvrez le document contenant les liaisons, cliquez sur le **Bouton Office**, pointez sur **Préparer**, cliquez sur **Modifier les liens d'accès au fichier**, le dialogue *Liaisons* s'affiche, sélectionnez les liaisons à rendre manuelle, activez l'option <⊙ Mise à jour manuelle>, cliquez sur [OK].

Mettre à jour manuellement les liaisons

Si vous avez choisi pour certaines liaisons la méthode de mise à jour manuelle, vous pouvez les mettre à jour de la façon suivante :

- Pour mettre à jour un texte ou objet lié : sélectionnez-le et tapez sur la touche ⌨F9 ou cliquez droit dessus, puis sur la commande contextuelle *Mettre à jour les liaisons*.

TEXTES ET OBJETS LIÉS

- Pour mettre à jour une ou plusieurs liaisons : cliquez sur le **Bouton Office**, pointez sur *Préparer*, cliquez sur *Modifier les liens d'accès au fichier*, sélectionnez les liaisons les liaisons (clic sur la première, ⇧+clic sur la dernière), et cliquez sur [Mettre à jour].

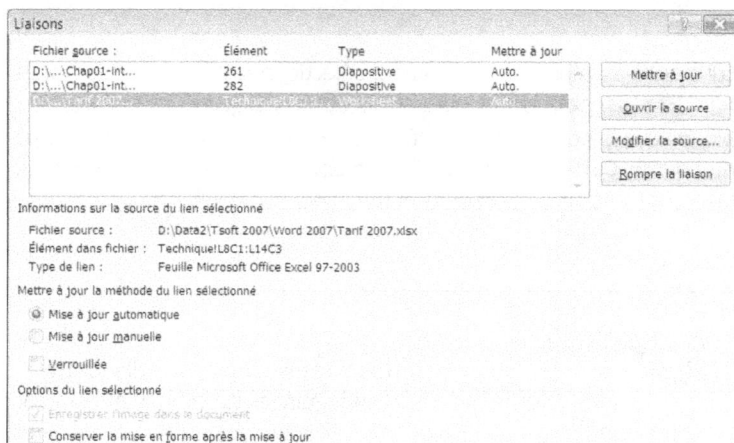

GESTION DES LIAISONS

Modifier les données source

Si vous modifiez les données dans le document cible, vos modifications seront perdues lors de la prochaine mise à jour du lien. Il faut modifier les données dans le document source :

- Cliquez droit sur les données liées, puis sur *Objet xxx Lié*, puis sur la commande *Liaisons...* Le dialogue *Liaisons* s'affiche avec la liaison sélectionnée : cliquez sur le bouton [ouvrir la source], l'application qui a servi à créer le fichier source est activée, le document source est ouvert, modifiez le document, puis enregistrez et fermez le document source.

Les données liées ont été mises à jour si la mise à jour est automatique, sinon appuyez sur F9.

Une exception : dans le cas de texte inclus par le champ {INCLUDETEXT}, vous pouvez modifier le texte dans le document cible puis Ctrl+⇧+F7, met à jour le document source.

Changer la source d'une liaison

Pour changer la source du lien, on peut supprimer les données liées et refaire le Copier/Collage spécial ou on peut procéder de la façon suivante :

- Cliquez droit sur les données liées, puis sur *Objet xxx Lié*, puis sur *Liaisons...* le dialogue *Liaisons* s'affiche avec la liaison sélectionnée : cliquez sur le bouton [Modifier la source], sélectionnez un autre fichier, cliquez sur [Élément], saisissez un nom de signet ou une référence de plage (pour une diapositive PowerPoint son numéro), cliquez sur [OK].
- Cliquez sur [Ouvrir], cliquez sur [OK].

Rompre une liaison

Les données liées restent dans le cible, mais deviennent indépendantes des données source.

- Cliquez droit sur le texte ou l'objet lié, puis sur *Objet xxx Lié*, puis sur *Liaisons...*, le dialogue *Liaisons* s'affiche avec la liaison sélectionnée : cliquez sur le bouton [Rompre la liaison], confirmez en cliquant sur [Oui] ou utilisez le raccourci clavier : Ctrl+⇧+F9.

Verrouiller des liaisons

- Cliquez droit sur le texte ou l'objet lié, puis sur *Objet xxx Lié*, puis sur *Liaisons...*, dans le dialogue *Liaisons* qui s'affiche la liaison est sélectionnée, cochez la case <☑ Verrouillée>, ou utilisez pour verrouiller Ctrl+F11 et pour déverrouiller Ctrl+⇧+F11.

INCORPORER DES OBJETS

En incorporant des objets dans Word, vous pouvez créer des documents composites comportant des informations créées avec d'autres applications (textes, tableaux et graphiques issus d'applications telles qu'Excel ou PowerPoint).

La différence avec la liaison est que les données incorporées sont enregistrées dans le document Word, il ne s'agit pas simplement d'un lien. L'information incorporée est appelée objet. On peut créer un objet incorporé de toutes pièces ou incorporer des données existantes.

INCORPORER UN NOUVEL OBJET

- Cliquez à l'endroit où vous voulez insérer l'objet, sous l'onglet **Insertion**>groupe **Texte**, cliquez sur **Objet**, le dialogue *Insérer un objet* s'affiche, cliquez sur l'onglet **Nouvel Objet**.

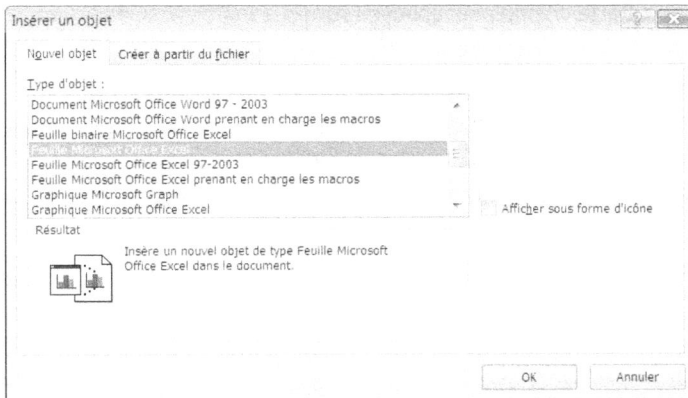

- Sélectionnez le type d'objet, puis cliquez sur [OK].

L'application source de l'objet est lancée, une fenêtre de création de l'objet s'incorpore dans le document et les outils de l'application source remplacent ceux de Word sur le Ruban.

- Saisissez les données dans la fenêtre de l'application source de l'objet.
  Adaptez la taille de la fenêtre de l'objet incorporé au contenu à afficher.
- Pour terminer, cliquez en dehors du cadre affichant l'objet.

INCORPORER UN OBJET EXISTANT

Il est fréquent d'incorporer une diapositive PowerPoint, une plage de feuille de calcul Excel ou un dessin créé avec un outil de dessin que vous aurez installé sur votre ordinateur.

- Lancez l'application source et ouvrez le document source, sélectionnez les données, copiez-les dans le Presse-papiers.
- Cliquez dans le document Word à l'endroit où vous voulez insérer l'objet, cliquez sur la flèche du bouton **Coller**, puis sur *Collage spécial...*, dans la zone <En tant que> : sélectionnez le format contenant le terme *Objet*, cliquez sur [OK].

MODIFIER UN OBJET INCORPORÉ

- Double-cliquez sur l'objet.

La fenêtre application de l'objet apparaît à la place de l'objet, les outils de l'application source remplacent ceux de Word dans le Ruban.

- Effectuez les modifications.
- Pour terminer : cliquez en dehors de la fenêtre affichant l'objet.

SUPPRIMER UN OBJET INCORPORÉ

- Cliquez en dehors de l'objet, puis cliquez sur l'objet, et appuyez sur la touche $\boxed{\text{Suppr}}$.

UTILISER DES CHAMPS

Un champ affiche une information ou déclenche une action. Des champs sont souvent insérés dans les documents, même si vous ne les voyez pas car ils affichent des données. Des champs servent pour fusionner des données, générer une table des matières ou un index, gérer un renvoi... Dans la plupart des cas, ils sont créés par les commandes de Word, mais vous pouvez insérer des champs spécifiques par exemple pour des calculs, pour gérer un message d'invite.

AFFICHAGE DES CODES DE CHAMPS OU DES RÉSULTATS DES CHAMPS

Basculer entre l'affichage des codes et l'affichage des résultats

Quand ils sont affichés, les codes de champ apparaissent entre accolades { }.

- Pour tous les champs du document : appuyez sur Alt+F9.
- Pour un seul champ : cliquez sur le champ puis appuyez sur ⇧+F9.

Syntaxe des codes de champ

La syntaxe des codes de champ est {CODE arguments options}.
Exemples : {AUTOTEXT Clause1 * MERGEFORMAT}, {TIME \@ "d MMMM yyyy"} {=HT*1,196 \# "# ##0,00"} où HT est un signet sur une valeur numérique.

Les codes de champ fonctionnent comme une formule qui agit sur des arguments avec des options (commutateurs). En affichage des codes, vous voyez la formule.

INSÉRER UN CHAMP

Saisir manuellement un champ

Si vous connaissez la syntaxe du code de champ :

- Appuyez sur Ctrl+F9, les accolades {} s'insèrent dans le document, saisissez le champ par exemple TITLE, ses paramètres et ses commutateurs entre les accolades puis, pour exécuter le code de champ : cliquez dans le champ entre les accolades et appuyez sur F9.

Utiliser le dialogue Champ

- Placez le point d'insertion à l'endroit où vous voulez insérer le champ, sous l'onglet **Insertion**>groupe **Texte**, cliquez sur le bouton **QuickPart**, puis sur *Champ...*
- Sélectionnez une catégorie de champ, puis sélectionnez un nom de champ, cliquez sur le bouton [Codes de champ] pour afficher à droite la zone de saisie <Codes de champ>.

Cliquez sur [Options...] pour afficher le dialogue *Options pour les champs*, puis double-cliquez sur les commutateurs voulus, puis cliquez sur [OK].
Le champ constitué s'inscrit dans <Codes de champ>, vous pouvez encore le modifier.

- Cliquez sur [OK] pour insérer le champ dans le document.

FORMATAGE DES RÉSULTATS DES CHAMPS

Vous pouvez mettre en forme les résultats de champs en appliquant une mise en forme de caractère au champ, pour certains champs des commutateurs permettent de gérer le format d'affichage, notamment pour les dates (\@ "d MMM yyyy") et numériques (\# "#0.00 €").

UTILISER DES CHAMPS

Exemple 1 : le champ {DATE} pour la date automatique

- Onglet **Insertion**>groupe **Texte**, cliquez sur le bouton **Date et heure**, sélectionnez un format, cliquez sur [OK].

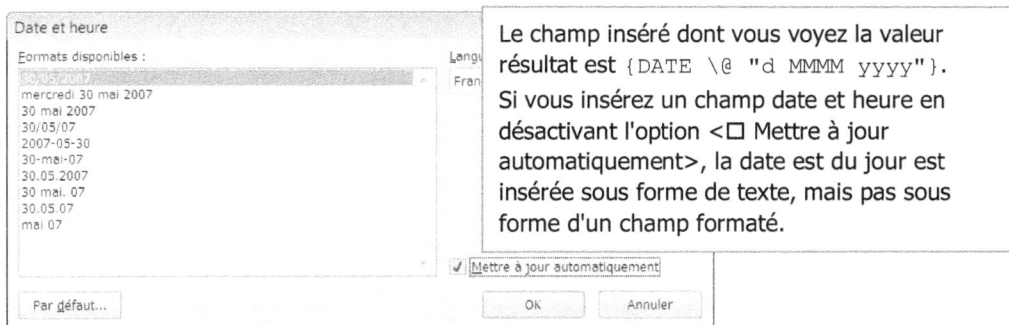

Le champ inséré dont vous voyez la valeur résultat est `{DATE \@ "d MMMM yyyy"}`.
Si vous insérez un champ date et heure en désactivant l'option `<☐ Mettre à jour automatiquement>`, la date est du jour est insérée sous forme de texte, mais pas sous forme d'un champ formaté.

Exemple 2 : le champ {AUTOTEXT} lien vers un composant QuickPart

Au lieu d'insérer un composant QuickPart (bloc de construction), vous pouvez insérer un champ lien {AUTOTEXT} vers ce composant dans différents documents.

- Cliquez sur le bouton **QuickPart**, puis sur *Champ...*, choisissez la catégorie *Liaisons et renvois*, le nom de champ *InsertionAuto*, et sélectionnez le nom du composant (par exemple *Clause1*)

Un champ lien vers le composant QuickPart est inséré `{AUTOTEXT Clause1 \* MERGEFORMAT}`. En cas de modification du composant, les documents seront mis à jour par la mise à jour du champ.

Exemple 3 : le champ {ASK} invite à saisir une valeur, le champ {REF} l'affiche

Le champ ASK invite à fournir une donnée et affecte la réponse à un signet. Pour afficher cette données dans le document, vous devez insérer un champ {REF} qui fait référence à ce signet.

Par exemple, insérez les deux champs successifs `{ASK HT "Saisir le prix HT"} {REF HT \# "#0.00 €"}`, puis sélectionnez les deux champs et tapez sur F9 pour mettre à jour. Pour changer la valeur, sélectionnez les deux champs et mettez à jour.

Le champ {REF} peut être inséré plusieurs fois, la valeur saisie par {ASK} sera donc insérée plusieurs fois à différents endroits dans le document. Par exemple, dans un contrat le champ {ASK société} permet de saisir un nom de société qui sera placé à plusieurs endroits.

Exemple 4 : le champ { =(formule)} pour une formule de calcul

Lorsque vous insérez une formule dans une cellule de tableau en cliquant sur le bouton **Formule** (onglet **Outils de tableau**/**Disposition**>groupe **Données**), c'est un champ formule qui est inséré par exemple `{=A3*B3 \# "# ###,00 €"}` où A3 et B3 sont des références à des cellules.

Pour saisir une formule dans le texte en dehors d'un tableau :

- Cliquez sur le bouton **QuickPart**, puis sur *Champ...*, choisissez la catégorie *Équations et formules*, le nom de champ *=(formule)*, cliquez sur le bouton [Formule], saisissez la formule (par exemple `=HT*1,196`) et choisissez le format d'affichage, cliquez sur [OK]. Le champ est `{=HT*1,196 \# "# ##0,00"}` où HT est un signet contenant une valeur numérique.

Exemple 5 : le champ {FILLIN} pour saisir un texte placé dans le document

Le champ FILLIN, par exemple `{FILLIN "saisissez l'objet de votre courrier"}`, lorsqu'il est mis à jour par F9, vous invite à taper un texte qui s'affichera à l'endroit du champ. Lorsque vous créez un document à partir d'un modèle qui contient des champs FILLIN, vous aurez à cliquer sur chaque champ afin de saisir les informations attendues.

Exemple 6 : le champ {IF} insère un texte différent selon une condition

La syntaxe est `{IF Expression1 Opérateur Expression2 TexteVrai TexteFaux}`.

- Les `expressions` : champ de fusion, nom de signet, chaîne de caractères, numéro, formule mathématique. Placez entre guillemets les expressions qui renferment des espaces.
- Les `opérateurs` de comparaison : = Égal à, <> Différent de, > Supérieur à, < Inférieur à, >= Supérieur ou égal à, <= Inférieur ou égal à.
- `TexteVrai`/`TexteFaux` : texte qui s'affiche lorsque la comparaison est vraie/fausse.

MISE EN ÉVIDENCE DES CHAMPS EN GRISÉ

Par défaut, Word affiche les résultats de champs de manière transparente avec le contenu du document afin que le lecteur du document ne se rende pas compte de la présence de champs.

Vous pouvez mettre en évidence les champs à l'affichage pour les différencier du reste.

- Cliquez sur le **Bouton Office**, puis sur [Options Word], puis sur *Options avancées*, sous la rubrique **Afficher le contenu du document**, dans <Champs avec trame> : sélectionnez
  - *Toujours* : différencie les champs du reste du contenu du document
  - *Jamais* : ne différencier pas les champs du reste du contenu
  - *Lors de la sélection* : différencie seulement le champ sur lequel vous avez cliqué

Lorsque vous sélectionnez *Lors de la sélection*, le champ affiche une trame grisée lorsque vous cliquez dessus. Cependant, cette trame n'indique pas que le champ est sélectionné. Lorsque vous sélectionnez le champ en double-cliquant dessus ou en déplaçant la souris, une surbrillance indiquant la sélection vient s'ajouter à la trame.

MISE À JOUR DES CHAMPS

La plupart des champs ne se mettent pas à jour automatiquement, par exemple les index, les renvois à des pages, les autotext, les formules… doivent être mis à jour manuellement si le document été remanié.

Se déplacer de champ en champ

- Pour aller au champ suivant : [F11] ou au champ précédent : [⇧]+[F11].

Mettre à jour les champs manuellement

- Placez le curseur dans un champ que vous voulez mettre à jour, ou sélectionnez la partie du document contenant les champs à mettre à jour, ou tout le document, puis appuyez sur [F9].

Mettre à jour les champs lors de l'impression

Il peut-être important, pour la cohérence d'un document imprimé, que les champs aient tous été actualisés au moment de l'impression. Vous pouvez pour cela définir une option :

- Cliquez sur le **Bouton Office**, puis sur le bouton [Options Word], puis sur *Affichage*, enfin sous la rubrique **Options d'impression** cochez la case <☑ Mettre à jour les champs avant l'impression>, cliquez sur [OK].

Remplacer le champ par son résultat

Le champ ne sera plus mis à jour et est remplacé par son résultat.

- Placez le curseur dans le champ, appuyez sur [Ctrl]+[⇧]+[F9].

Verrouiller/Déverrouiller un champ

Pour empêcher qu'un champ soit mis à jour, vous pouvez le verrouiller.

- Cliquez dans le champ puis pour verrouiller [Ctrl]+[F11], pour déverrouiller : [Ctrl]+[⇧]+[F11].

ENREGISTRER ET EXÉCUTER UNE MACRO

Une macro est un programme simple qui exécute automatiquement une séquence d'opérations sur un document. Le moyen le plus simple pour créer une macro consiste à effectuer les actions en demandant à Word de les enregistrer. Pour des macros plus complexes, il faut utiliser le langage de programmation *Visual Basic for Applications* (sujet non traités dans cet ouvrage).

ENREGISTRER UNE MACRO

■ Si la macro doit s'appliquer à une sélection, sélectionnez un paragraphe ou un bloc, puis sous l'onglet **Développeur**>groupe **Code**, cliquez sur le bouton **Enregistrer une macro**, ou Cliquez sur le bouton *Enregistreur de macro* sur la barre d'état.

❶ Saisissez un nom pour la macro.

❷ Cliquez si vous voulez affecter la macro à un outil sur la barre d'outils *Accès rapide*.

❸ Cliquez si vous voulez affecter la macro à un raccourci clavier.

❹ Choisissez d'enregistrer la macro soit dans un modèle soit dans le document (une macro enregistrée dans le modèle `Normal.dotm` sera toujours accessible car ce modèle est toujours ouvert).

❺ Saisissez un descriptif.

■ Cliquez sur [OK] pour démarrer l'enregistrement des actions.
■ Effectuez les opérations à mémoriser.
■ Pour arrêter l'enregistrement de la macro : Onglet **Développeur**>groupe **Code**, cliquez sur le bouton **Arrêter l'enregistrement** ou cliquez sur le bouton dans la barre d'état.

Vous pouvez aussi suspendre l'enregistrement de la macro pour effectuer des actions indépendantes, puis reprendre l'enregistrement. Pour cela cliquez sur le bouton **Suspendre l'enregistrement**, et cliquez à nouveau sur cet outil pour reprendre l'enregistrement.

EXÉCUTER UNE MACRO

■ Cliquez à l'endroit voulu dans le document, ou sélectionnez un partie du document si la macro doit s'appliquer à une sélection, puis exécutez l'une des actions suivantes :
– Tapez le raccourci clavier associé à la macro, si vous avez affecté la macro à un raccourci, ou
– Cliquez sur l'outil, si vous avez affecté la macro à un outil de la barre d'outils *Accès rapide*, ou
– Onglet **Développeur**>groupe **Code**, cliquez sur le bouton **Macros** ou appuyez sur [Alt]+[F8], puis sélectionnez la macro et cliquez sur le bouton [Exécuter].

VISUALISER LE CODE DE LA MACRO

■ Onglet **Développeur**>groupe **Code**, cliquez sur le bouton **Macros** ou appuyez sur [Alt]+[F8], puis sélectionnez la macro et cliquez sur le bouton [Modifier].

La fenêtre *Code* affiche le code de la macro entre les deux instructions Sub et End sub.

Travailler
en collaboration

5

COMMENTAIRES

Les commentaires, faits par les différents relecteurs entre les mains desquels est passé un document, sont saisis et s'affichent dans des bulles qui apparaissent dans un bandeau à droite du texte. Les outils de création de commentaire se trouvent sous l'onglet **Révision**.

INSÉRER DES COMMENTAIRES

Avant d'insérer vos commentaires, vérifiez vos initiales et votre nom : onglet **Révision**>groupe **Suivi**, cliquez sur la flèche du bouton **Suivi des modifications**, cliquez sur *Changer le nom d'utilisateur...* modifiez le cas échant les valeurs inscrites dans <Nom d'utilisateur> et <Initiales>.

- Placez le point d'insertion à l'endroit ou voulez insérer un commentaire, onglet **Révision**> groupe **Commentaires** cliquez sur le bouton **Nouveau commentaire**.

Une bulle de couleur (une couleur par relecteur) apparaît dans un bandeau à droite du document en mode *Page* ou dans un volet *Vérifications* en mode *Brouillon*. Vos initiales sont inscrites au début de la bulle.

- Saisissez le texte de commentaire dans la bulle de commentaire ou dans le volet *Vérifications*.
- Cliquez dans le corps du document pour terminer le commentaire.

Pour répondre à un commentaire

- Cliquez sur sa bulle, onglet **Révision**>groupe **Commentaires** cliquez sur le bouton **Nouveau commentaire**, saisissez votre réponse dans la nouvelle bulle de commentaire qui s'affiche.

CONSULTER ET MODIFIER DES COMMENTAIRES

- Pour naviguer dans les commentaires : onglet **Révision**>groupe **Commentaires**, cliquez sur **Suivant** ou **Précédent**, si les commentaires sont masqués Word demande pour les afficher de cliquer sur [Afficher tout], s'il n'y a pas de commentaires ces boutons sont désactivés.
- Pour modifier un commentaire : cliquez à l'intérieur de la bulle du commentaire que vous souhaitez modifier, et apportez les modifications souhaitées.
- Pour voir le nom de l'auteur, la date et l'heure du commentaire, amenez le pointeur sur la bulle.
- Pour supprimer un commentaire : cliquez sur la bulle de commentaire, puis sur **Supprimer**. Pour supprimer tous les commentaires : cliquez sur la flèche du bouton **Supprimer**, puis sur *Supprimer tous les commentaires du document*.
  Pour supprimer les commentaires d'un relecteur : cliquez sur la flèche du bouton **Afficher les marques**, puis sur *Relecteurs...*, décochez la case *Tous les relecteurs* puis cochez la case du relecteur, puis cliquez sur la flèche du bouton **Supprimer** puis sur *Supprimer tous les commentaires affichés*.

Afficher les commentaires dans le volet Vérifications

Pour afficher/masquer le volet *Vérifications*, Onglet **Révision**>groupe **Suivi**, cliquez sur **Volet Vérifications**. Pour que le volet *Vérifications* soit en bas de le fenêtre plutôt que sur le côté, cliquez sur la flèche du bouton **Volet Vérifications**, puis sur *Volet Vérifications - Horizontal*.

Commentaires et modifications du document principal		
Commentaire [PM1] Chiffres à vérifier	**Pierre MARTIN**	28/11/2003 13:25:00
Commentaire [PM2] Mettre les noms en majuscules	**Pierre MARTIN**	28/11/2003 13:25:00

IMPRIMER LES COMMENTAIRES

- Cliquez sur le **Bouton Office**, puis sur *Imprimer*, le dialogue *Imprimer* s'affiche, dans la zone <Imprimer> : sélectionnez *Document avec marques* pour imprimer le document et les commentaires, ou *Liste des marques de révision* imprimer les commentaires séparément.

SUIVI DES MODIFICATIONS

Le mode *Suivi des modifications* permet de marquer les modifications (marques de révision) apportées au document. Les modifications sont simplement proposées dans ces marques de révision, elles restent en attente d'une acceptation ou d'un refus.

PRINCIPE DU PROCESSUS DE RÉVISION

L'auteur crée le document, active le *Suivi des modifications* et enregistre une copie du document. Il transmet le fichier à un premier relecteur, qui effectue ses modifications avec le *Suivi des modifications*, il transmet le fichier révisé au relecteur suivant, et ainsi de suite pour tous les relecteurs à tour de rôle. L'auteur, ayant récupéré le fichier révisé par tous les relecteurs, visualise toutes les marques de révision pour les accepter ou les refuser.

Une variante consiste à faire une copie du document original pour chaque relecteur, l'auteur peut ensuite combiner les révisions apportées par les relecteurs dans un seul document (voir page 75).

ACTIVER OU DÉSACTIVER LE MODE SUIVI DES MODIFICATIONS

- Onglet **Révision**>groupe **Suivi**, cliquez sur le bouton ***Suivi des modifications***, ou appuyez sur Ctrl+⇧+R, dans la barre d'état notez l'indicateur *Suivi des modifications* : *Activé*. Vous pouvez aussi cliquer sur cet indicateur pour activer ou désactiver le *Suivi des modifications*

- Tant que le *Suivi des modifications* est actif : les modifications font l'objet de marques de révision. Vous pouvez opter de ne pas utiliser les marques de révision pour les modifications de mise en forme ou de déplacement de texte/d'objet dans le document (voir page suivante).

- Si vous désactivez le *Suivi des modifications* : les modifications apportées ensuite sont appliquées définitivement au document, elles ne font plus l'objet de marques de révision. Mais la désactivation du *Suivi des modifications* ne supprime pas les marques de révision antérieures qui restent dans le document tant qu'elles n'ont pas été acceptées ou refusées.

AFFICHAGE DES MARQUES DE RÉVISION

Lorsque vous ouvrez un document contenant des marques de révision, celles-ci sont automatiquement visibles. Si vous avez masqué les marques de révision, pour les réactiver cliquez sur le bouton ❶ **Afficher pour la révision** et choisissez *Final avec marques*.

Les marques de révision sont visibles soit dans le corps du texte soit dans des bulles placées dans un bandeau à droite ou à gauche du texte :

- Cliquez sur le bouton **Bulles**, puis choisissez Afficher les révisions dans les bulles /toutes les révisions dans le texte/uniquement les mises en forme et les commentaires dans les bulles.

Les bulles de révision ont une couleur différente selon le réviseur, le nom du réviseur qui a fait une modification s'affiche dans un cadre lorsque vous amenez le pointeur sur la bulle.

Ce nom est défini dans les options Word, pour le vérifier ou le changer au moment de faire ses modifications : onglet **Révision**>groupe **Suivi**, cliquez sur la flèche du bouton **Suivi des modifications**, cliquez sur *Changer le nom d'utilisateur...* Vérifiez ou modifiez les valeurs inscrites dans <Nom d'utilisateur> et <Initiales>.

SUIVI DES MODIFICATIONS

MASQUER SÉLECTIVEMENT LES MARQUES DE RÉVISION

Le fait de masquer les marques de révision ne les supprime pas du document, simplement vous les rendez invisibles parce que vous n'avez pas besoin de les voir temporairement. Seuls l'acception ou le refus des révisions peut supprimer les marques de révision.

Masquer partiellement les révisions

Vous pouvez masquer certains types de révision pour vous intéresser temporairement aux autres :

- Cliquez sur le bouton ❶ **Afficher les marques**, puis décochez les types de révisions que vous voulez masquer.

Vous pouvez aussi choisir de masquer les révisions de certains relecteurs pour ne considérer temporairement que celles des autres relecteurs :

- Cliquez sur le bouton **Afficher les marques**, puis sur ❷*Relecteurs*..., décochez les relecteurs dont vous ne voulez pas voir les révisions (cochez ceux dont vous voulez voir les révisions).

Masquer toutes les marques de révision

Lorsqu'un document contient des marques de révision, vous pouvez l'afficher tel qu'il serait si toutes les révisions étaient acceptées ou tel qu'il était avant les révisions .

- Sous l'onglet **Révision**>groupe **Suivi**, cliquez sur le bouton ❶ **Afficher pour la révision**, puis choisissez :
- – *Final avec marques* : affiche le document modifié mais avec les marques de révision visibles.
- – *Final* : affiche le document modifié sans les marques de révision (comme si elles avaient été toutes acceptées).
- – *Original avec marque* : affiche le document tel qu'il était avant les révisons mais avec les marques de révision visibles.
- – *Original* : affiche le document tel qu'il était avant les révisions sans les marques de révision (comme si elles avaient été toutes refusées).

AFFICHER LE VOLET DES VÉRIFICATIONS

Le volet *Vérifications* permet d'afficher les marques de révision à part du texte dans un volet horizontal au bas de la fenêtre ou vertical à gauche de la fenêtre. Pour ouvrir le volet *Vérification* :

- Onglet **Révision**>groupe **Suivi**, cliquez sur la flèche du bouton **Volet Vérifications**, puis choisissez *Volet vertical | Volet horizontal*.

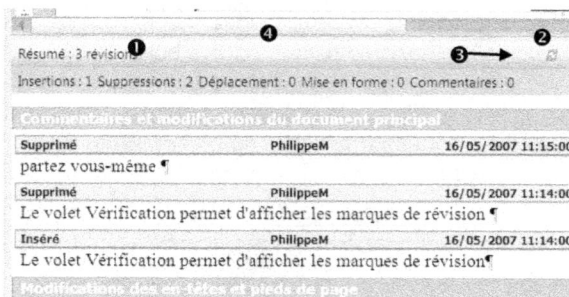

❶ La barre de titre du volet indique le nombre de révisions. C'est la façon la plus simple de voir s'il reste des marques de révision ou non.

❷ Permet d'afficher ou de masquer le résumé sous la barre de titre.

❸ Met à jour le nombre de révisions.

❹ Barre de redimensionnement.

- Pour redimensionner le volet : faites glisser la barre de redimensionnement vertical/horizontale.
- Pour fermer le volet *Vérifications* : cliquez à nouveau sur le bouton **Volet Vérifications**, ou double-cliquez sur la barre de redimensionnement du volet.

En affichage *Brouillon*, le volet *Vérifications* est la seule façon d'afficher les marques de révision.

SUIVI DES MODIFICATIONS

ACCEPTER OU REFUSER LES RÉVISIONS

Pour finaliser votre document, vous devez accepter
ou refuser les marques de révision ce qui aura pour
effet les faire disparaître.

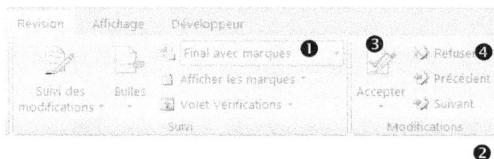

Accepter ou révision une modification

- Cliquez au début du document, puis onglet
  Révision>groupe **Suivi**, cliquez sur le bouton
  ❶ **Afficher pour la révision** puis sélectionnez *Final avec marques*.

- Cliquez sur le bouton ❷ **Suivant** dans le groupe **Modification**, pour accéder à la modification
  marquée suivante, puis cliquez sur le bouton ❸ **Accepter** ou ❹ **Refuser**, ou cliquez droit sur
  la modification puis sur *Accepter* ou *Refuser* : la révision s'applique, la marque de révision
  disparaît et le point d'insertion passe automatiquement sur la marque de révision suivante.

Accepter ou refuser toutes les révisions ou les révisions affichées seulement

- Cliquez sur la flèche du bouton ❸ **Accepter**, puis sur Accepter toutes les modifications dans le
  document, ou Accepter toutes les modifications affichées.

- Cliquez sur la flèche du bouton ❹ **Refuser**, puis sur Refuser toutes les modifications dans le
  document, ou Refuser toutes les modifications affichées.

PERSONNALISATION DU SUIVI DES MODIFICATIONS

Il est possible d'une part de modifier l'aspect des marques de révision, et d'autre part de
désactiver partiellement le suivi pour les modifications de mise en forme ou les déplacements de
texte ou d'éléments dans le document. Pour modifier les options de suivi des modifications :

- Onglet **Révision**>groupe **Suivi**, cliquez sur la flèche du bouton **Suivi des modifications**, puis
  sur *Modifier les options de suivi...*

❶ Définir l'aspect des marques de
révision lorsqu'elles apparaissent
dans le texte.

❷ Activer/désactiver le suivi des
déplacements d'un endroit à un
autre dans le document et l'aspect
de ces marques.

❸ Définir l'aspect des marques de
révision de structure d'un tableau :
cellules insérées, supprimées,
fusionnés ou fractionnées.

❹ Activer/désactiver le suivi des
modifications de mise en forme et
l'aspect de ces marques.

❺ Définir l'utilisation des bulles, leur
taille et leur position, et la
présence de ligne de connexion au
texte.

SUIVI DES MODIFICATIONS

UTILISER L'INSPECTEUR DE DOCUMENT

L'inspecteur de document permet de vérifier qu'un document ne contient plus aucune marque (révision, commentaire, annotations...), ni de texte caché. Il est prudent de le vérifier avant de transmettre le document à un tiers.

- Ouvrez le document à inspecter si ce n'est déjà fait, cliquez sur le **Bouton Office**, puis dans le menu cliquez sur *Préparer*, puis dans la partie droite sur *Inspecter le document*.

Le dialogue *Inspecteur de document* s'affiche.

- Laissez toutes les options cochées de préférence, puis cliquez sur [Inspecter].

Le résultat de l'inspection s'affiche.

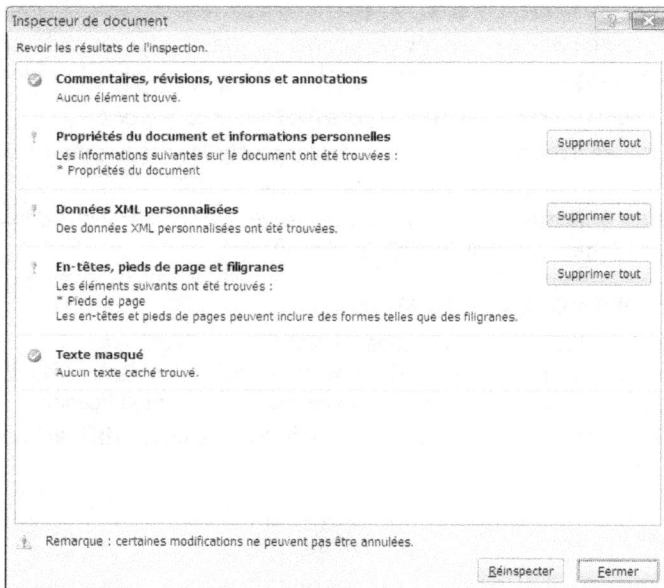

Si l'inspecteur a trouvé des marques de révision, des commentaires, des annotations..., il propose de les supprimer tous à la fois, vous pouvez cliquer [Supprimer tout] mais vous pouvez aussi cliquer sur [Fermer] et partir vous-même à la recherche des marques à supprimer.

L'inspecteur de document est radical, il permet aussi de supprimer les propriétés, les en-têtes, pieds de page, les textes masqués. Prenez garde à ne pas supprimer des données que vous voudriez conserver.

IMPRIMER AVEC OU SANS MARQUES DE RÉVISION

Attention, le document est par défaut imprimé tel qu'il apparaît à l'écran avec les marques de révision si elles ne sont pas masquées. Si vous ne voulez pas imprimer les marques affichées :

- Dans le dialogue *Imprimer*, dans la zone ❶ <Imprimer> située au bas du dialogue : sélectionnez *Document*.

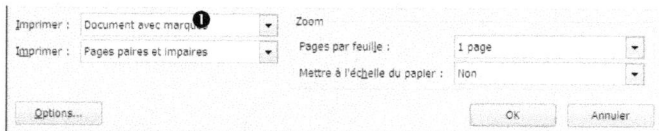

COMBINER LES RÉVISIONS

COMPARER UN DOCUMENT MODIFIÉ AVEC L'ORIGINAL

Si une copie du document original a été modifiée sans que le *Suivi des modifications* ait été activé, Word propose une solution qui consiste à comparer les deux documents pour reconstituer les marques de révision.

■ Ouvrez la copie révisée, onglet **Révision**> groupe **Comparer**, cliquez sur le bouton ❶ **Comparer**, puis sur la commande *Comparer...*
Le dialogue *Comparer des documents* s'affiche.

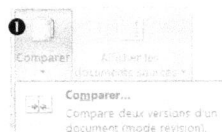

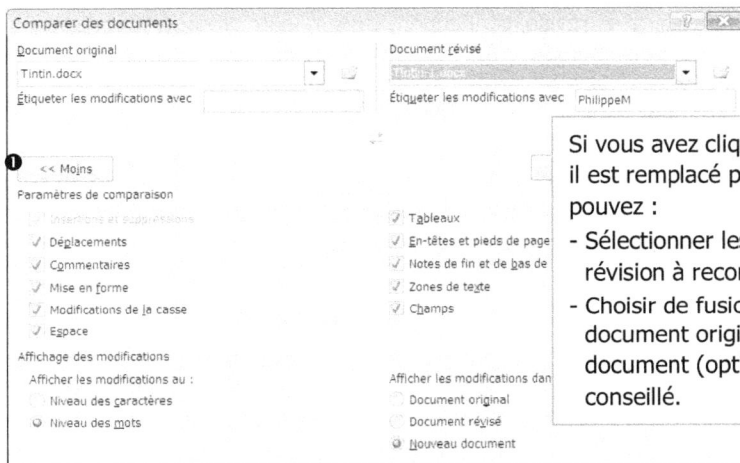

> Si vous avez cliqué sur ❶ bouton (Plus»),
> il est remplacé par («Moins) et vous
> pouvez :
> - Sélectionner les types de marques de révision à reconstituer et
> - Choisir de fusionner les révisions dans le document original ou dans un nouveau document (option par défaut) ce qui est conseillé.

■ Sélectionnez le document original à gauche ❷ et sélectionnez le document révisé à droite ❸. Cliquez sur [OK], les documents sont comparés.

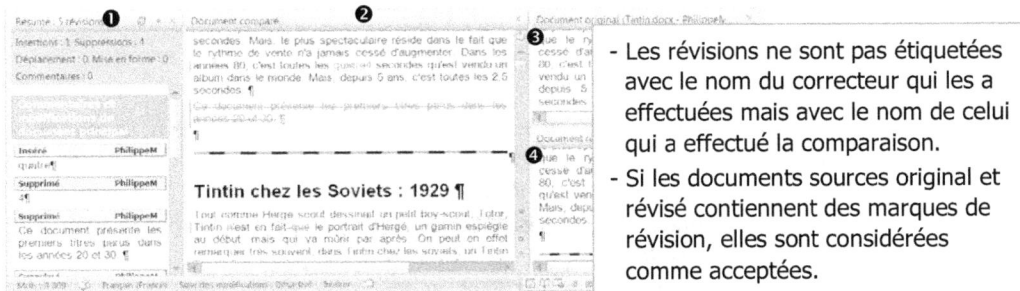

> - Les révisions ne sont pas étiquetées avec le nom du correcteur qui les a effectuées mais avec le nom de celui qui a effectué la comparaison.
> - Si les documents sources original et révisé contiennent des marques de révision, elles sont considérées comme acceptées.

La fenêtre est divisée en quatre volets, ❶ le volet gauche liste le résumé des révisions, ❷ le volet central contient le document comparé avec les révisions marquées, les volets de droite affichent les deux documents sources original ❸ et révisé ❹.

Si vous cliquez sur un cartouche d'une révision dans le volet ❶ *Résumé*, la marque de révision s'affiche dans le volet *Document comparé*.

■ Enregistrez le document comparé en spécifiant un nouveau nom de fichier.

Au terme de cette comparaison, le document obtenu contient toutes les marques de révision à appliquer au document original pour obtenir le document révisé.

COMBINER LES RÉVISIONS DE PLUSIEURS RELECTEURS

Si plusieurs copies du document original ont été révisées par des relecteurs différents, il est nécessaire de regrouper les révisions des différents relecteurs.

■ Onglet **Révision**> groupe **Comparer**, cliquez sur le bouton **Comparer** ❶, puis sur la commande *Combiner...*

Le dialogue *Combiner des documents* s'affiche.

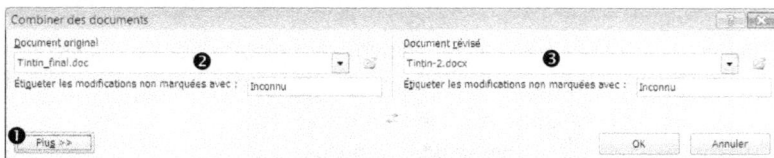

- Sélectionnez le document original à gauche ❷ et sélectionnez un document révisé à droite ❸.

– Les documents source, original et révisé, contiennent chacun leurs propres marques de révision. Ils peuvent aussi présenter des différences l'un par rapport à l'autre qui n'ont pas fait l'objet de marques de révision, dans ce cas des marques de révision seront reconstituées par comparaison, il convient donc de spécifier un nom de relecteur (ici `Inconnu`) pour ces marques.

– Si vous avez cliqué sur le bouton [Plus»] ❶, vous pouvez sélectionner les types de marques de révision à reconstituer et choisir de combiner les révisions dans le document original ou dans un nouveau document (option par défaut qu'il est conseillé de conserver).

- Cliquez sur [OK].

- Les marques de révision combinées conservent le nom du correcteur qui les a effectuées.
- Les révisions reconstituées par comparaison sont étiquetées avec les noms choisis par celui qui a opéré la combinaison.

La fenêtre est divisée en quatre volets, ❶ le volet gauche liste le résumé des révisions, ❷ le volet central contient le document combiné avec les révisions fusionnées des deux relecteurs, et les volets de droite affichent les deux documents sources original ❸ et révisé ❹.

Si vous cliquez sur un cartouche d'une révision dans le volet *Résumé* ❶, la modification s'affiche dans le volet du *Document combiné* ❷.

- Enregistrez le document combiné en spécifiant un nouveau nom de fichier.
- Si vous avez plusieurs documents révisés, répétez la procédure en combinant le document issu de la fusion précédente avec un autre document révisé, et ainsi de suite.

Au terme de ces actions, le document obtenu contient toutes les révisions marquées des différents relecteurs. Il reste ensuite à accepter ou à refuser les marques de révisions.

Une seule marque de révision de mise en forme sur une même partie de texte peut être retenue. Si deux révisions de mise en forme entrent en concurrence lors de la combinaison des révisions de deux documents, Word demande de choisir celle qu'il convient de conserver, document original ou document révisé.

COMPATIBILITÉ AVEC LES VERSIONS ANTÉRIEURES

Le format de fichier Word 2007 est un nouveau format basé sur le langage XML, il existe quatre extensions nouvelles pour les noms de fichiers Word : .docx pour un document, .docm pour un document contenant des macros, .dotx pour un modèle, .dotm pour un modèle contenant des macros. Le nouveau format de fichier est automatiquement compressé avec une technologie de compression Zip, il est automatiquement décompressé à l'ouverture du fichier.

OUVRIR UN DOCUMENT CRÉÉ AVEC UNE VERSION ANTÉRIEURE

Le mode compatibilité s'active à l'ouverture des documents des versions antérieures (97, 2000, 2002, 2003). La mention [Mode de compatibilité] s'affiche dans la barre de titre de la fenêtre.

Soit vous continuez à travailler en mode compatibilité, il est alors préférable d'éviter d'introduire des fonctionnalités spécifiques à Word 2007. Au moment d'enregistrer, un vérificateur vous signale si vous avez utilisé des fonctionnalités non prises en charge par les versions antérieures. L'enregistrement se fait au format des versions antérieures, l'extension .doc est conservée.

En mode compatibilité certaines nouvelles fonctionnalités sont désactivées : les thèmes, les blocs de construction, les équations, les graphiques SmartArt, les graphiques Excel...

Soit vous convertissez le document au nouveau à la version 2007, pour accéder à toutes les fonctionnalités nouvelles de la version 2007. Pour cela, cliquez sur le **Bouton Office**, puis dans le menu sur **Convertir**. Un dialogue vous prévient que la mise en forme peut changer, cliquez sur [OK], le document est converti et la mention [Mode de compatibilité] disparaît. L'extension devient .docx au moment de l'enregistrement et le document d'origine .doc est supprimé.

ENREGISTRER UN DOCUMENT SOUS UN FORMAT ANTÉRIEUR

Si vous travaillez avec des personnes qui utilisent des versions antérieures à la version 2007, il faut enregistrer en mode compatible. Cliquez sur le **Bouton Office**, pointez sur *Enregistrer sous*, puis choisissez **Document 97-2003**. L'enregistrement se fait au format antérieur avec extension .doc.

Si vous avez utilisé des fonctionnalités propres à la version 2007, ces fonctionnalités seront perdues ou dégradées, par exemple les équations seront converties en texte statique, les graphiques seront convertis en image statiques.

Le vérificateur de compatibilité permet de vérifier les fonctionnalités qui seront perdues ou dégradées à l'enregistrement sous un format antérieur : cliquez sur le **Bouton Office**, dans le menu cliquez sur *Préparer*, puis cliquez sur *Activer le vérificateur de compatibilité*.

Enregistrer les polices dans le fichier

Une option permet d'enregistrer les polices utilisées dans votre document avec le fichier afin que les autres lecteurs puissent voir et utiliser les polices de votre document, même si ces polices ne sont pas installées sur leur ordinateur. Cette option augmente la taille du fichier.

- Cliquez sur le **Bouton Office**, cliquez sur [Option Word], puis sur *Enregistrer*, sous **Préserver la fidélité lors du partage du document**, cochez l'option <☑ Incorporer les polices dans le fichier> et pour alléger le fichier cochez <☑ Ne pas incorporer les polices système communes>.

ENREGISTRER AU FORMAT XPS OU PDF LISIBLES SANS WORD

Vous pouvez enregistrer vos documents au format PDF (*Portable Document Format*) ou XPS (*XML Paper Specification*), après avoir installé un complément téléchargeable sur le site Microsoft.

- Cliquez sur le **Bouton Office**, amenez le pointeur (sans cliquer) sur **Enregistrer sous**, cliquez sur **PDF** ou **XPS**, le document converti en PDF ou XPS s'affiche dans une fenêtre Acrobat ou visionneuse XPS. Enregistrez le document PDF ou XPS.

L'extension de nom du fichier obtenu est .pdf ou .xps selon le format choisi. Les fichiers .pdf se lisent avec Acrobat Reader téléchargeable gratuitement sur le site *www.adobe.fr*, les fichiers .xps se lisent avec une visionneuse téléchargeable gratuitement sur le site *www.Microsoft.fr*.

CRÉER DES FORMULAIRES

Un formulaire contient du texte fixe ainsi que des zones à renseigner par l'utilisateur. Pour créer un formulaire, commencez par esquisser une présentation ou utilisez un formulaire existant pour vous guider. Ajoutez ensuite des contrôles de contenu.

Si l'onglet **Développeur** n'est pas présent, activez-le dans les options de Word :

- Cliquez sur le **Bouton Office**, puis sur [Options Word], puis sur **Standard**, puis cochez la case <☑ Activer l'onglet développeur sur le ruban>.

INSÉRER DES CONTRÔLES DE CONTENU

- Onglet **Développeur**>groupe **Contrôles**, cliquez sur le bouton qui insère le contrôle voulu :

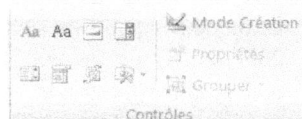

Aa **Texte enrichi** : saisie d'un texte qui peut être mis en forme.

Aa **Texte** : saisie d'un texte sans mise en forme (épouse la mise en forme environnante).

▭ **Image** : permet d'insérer seulement une image.

▣ **Zone de liste modifiable** : propose une liste de d'items mais permet aussi la saisie de texte.

▣ **Liste déroulante** : propose une liste de d'items, n'autorise pas la saisie.

▥ **Sélecteur de dates** : permet de sélectionner une date dans un calendrier.

▦ **Galerie de blocs de construction** : propose une galerie d'éléments préconstruits.

Le contrôle inséré s'affiche avec un texte d'espace réservé par défaut.

INSÉRER DES CONTRÔLES HÉRITÉS

Ces contrôles sont issus des versions antérieures de Word et restent utilisables. Pour faire apparaître ces outils, cliquez sur l'outil *Outils hérités*.

Les deux premiers outils n'ont pas leur équivalent parmi les contrôles de contenu Word 2007, l'outil ❶ *Zone d'édition* permet de formater et d'insérer des zones de calcul, l'outil ❷ *Case à cocher* permet d'insérer des cases à cocher. Autre différence, les outils hérités peuvent déclencher des macros, ce qui n'est pas le cas des contrôles de contenu.

Les contrôles ActiveX sont prévus pour une programmation VBA.

Le mélange des contrôles de contenu et de contrôles hérités dans un formulaire entraîne quelques inconvénients lors de l'utilisation du formulaire. La touche ⇆ fait passer d'une zone à une autre zone du même type et pas à une zone de type différent. Le calcul automatique ou l'exécution d'une macro d'un contrôle hérité ne se déclenchent qu'en passant à une zone de même type.

MODIFIER LE TEXTE DE L'ESPACE RÉSERVÉ D'UN CONTRÔLE DE CONTENU

Chaque contrôle de formulaire occupe un espace réservé de la taille du texte qui a été placé entre les balises du contrôle de contenu. Quand vous créez un contrôle, un texte d'espace réservé par défaut et créé, vous pouvez modifier ce texte en mode création de formulaire :

- Passez en mode *Création* : sous l'onglet **Développeur**>groupe **Contrôles** cliquez sur le bouton **Mode Création**, les contrôles apparaissent alors entre deux balises.
- Cliquez dans le texte de l'espace réservé du contrôle, modifiez le texte et mettez-le en forme.

DÉFINIR LES PROPRIÉTÉS DES CONTRÔLES DE CONTENU

- Passez en mode *Création* (comme ci-dessus), cliquez droit sur le contrôle puis sur *Propriétés...*, le dialogue *Propriétés de contrôle de contenu* s'affiche : il contient les propriétés générales et propriétés de verrouillage, les mêmes pour tous les contrôles, et au-dessous les propriétés spécifiques du contrôle (sauf pour les images qui n'ont pas de propriétés spécifiques).

CRÉER DES FORMULAIRES

Propriétés générales

❶ Texte qui s'affiche au-dessus du contrôle lorsque le point d'insertion dans le contrôle.

❷ Texte qui s'affiche entre les balises, visibles seulement en mode création de part et d'autre de l'espace réservé. Si vous laissez cette zone vide, la balise prend le texte du titre.

❸ Définit la mise en forme du texte saisi par l'utilisateur. Cette zone n'est active que si vous avez coché la case <☑ Utiliser un style différent dans cette commande>.

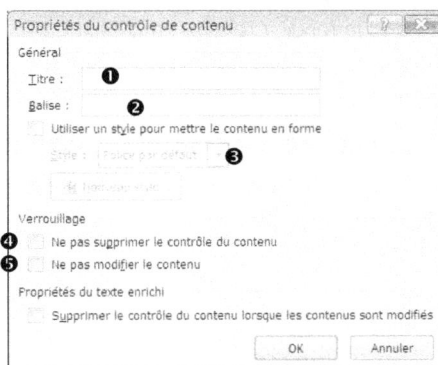

Propriétés de verrouillage

❹ Si vous cochez cette option : l'utilisateur peut encore modifier la zone mais il ne peut plus la supprimer.

❺ Si vous cochez cette option : l'utilisateur ne peut plus modifier la zone, mais il peut encore la supprimer. Ceci peut servir à inscrire dans le formulaire un texte qui peut être supprimé.

Propriétés des contenus Texte et Texte enrichi

❻ Option présente seulement pour les contrôles de texte brut, elle autorise la saisie d'un fin de paragraphe (donc de plusieurs paragraphes) dans la zone de texte brut. Pour les zones de texte enrichi, c'est toujours possible.

❼ Si vous cochez cette option, le contrôle de texte est supprimé et remplacé par le texte tapé par l'utilisateur lorsqu'il renseigne le formulaire.

Propriétés des contenus Liste déroulante

Les propriétés permettent de définir les items des listes déroulantes et de les ordonner.

■ Cliquez sur [Ajouter] ❽, dans la zone <nom complet> : saisissez le texte de l'item, cliquez sur [OK], et recommencez pour chaque item.

Les autres boutons permettent de modifier un item, d'en supprimer un, et de le monter ou le descendre dans la liste.

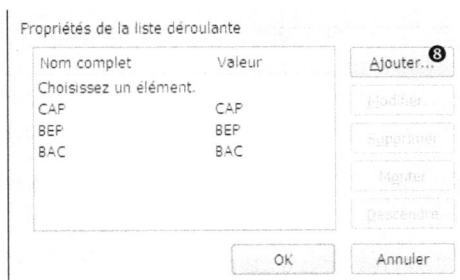

Propriétés des contenus Sélecteur de date

Ces propriétés servent à définir le format de la date.

– Une fois choisi les paramètres régionaux, sélectionnez dans la liste ❾ le format voulu.

– Si vous voulez définir un format personnalisé, saisissez-le dans la zone ❿.

D remplace le jour, M remplace le mois, y remplace l'année. Le nombre de lettre détermine le format long ou court.

Exemples : yy : 07, yyyy : 2007, MM : 12 , MMM : Déc, MMMM : décembre, dd : 23, ddd : lun, dddd : lundi.

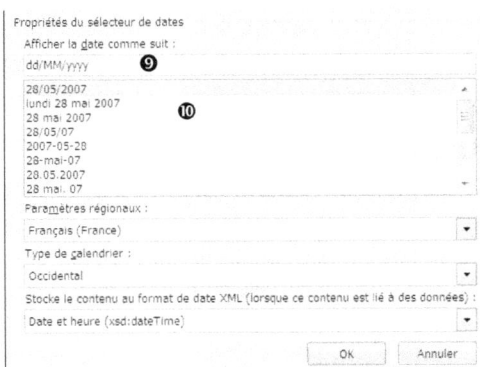

Tester le fonctionnement des contrôles

Quittez le mode *Création* en cliquant à nouveau sur le bouton **Mode Création**, puis cliquez sur le contrôle à tester et exécutez l'action de l'utilisateur du formulaire. Annulez ensuite l'action précédente pour remettre le formulaire dans son état initial.

DÉFINIR LES PROPRIÉTÉS DES CONTRÔLES HÉRITÉS

■ En mode *Création*, cliquez droit sur le contrôle, puis sur *Propriétés*.

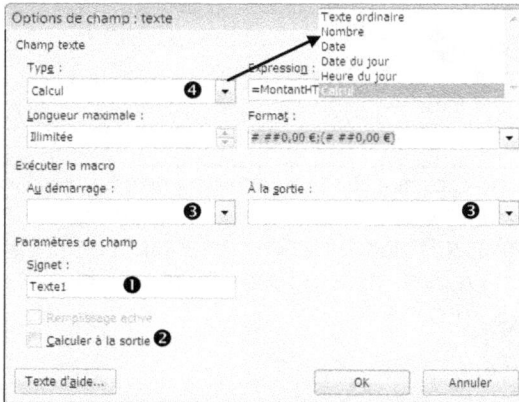

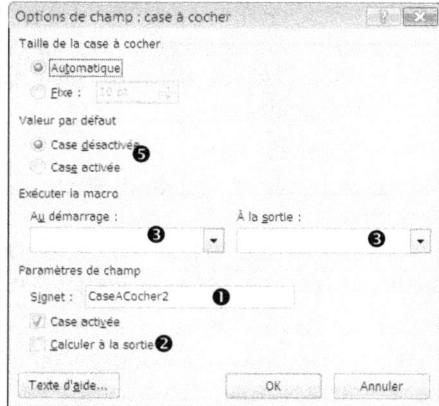

❶ Chaque contrôle hérité est automatiquement nommé par un signet. ❷ Cette option déclenche la mise à jour du formulaire dès que la zone a été modifiée. ❸ Vous pouvez affecter des macros à exécuter à l'entrée ou à la sortie du champ. ❹ Un contrôle *zone d'édition* peut contenir différent type de données, notamment un calcul. ❺ Une *case à cocher* peut être cochée ou non par défaut.

SUPPRIMER UN CONTRÔLE

■ Passez en mode *Création* en cliquant sur le bouton **Mode Création**, puis

− Pour un contrôle de contenu : cliquez sur sa zone de titre, puis appuyez sur ⌨Suppr⌨, ou cliquez-droit dans le contrôle puis sur *Supprimer le contrôle de contenu*.

− Pour un contrôle hérité : cliquez sur le contrôle, puis appuyez sur ⌨Suppr⌨.

ACTIVER LA PROTECTION DU FORMULAIRE

Avant de pouvoir utiliser un formulaire, il faut activer la protection du document afin que, lors de son utilisation, le curseur se déplace de zone en zone et ignore les libellés.

■ Onglet **Développeur**>groupe **Protéger**, cliquez sur le bouton **Protéger un document**

Le volet *Protéger le document* s'affiche à droite de la fenêtre.

■ Cochez l'option <☑ Autoriser uniquement ce type de modifications dans le document>, puis dans la liste déroulante au-dessous sélectionnez *Remplissage de formulaire*.

■ Cliquez sur le bouton [Activer la protection] et spécifiez éventuellement un mot de passe.

■ Enregistrez le formulaire en tant que modèle.

UTILISER UN FORMULAIRE

■ Créez un nouveau document basé sur le formulaire modèle, renseignez le formulaire :

− Passez d'un champ de formulaire au suivant avec la touche ⌨⇥⌨ ou cliquez sur le champ suivant.

− Dans une zone *Texte*, saisissez un texte – Dans une zone *Sélecteur de date* : cliquez sur le contrôle puis sélectionnez la date – Dans une zone *Image* : cliquez sur le contrôle, le dialogue *Insérer une image* s'affiche, sélectionnez l'image – Dans une zone *Liste déroulante* : cliquez sur la flèche pour dérouler une liste, puis sélectionnez un item dans la liste.

ENVOYER LE DOCUMENT PAR E-MAIL

ENVOYER LE CORPS D'UN DOCUMENT SOUS FORME DE MESSAGE ÉLECTRONIQUE

Pour envoyer un document en tant que message électronique (non comme pièce jointe), vous devez ajouter l'outil **Envoyer au destinataire du message** à la barre d'outils *Accès rapide*.

■ Cliquez sur le **Bouton Office**, puis sur [Options Word], cliquez sur *Personnaliser* puis, dans la liste <Choisir les commandes dans les catégories suivantes>, sélectionnez *Toutes les commandes*, cliquez sur *Envoyer au destinataire du message*, puis sur [Ajouter] pour ajouter la commande à la barre d'outils *Accès rapide*.

Ceci étant fait une fois pour toutes, envoyez le texte comme message comme suit:

■ Cliquez sur le bouton ❶ **Envoyer au destinataire du message** dans la barre *Accès rapide*

Une barre de messagerie est ajoutée sous le ruban, le nom du document est inscrit dans la zone <Objet>. Une zone <Introduction:> est prévue pour que vous saisissiez un texte introductif.

Si vous voulez annuler l'envoi, faites disparaître la barre de messagerie en cliquant à nouveau sur le bouton **Envoyer au destinataire du message**.

■ Sélectionnez ou saisissez l'adresse e-mail du destinataire. S'il y en a plusieurs, séparez-les avec des points-virgules, renseignez la zone copie <CC...>, saisissez le texte du message.

■ Cliquez sur le bouton [Envoyer une copie].

ENVOYER LE DOCUMENT EN TANT QUE PIÈCE JOINTE

■ Cliquez sur le **Bouton Office**, pointez sur *Envoyer* et cliquez sur *Courrier électronique*

Word ouvre une fenêtre de message électronique.

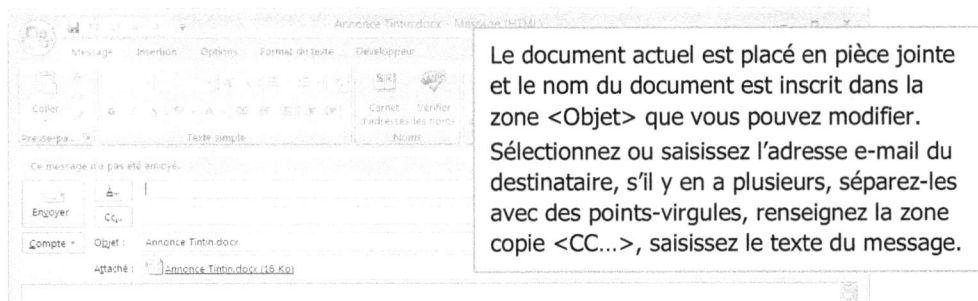

Le document actuel est placé en pièce jointe et le nom du document est inscrit dans la zone <Objet> que vous pouvez modifier.

Sélectionnez ou saisissez l'adresse e-mail du destinataire, s'il y en a plusieurs, séparez-les avec des points-virgules, renseignez la zone copie <CC...>, saisissez le texte du message.

■ Cliquez sur le bouton [Envoyer].

Si vous avez installé le complément pour enregistrer au format PDF ou XPS, téléchargeable sur le site *www.microsoft.fr*, vous pouvez choisir d'envoyer en pièce jointe la copie du document en format PDF ou en format XPS.

NUMÉRISER UN DOCUMENT PAPIER

Microsoft Office est livré avec un programme, *Document Imaging*, interfacé avec Word qui permet de numériser un document papier puis de reconnaître les caractères (OCR). Le document produit est ouvert dans Word.

Vous devez avoir connecté un scanneur sur un port local de votre ordinateur.

- Mettez en route le scanneur et placez-y le document à scanner.
- Cliquez sur le bouton **Démarrer** de la barre des tâches, puis sur **Tous les programmes**, puis sur *Microsoft Office*, sur *Outils Microsoft Office*, puis sur *Microsoft Office Document Scanning*.

Si ce composant n'est pas présent, c'est qu'il n'a pas encore été installé avec Office 2007, vous pouvez l'installer : cliquez sur *Démarrer*, puis sur *Panneau de configuration*, puis sur le lien *Désinstaller un programme*, puis sélectionnez *Microsoft Office 2007*. Cliquez sur [Modifier], activez <⊙ Ajouter ou supprimer des composants>, cliquez sur [Continuer], cliquez sur le + devant la catégorie *Outils Office*, cliquez sur le + devant *Microsoft Office Document Imaging*..., cliquez sur la flèche devant chaque composant et choisissez *Exécuter à partir du disque dur*...

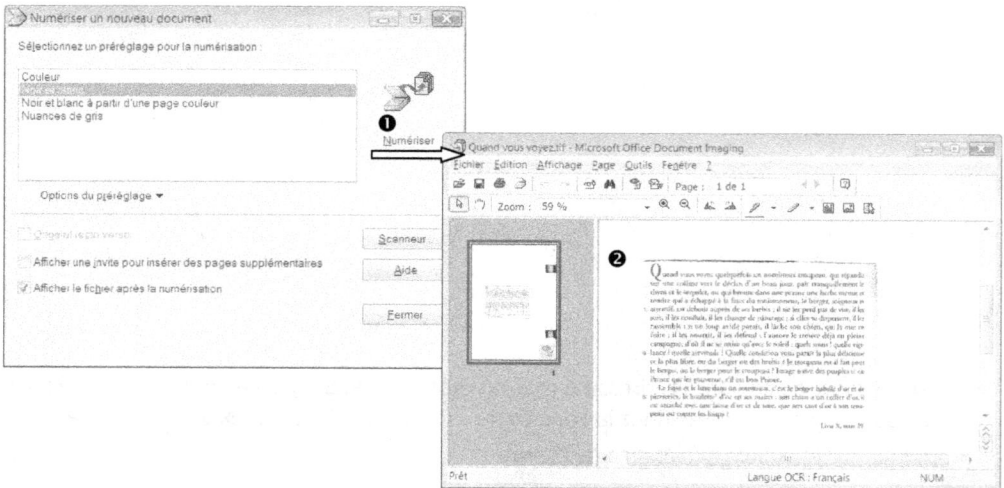

- – Sélectionnez un scanneur si ce n'est déjà fait en utilisant le bouton [Scanneur].
- Sélectionnez un préréglage pour la numérisation, puis cliquez sur le bouton [Numériser] ❶.

La fenêtre de *Microsoft Office Document Imaging* s'affiche avec le document numérisé ❷.

- – Pour ne récupérer qu'une partie du texte numérisé, faites glisser le pointeur sur le document de façon à encadrer cette portion de texte.

- Cliquez sur le bouton 🖾 de la barre d'outils pour lancer la reconnaissance des caractères et envoyer le résultat dans un document Word.

Le dialogue *Envoyer le texte vers Word* s'affiche.

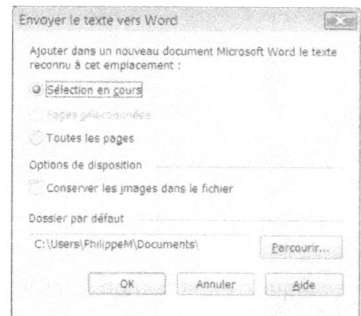

- Cochez <⊙ Sélection en cours> ou <⊙ Pages sélectionnées> ou <⊙ Toutes les pages>.
- Cliquez sur [OK].

Une fenêtre Word s'ouvre au premier plan sur un nouveau document qui contient le résultat de la reconnaissance de caractères.

Protection
du document

6

CONTRÔLE D'ACCÈS À L'OUVERTURE DU DOCUMENT

CONTRÔLER L'ACCÈS À UN DOCUMENT PAR MOT DE PASSE

Vous pouvez enregistrer un document avec un mot de passe pour la lecture et un mot de passe pour la modification. Seules les personnes connaissant le premier pourront ouvrir le fichier, seules les personnes connaissant le second pourront enregistrer le fichier.

Définir un mot de passe

- Ouvrez le document, cliquez sur le **Bouton Office**, puis sur **Enregistrer sous**... (ou raccourci clavier F12), le dialogue *Enregistrer sous* s'affiche : cliquez sur la flèche du bouton **Outils**, puis sur la commande *Options générales*...

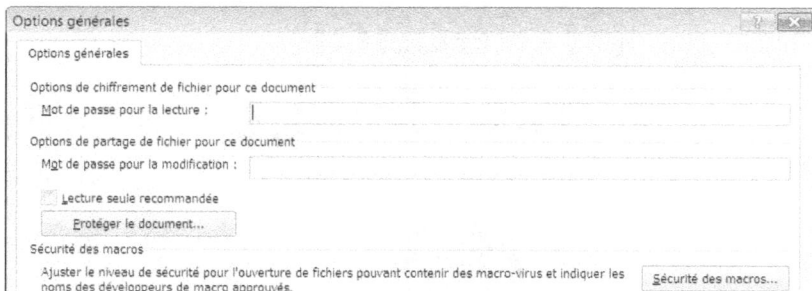

- Saisissez un mot de passe pour la lecture ❶ et éventuellement un mot de passe pour la modification ❷, cliquez sur [OK], Word demande confirmation, retapez le mot de passe pour le lecteur, validez par [OK], retapez le mot de passe pour la modification, validez par [OK].
- Cliquez sur [Enregistrer].

Si vous avez protégé le document avec les deux protections, les deux mots de passes sont demandés à l'ouverture du document. Si vous avez entré un seul mot de passe, seul ce mot de passe est demandé et le document une fois ouvert pourra être modifié et enregistré.

Attention : dans un mot de passe, Word fait la différence entre les majuscules et les minuscules.

Retirer la protection par mot de passe

- Ouvrez le document, cliquez sur le **Bouton Office**, puis sur **Enregistrer sous**... (ou raccourci clavier F12), cliquez sur la flèche du bouton **Outils**, puis sur la commande *Options générales*...
- Effacez le ou les mots de passe, cliquez sur [OK], puis sur [Enregistrer].

RECOMMANDER LA LECTURE SEULE

Pour éviter que les relecteurs ne modifient accidentellement un fichier, vous pouvez spécifier l'affichage d'une invite à l'ouverture du fichier qui recommande mais n'impose pas l'ouverture du fichier en lecture seule.

- Ouvrez le document, cliquez sur le **Bouton Office**, puis sur **Enregistrer sous**... (ou raccourci clavier F12), cliquez sur la flèche du bouton **Outils**, puis sur la commande *Options générales*... cochez l'option <☑ Lecture seule recommandée>, cliquez sur [OK], puis sur [Enregistrer].
- À l'ouverture du fichier, une invite mentionne que la lecture seule est recommandée :

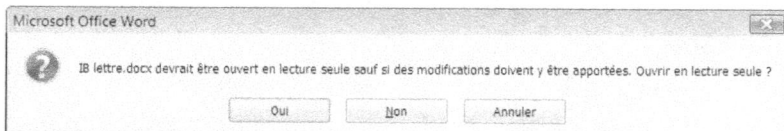

Si le relecteur choisit [Oui], il peut tout de même modifier le document mais il ne peut pas l'enregistrer sauf dans un autre fichier sous un autre nom.

 © Eyrolles/Tsoft – Word 2007 Avancé

RESTRICTION DE MODIFICATION/VERROUILLAGE

RESTREINDRE LES MODIFICATIONS

Restreindre les modifications de mise en forme

Il est possible d'empêcher les relecteurs de modifier les styles et d'appliquer des mises en forme directes sur le document. Les relecteurs ne peuvent plus qu'utiliser les styles que vous avez autorisés pour mettre en forme le document.

- Onglet **Révision**>groupe **Protéger**, cliquez sur le bouton **Protéger un document**.

Le volet *Protéger un document* s'ouvre à droite de la fenêtre.

- Cochez l'option <☑ Limiter la mise en forme à une sélection de styles>, puis cliquez sur le lien Paramètres..., le dialogue *Restrictions de mise en forme* s'affiche :

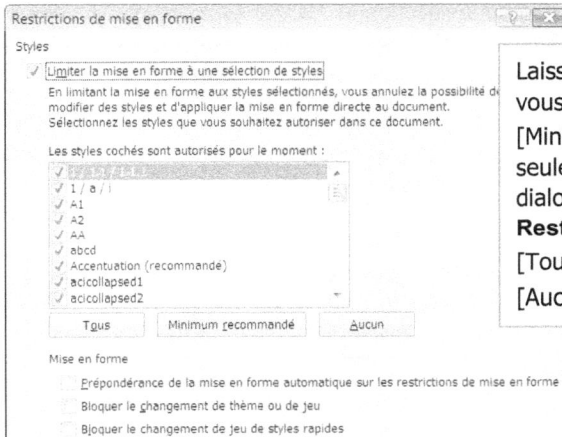

Laissez cochés seulement les styles que vous voulez autoriser.
[Minimum recommandé] : pour cocher seulement les styles choisis dans le dialogue *Gérer les styles* sous l'onglet **Restreindre**.
[Tous] : pour cocher tous les styles.
[Aucun] : pour décocher tous les styles.

- <☑ Bloquer le changement de thème ou de jeu> : cette option empêche de changer le thème ou les jeux de police et de couleurs via l'onglet **Mise en page**>groupe **Thème**.
- <☑ Bloquer le changement de style rapide> : cette option empêche de changer des jeux de styles et de couleurs via les outils de l'onglet **Accueil**.
- Cliquez sur [OK], puis dans le volet *Restreindre la mise en forme*, cliquez sur le bouton [Activer la protection] et entrez un mot de passe éventuel, cliquez sur [OK].

Restreindre les modifications de contenu

- Onglet **Révision**>groupe **Protéger**, cliquez sur le bouton **Protéger un document**.

Le volet *Protéger un document* s'ouvre à droite de la fenêtre.

- Cochez l'option <☑ Autoriser uniquement ce type de modifications dans le document>, dans la zone déroulante sélectionnez l'option :
- *Marques de révision* : toutes les modifications restent autorisées, mais seulement sous forme de marques de révision.
- *Commentaires* : seuls les commentaires sont autorisés.
- *Remplissage de formulaires* : seuls les remplissages de contrôles de formulaire sont autorisés.
- *Aucune modification* : aucune modification n'est autorisée.
- Dans le volet *Restreindre la mise en forme*, cliquez sur le bouton [Activer la protection] et entrez un mot de passe éventuel, cliquez sur [OK].

Exceptions (facultatives) aux restrictions

Les restrictions de mise en forme et de modifications s'appliquent à tout le document, sauf éventuellement à certaines parties du document que vous souhaitez laisser librement modifiables.

- Sélectionnez les parties du document sur lesquelles vous autorisez les modifications – pour sélectionner plusieurs parties non adjacentes utilisez la touche [Ctrl].
- Sous **Exceptions (facultatif)** dans la zone <Groupe > cochez ☑ *Tout le monde*, pour autoriser tout le monde à modifier les parties sélectionnées, les autres parties du document ne seront modifiables avec les restrictions définies.
- Cliquez sur le bouton [Activer la protection], entrez un mot de passe éventuel, cliquez sur [OK].

Le volet *Restreindre la mise en forme et la modification* affiche de nouvelles rubriques :

- Les zones modifiables sont repérables par un fond coloré, si vous cochez l'option <☑ Mettre les zones modifiables en surbrillance>.
- Pour accéder aux zones modifiables, utilisez les boutons: [Trouver la zone modifiable suivante] et [Afficher toutes les zones modifiables] pour sélectionner toutes les zones modifiables.
- Pour cesser d'autoriser une zone modifiable, cliquez dans la zone modifiable, désactivez la protection et dans la zone <Groupes > décochez la case devant ☐ *Tout le monde.*

Désactiver les restrictions

- Dans le volet *Restreindre la mise en forme*, cliquez sur le bouton [Désactiver la protection] Le mot de passe est demandé s'il a été défini à l'activation de la protection.

VERROUILLER TOUT LE DOCUMENT

Pour protéger le fichier contre des erreurs de manipulation d'un relecteur, ou pour empêcher temporairement toute modification, marquez le document comme final :

- Cliquez sur le **Bouton Office**, pointez sur *Préparer*, puis cliquez sur *Marquer comme final*, puis enregistrez le document pour enregistrer l'état.

Si vous ouvrez un document un document *marqué comme final*, aucune modification ne peut y être apportée, tant que vous n'avez pas ôté cette protection, pour cela :

- Cliquez sur le **Bouton Office**, cliquez sur **Préparer**, puis cliquez à nouveau sur **Marquer comme final**, cette action désactive l'état "marqué comme final", le document redevient modifiable, enregistrez le document pour enregistrer l'état.

NE VERROUILLER QUE CERTAINES PORTIONS DU DOCUMENT

Cette protection évite la modification ou la suppression de certaines mentions dans un document, à la suite d'une mauvaise manipulation (et pas d'une malveillance, car il est possible d'ôter le verrouillage facilement).

Empêcher la modification d'une portion du texte

- Sélectionnez le texte à verrouiller (pas de sélection multiple dans ce cas).
- Sous l'onglet **Développeur**>groupe **Contrôles**, cliquez sur le bouton **Grouper**, puis sur la commande *Groupe*.

Le texte est protégé contre les modifications, si vous essayez de le modifier, un message s'affiche au bas de la fenêtre « Modification non autorisée car la sélection est verrouillée ». Mais il reste possible de supprimer tout le texte.

Empêcher aussi la suppression de cette portion du texte

- Cliquez dans le texte verrouillé, sous l'onglet **Développeur**>groupe **Contrôles**, cliquez sur le bouton **Propriétés**, dans l'invite *Propriétés du regroupement*, cochez <☑ Ne pas supprimer le contrôle du contenu>, cliquez sur [OK].

Le paragraphe est totalement verrouillé contre les modifications et contre la suppression.

Déverrouiller la portion du texte

- Cliquez dans le texte verrouillé, cliquez sur le bouton **Propriétés**, décochez l'option <☐ Ne pas supprimer le contrôle du contenu>, cliquez sur le bouton **Grouper**, puis sur la *Dissocier*.

GESTION DES DROITS RELATIFS À L'INFORMATION

La gestion des droits relatifs à l'information (IRM : *Information Rights Management*) permet de spécifier des autorisations d'accès aux documents que vous diffusez, de façon à empêcher une personne non autorisée d'imprimer, transférer ou copier des informations confidentielles.

La gestion IRM nécessite une version Windows supportant les services RMS (*Rights Management Services*). Dans ce contexte, vous devez installer le Client Windows Right Management : lors de la première utilisation du service IRM dans Office 2007, vous êtes guidé dans cette installation.

Cette installation requiert l'accès à un serveur de licence. Microsoft offre sur Internet un service de licence sur .NET Passport que vous pouvez utiliser en vous identifiant.

CONTRÔLE DES DROITS À L'OUVERTURE DU DOCUMENT

Chaque fois qu'une personne ouvre un fichier à autorisation limitée, Microsoft Office envoie son identification à un serveur de licence et une licence d'utilisation est téléchargée sur son système définissant ses droits IRM.

Si la personne n'est pas autorisée pour le document, un message s'affiche pour lui permettre de demander l'autorisation nécessaire à l'auteur. Si l'autorisation lui est refusée, elle reçoit un message d'avertissement.

ATTRIBUER DES DROITS IRM

■ Cliquez sur le ***Bouton Office***, cliquez sur **Préparer**, cliquez sur **Limiter les autorisations**, puis cliquez sur *Ne pas distribuer*.

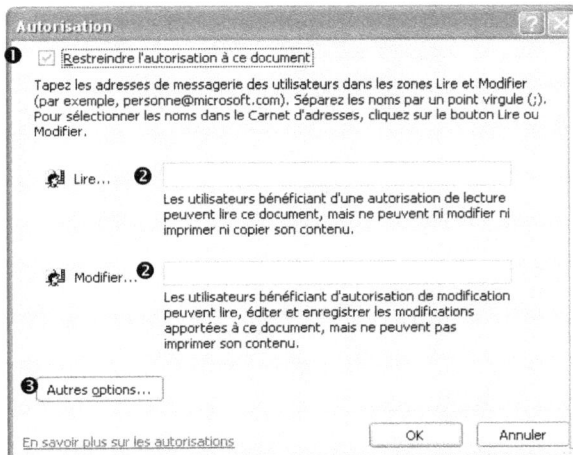

❶ Cochez l'option <☑ Restreindre l'autorisation à ce document>.

❷ Saisissez les adresses de messagerie des utilisateurs dans les zones d'autorisation de lecture ou de modification, ou utilisez les liens Lire... ou Modifier... pour sélectionner les noms dans le Carnet d'adresse.

❸ Cliquez sur ce bouton pour définir une date d'expiration du document (si vous disposez de l'autorisation contrôle total).

■ Cliquez sur [OK] puis enregistrez le document.

La barre des messages apparaît, elle indique que le document est géré par des droits. Si vous avez besoin de modifier des autorisations d'accès au document, cliquez sur [Modifier l'autorisation].

Niveaux d'autorisation

– *Lire* : autorisation de lire le document, mais interdiction de modifier/imprimer/copier.

– *Modifier* : autorisation de lire/modifier/enregistrer, mais interdiction de copier/imprimer.

– *Contrôle total* : l'auteur du document a automatiquement le contrôle total, les utilisateurs qui ont aussi cette autorisation peuvent faire tout ce que l'auteur peut faire, en particulier modifier la date d'expiration ou changer les droits IRM. Pour attribuer une autorisation *Contrôle total* à un utilisateur, cliquez sur [Autres options...], cliquez en regard de l'utilisateur sur la flèche de la colonne *Niveau d'accès*, cliquez sur *Contrôle total* dans la liste des autorisations.

Pages web et
liens hypertextes

7

CRÉER DES PAGES HTML

Le format HTML est le format utilisé sur le Web ainsi que sur les intranet. Une page Web est un document au format HTML qui a la particularité de pouvoir être lu par toute personne disposant d'un navigateur Internet.

Un document Word peut être enregistré au format HTML (lisible par un navigateur tout en restant aussi lisible par Word) ou HTML filtré (expurgé des balises propres à Word, restant cependant lisible par Word mais avec perte de fonctions).

Une page Web produite par Word en HTML est trop volumineuse pour être exploitée sur Internet. Word peut aussi produire un format d'enregistrement allégé le HTML filtré, mais il disconvient aux règles de l'art HTML, il en résulte qu'il est possible de rencontrer une incompatibilité avec certains navigateurs. Pour produire les pages d'un site Web opérationnel, utilisez de préférence un éditeur HTML gratuit ou payant que vous trouverez sur Internet.

AVANT D'ENREGISTRER VISUALISEZ L'APERÇU DE LA PAGE WEB

Au préalable, ajoutez une fois pour toutes à la barre d'outils *Accès rapide* un bouton *Aperçu de la page Web* : cliquez sur le **Bouton Office**, puis sur [Options Word], puis sur *Personnaliser*, dans la zone <Choisir les commandes dans les catégories> : sélectionnez *Toutes les commandes*, sélectionnez l'outil *Aperçu de la page Web* et cliquez sur [Ajouter].

- Pour visualiser un aperçu du document courant s'il était enregistré comme une page Web : cliquez sur le bouton *Aperçu de la page Web* (que vous avez ajouté à la barre Accès rapide).

La page s'affiche dans votre navigateur Internet.

- Pour afficher le code source, cliquez droit dans la page Web, puis sur *Afficher la source*.

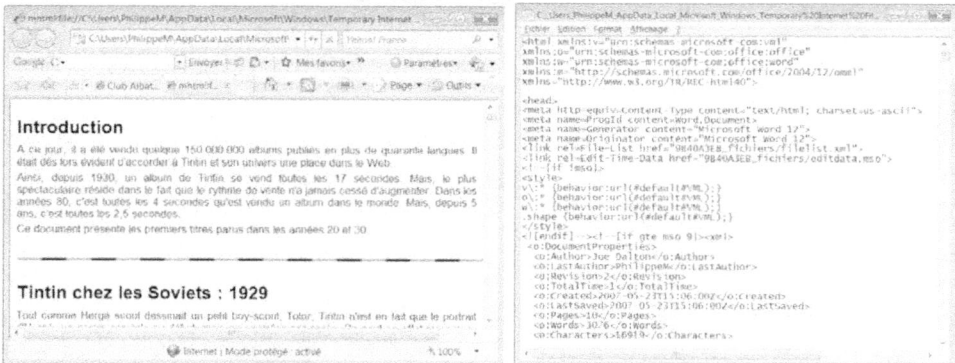

- Fermez la fenêtre pour revenir à Word.

ENREGISTRER LE DOCUMENT EN HTML

- Cliquez sur le **Bouton Office**, puis sur **Enregistrer sous**..., choisissez un des formats Web.
- *Page Web (*.htm, *.html)* : les images sont enregistrées au format GIF et JPEG dans un sous-dossier nommé NomDocument_fichiers.
- *Page Web, filtrée (*.htm, *.html)* : lors de l'enregistrement les balises XML de Word sont supprimées.
- *Page Web à fichier unique (*.mht, *.mhtml)* : les textes et les images sont enregistrés dans un seul et même fichier. Il s'agit d'un fichier de document d'agrégat encapsulé MIME.
- Si vous voulez un titre de page différent du nom de fichier, cliquez sur [Changer de titre], tapez un titre pour la page (qui s'affichera dans la barre de titre du navigateur Web), cliquez sur [OK].
- Cliquez sur [Enregistrer].
  Le vérificateur de compatibilité vous avertit si des fonctionnalités ne sont pas prises en charge.

CRÉER DES PAGES HTML

CRÉER UNE NOUVELLE PAGE WEB

Si vous travaillez en affichage Web, seules les fonctionnalités compatibles avec HTML seront à votre disposition, ainsi vous limitez les mauvaises surprises à la conversion en HTML.

- ▪ Créer un nouveau document vierge, sous l'onglet **Affichage**>groupe **Affichage document** cliquez sur le bouton *Aperçu de la page Web* ou cliquez sur l'icône *Web* dans la barre d'état
- ▪ Enregistrez le document sous le nom MonFichier1 (exemple) en format *Page Web, filtrée*, en spécifiant un titre MaPageWeb1 (exemple), Word affiche un message vous avisant que les balises propres à Office seront supprimées, cliquez sur [Oui] pour continuer l'enregistrement.

Dans les noms de fichier HTML évitez les majuscules, les espaces, les caractères accentués et les caractères spéciaux.

- ▪ Saisissez le texte, mettez en forme le texte de la page, puis enregistrez le document.

COULEUR ET MOTIF D'ARRIÈRE-PLAN

- ▪ Onglet **Mise en page**>groupe **Arrière-plan de page**, cliquez sur le bouton *Couleur de page*, sélectionnez la couleur, les motifs et textures, par exemple les dégradés et la texture.

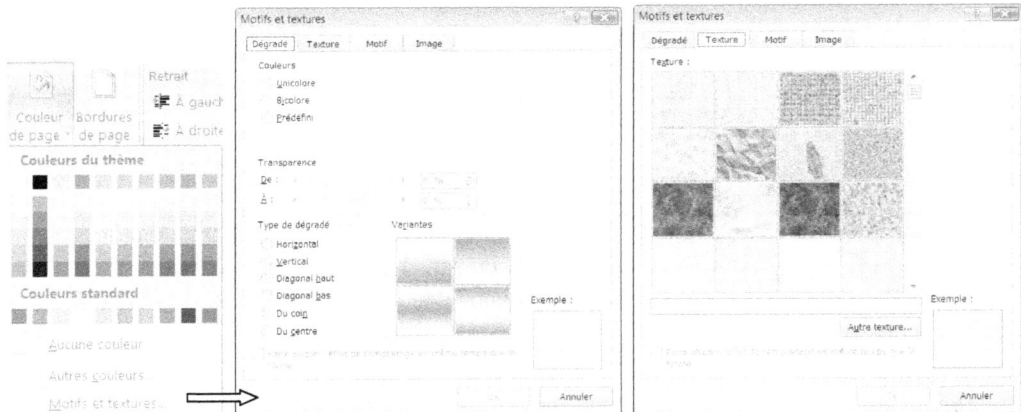

LIENS HYPERTEXTES

Les liens hypertextes servent à accéder à d'autres pages, à d'autres endroits dans la page, à d'autres documents, à des adresses e-mail...par un simple clic sur le lien.

Un lien hypertexte est créé dès que vous saisissez une adresse URL, par exemple *www.tsoft.fr* (cette option peut être désactivée dans les options de correction automatique).

- ▪ Pour créer un lien hypertexte : sélectionner un texte, cliquez droit sur la sélection, puis sur *Lien hypertexte...,* le dialogue *Insérer un lien hypertexte* s'affiche pour définir le lien.

IMAGES ET OBJETS GRAPHIQUES

Les images et objets flottants ne peuvent être alignés que sur le bord gauche ou droit du texte, en utilisant sous l'onglet **Outils des images/Format**>groupe **Organiser** le bouton **Position**. Si vous souhaitez les placer ailleurs dans la page, vous pouvez les positionner dans un tableau.

UTILISER DES CADRES

Plusieurs cadres avec des contenus différents peuvent être affichés dans une même page Web.

Chaque cadre dispose de sa propre barre de défilement et peut être redimensionné. Les cadres sont disposés à gauche ou à droite, au-dessus ou au-dessous les uns des autres.

Les commandes permettant de créer des cadres ne sont pas accessibles par les outils du Ruban. Si vous souhaitez les utiliser, vous devez ajouter à la barre d'outils *Accès rapide* :

- Cliquez sur la flèche à droite de la barre d'outils *Accès rapide*, cliquez sur *Autres commandes...*, dans la zone <Choisir les commandes dans les catégories suivantes> : sélectionnez *Toutes les commandes*, faites défiler la liste des commandes et sélectionnez l'outil *Nouveau cadre à gauche*, puis cliquez sur [Ajouter].
- De la même façon ajoutez les outils *Nouveau cadre à droite*, *Nouveau cadre au-dessus*, *Nouveau cadre au-dessous*, ainsi que l'outil *Supprimer le cadre*, ajoutez aussi l'outil *Cadres*.

Insérer un cadre

- Cliquez sur l'outil *Nouveau cadre à gauche*, un cadre s'affiche à gauche de la fenêtre Word utilisez les autres outils pour avoir des cadres positionnés autrement.

Si vous souhaitez créer un cadre avec la table des matières :

- Cliquez sur la flèche de l'outil *Cadres*, puis sur *Table des matières dans un cadre*.

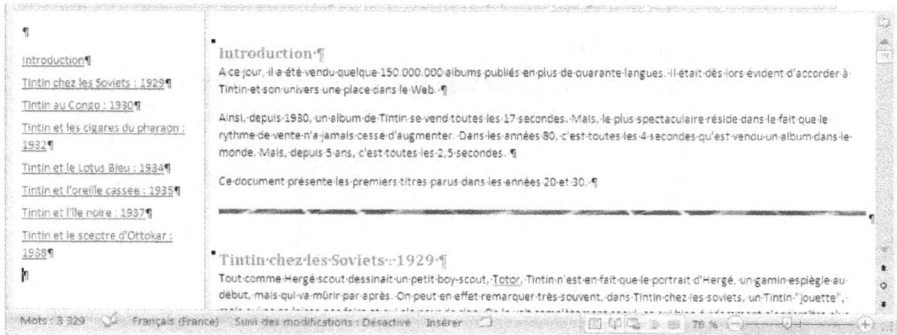

Cette commande est un raccourci qui crée un cadre à gauche, insère un champ référence {RD "Tintin-0.doc"\f } spécifiant le nom du document, \f spécifiant que le chemin d'accès est relatif au document en cours, puis insère un champ table des matières {TOC \h \z \n \u} (voir table des matières page 44).

Supprimer un cadre

- Cliquez dans le cadre, puis cliquez sur l'outil *Supprimer le cadre* (que vous aurez installé dans la barre d'outils *Accès rapide*).

LIGNE HORIZONTALE SÉPARATRICE

- Placez le point d'insertion en fin du paragraphe que vous voulez voir au-dessus de la ligne séparatrice, sous l'onglet **Mise en page**>groupe **Arrière-plan de page**, cliquez sur le bouton **Bordures de page**, puis dans le dialogue cliquez sur le bouton [Ligne horizontale...], double-cliquez sur une des formes de lignes proposées.

La ligne adopte une longueur fixe, pour que la ligne s'ajuste à la largeur de la fenêtre : cliquez droit sur la ligne, puis sur *Format de la ligne horizontale...*, définissez la mesure en pourcent et définissez la largeur à 100 %.

PUCES GRAPHIQUES

- Cliquez sur la flèche du bouton **Puces**, puis sur *Définir une puce...*, cliquez sur le bouton [Image] et sélectionner la puce graphique.

EFFETS DE TEXTE ANIMÉ

Vous ne pouvez pas appliquer d'effets de texte animé dans Microsoft Office Word 2007. Toutefois, un effet de texte animé créé dans une version précédente de Word se comportera dans Office Word 2007 de la même façon que dans les versions antérieures. De même, si vous copiez dans un document .docx un texte animé dans une version antérieure de Word.

INSÉRER DES LIENS HYPERTEXTES

Un lien hypertexte donne accès par un simple clic à un autre document, à une page Web, à un autre emplacement dans le document en cours, à un nouveau document, ou à une adresse e-mail. Un lien hypertexte se présente sous forme d'un texte de couleur bleue et souligné ou d'une image.

UTILISER UN LIEN HYPERTEXTE

Afficher l'adresse associée au lien

- Sans cliquer, amenez le pointeur sur le lien.

Après quelques instants, une infobulle jaune affiche l'adresse associée au lien :

Suivre un lien hypertexte

- Maintenez appuyée la touche [Ctrl] et cliquez sur le lien.

Notez qu'une fois qu'un lien hypertexte a été utilisé, sa couleur change et il devient violet.

Par défaut, les liens ne fonctionnent que si vous appuyez sur [Ctrl] en cliquant sur le lien. Vous pouvez changer cette option afin de ne pas à avoir à appuyer sur la touche [Ctrl] : cliquez sur le **Bouton Office**, cliquez sur *Options avancées*, puis sous la rubrique **Options d'édition** décochez l'option <□ Appuyer sur CTRL puis cliquer pour suivre le lien hypertexte>.

CRÉER UN LIEN VERS UN AUTRE DOCUMENT

- Placez le point d'insertion à l'endroit ou vous voulez insérer le lien hypertexte, ou sélectionnez le texte ou l'image sur lequel vous voulez appliquer le lien, puis
  - Sous l'onglet **Insertion**>groupe **Liens**, cliquez sur le bouton **Lien hypertexte**, ou
  - Cliquez droit, puis sur *Lien hypertexte...* ou appuyez sur [Ctrl]+K.

Le dialogue *Insérer un lien hypertexte* s'affiche.

- Dans la zone <Lier à > ❶ : cliquez sur le bouton *Fichier ou Page Web existant(e)*.

❷ Sélectionnez le dossier contenant le fichier.

❸ Sélectionnez le nom du fichier.

❹ Saisissez le texte du lien, cliquez sur [OK].

Le bouton *Fichiers récents* ❺ sert à lister les fichiers récemment utilisés.

Lien vers un emplacement dans un document Word, Excel ou PowerPoint

- Pour créer un lien vers un signet d'un document Word : sélectionnez le fichier document, puis cliquez sur le bouton [Signets...], sélectionnez le signet, cliquez sur [OK].
- Pour créer un lien vers une cellule/une plage Excel, sélectionnez le classeur puis dans la zone <Adresse> ❻ : après le nom du fichier tapez # suivi par la référence à la cellule ou au nom de la plage, par exemple :

  `D:\Tsoft\Ventes.xlsx#Feuil1!C3:F8` ou `D:\Tsoft\Ventes.xlsx#nom_plage`.

INSÉRER DES LIENS HYPERTEXTES

– Pour créer un lien vers une diapositive PowerPoint, sélectionnez le fichier PowerPoint, puis dans la zone <Adresse>❻ : après le nom du fichier tapez # suivi du numéro de la diapositive après le nom de fichier, exemple : `D:\Tsoft\Show.pptx#12`.

CRÉER UN LIEN VERS UN EMPLACEMENT DU DOCUMENT ACTIF

■ Procédez comme précédemment, mais dans le dialogue *Insérer un lien hypertexte* : dans la zone <Lier à >❶ : cliquez sur le bouton *Emplacement dans ce document*.

■ Vous pouvez sélectionner un emplacement dans le document : *Haut du document* pour créer un lien qui ramène au début du document, un des titres définis dans le document, ou un des signets définis dans le document qui apparaissent en fin de liste.

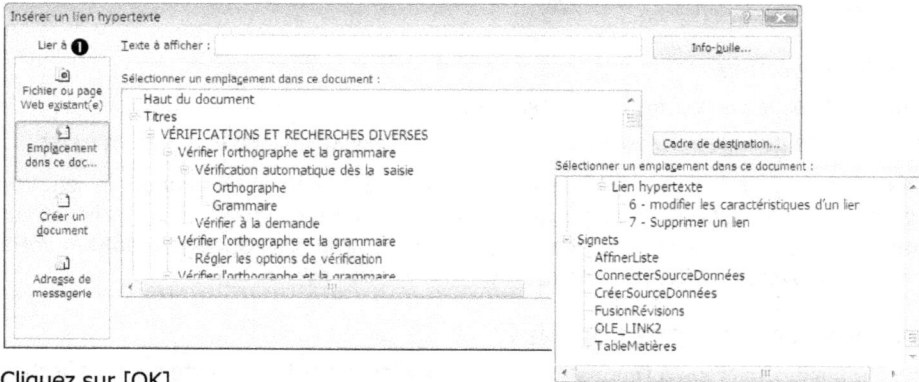

■ Cliquez sur [OK].

CRÉER UN LIEN VERS UNE PAGE WEB

■ Procédez comme précédemment (voir illustration page précédente), dans le dialogue *Insérer un lien hypertexte* : dans la zone <Lier à >❶ : cliquez sur le bouton *Fichier ou Page Web existant(e)*.

■ Dans la zone <Adresse > : saisissez l'adresse (URL) de la page Web, ou

– Cliquez sur le bouton *Page parcourues* pour sélectionner la page parmi la liste des dernières ayant été consultées, ou

– Cliquez sur le bouton 🖳 pour naviguer sur Internet, et lorsque vous avez affiché le site à visiter réduisez la fenêtre de votre navigateur, l'adresse de la page affichée dans le navigateur s'inscrit automatiquement dans la zone <Adresse>.

CRÉER UN LIEN VERS UN DOCUMENT QUI N'EXISTE PAS ENCORE

■ Procédez comme précédemment, mais dans le dialogue *Insérer un lien hypertexte* : dans la zone <Lier à > cliquez sur l'icône *Créer un document*.

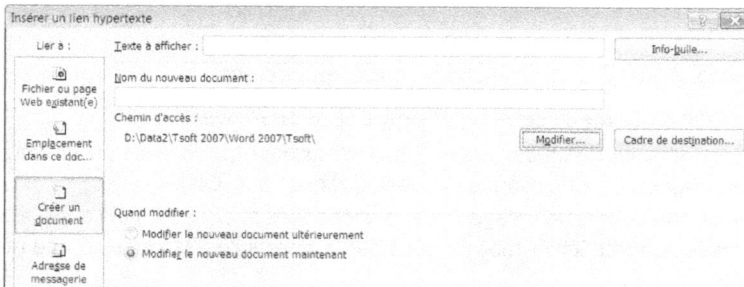

■ Saisissez un nom pour le document, saisissez un texte pour le lien, indiquez si vous voulez créer le nouveau document maintenant ou ultérieurement, cliquez sur [OK].

INSÉRER DES LIENS HYPERTEXTES

CRÉER UN LIEN VERS UNE ADRESSE DE MESSAGERIE

- Placez le point d'insertion à l'endroit ou vous voulez insérer le lien, ou sélectionnez le texte ou l'image sur lequel vous voulez appliquer un lien hypertexte.
- Sous l'onglet **Insertion**>groupe **Liens**, cliquez sur le bouton **Lien hypertexte** ou appuyez sur Ctrl+K, dans le dialogue *Insérer un lien hypertexte*, cliquez sur l'icône *Adresse de messagerie*.

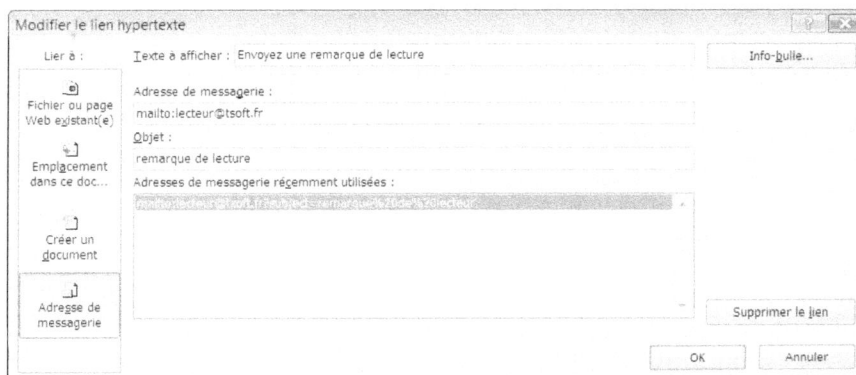

- Saisissez le texte du lien, renseignez l'adresse de messagerie du destinataire du message, saisissez l'objet du message, cliquez sur [OK].

Vous pouvez sélectionner une adresse parmi les adresses de messagerie utilisées récemment qui sont listées dans la zone <Adresses de messagerie récemment utilisées>.

Lorsqu'un utilisateur cliquera sur ce lien sur la page Web, la fenêtre de création de message de son programme de messagerie sera ouverte avec l'adresse du destinataire et l'objet du message déjà renseignés.

MODIFIER LES CARACTÉRISTIQUES D'UN LIEN

- Cliquez droit sur le lien, puis cliquez sur *Modifier le lien hypertexte* pour réafficher le dialogue de définition du lien, modifiez ses caractéristiques, cliquez sur [OK].

SUPPRIMER UN LIEN

- Cliquez droit sur le lien, puis cliquez sur *Supprimer le lien hypertexte*.

Le texte du lien reste dans le document, mais le lien est supprimé.

PARTIE 2
CAS PRATIQUES

CAS 1 : RAPPORT AVEC EN-TÊTE ET PIED DE PAGE

En-tête de page

Charte ALTER INVESTISSEMENT

marché, à tout prix, tout ou rien, à seuil et à plage de déclenchement sauf réglementation particulière pour les transactions hors séance. Sur les marché étrangers, les seuls types d'ordre susceptibles d'être acceptés sont les ordres à cours limité et au prix du marché.

Mode de transmission des ordres

Les ordres sont transmis par le Client par Internet à titre principal, mais aussi par téléphone, système de téléphonie mobile ou tout autre moyen de communication à distance proposé par ALTER Investissement. Les ordres peuvent aussi être transmis par courrier ou fax. Compte tenu des aléas propres à ces deux derniers modes de transmission, ALTER Investissement ne pourra en aucun cas être tenue responsable du défaut d'exécution ou de l'exécution tardive d'ordres ainsi transmis. ALTER Investissement a la faculté d'exiger à tout moment la transmission d'ordres par écrit. L'ordre de bourse doit indiquer le sens de l'opération (achat ou vente), la désignation ou les caractéristiques de la valeur sur laquelle porte la négociation, le nombre de titres, et d'une manière générale toutes les précisions nécessaires à la bonne exécution de l'ordre. Le Client fixe la durée de validité de son ordre dans les conditions prévues par les règles du marché sur lequel il intervient. A défaut d'indication de validité, l'ordre est réputé à validité jour. Lorsqu'il a reçu l'ordre par Internet, l'Intermédiaire adresse au Client un message lui demandant de confirmer cet ordre. L'intermédiaire horodate l'ordre dès réception de cette confirmation. L'horodatage matérialise la prise en charge de l'ordre par ALTER Investissement. Cette prise en charge donne en outre lieu à l'émission par l'Intermédiaire d'une confirmation électronique dont la date et l'heure font foi. ALTER Investissement subordonne l'exécution de l'ordre à la présence préalable sur le compte du Client des espèces ou des instruments financiers nécessaires y compris les frais de transactions. L'ordre transmis par le Client est produit dans les meilleurs délais sur le marché pour y être exécuté aux conditions dudit marché. Les ordres portant sur des parts d'OPCVM sont exécutés au jour de souscription ou de rachat le plus proche sous réserve de la compatibilité de l'heure de la transmission de l'ordre avec les conditions d'exécution des OPCVM concernés. Le Client est expressément informé que la transmission de l'ordre en vue de son exécution ne préjuge pas de cette exécution.

Annulation par le Client de l'ordre

Après avoir transmis un ordre, le Client peut vouloir annuler son ordre. Cette demande d'annulation est possible sans frais à travers la plate-forme ALTER Investissement tant que l'exécution de l'ordre n'a pas été identifiée par le système informatique de ALTER Investissement et si l'ordre n'est pas à cours limité et dans la monnaie.
Toutefois, l'exécution d'une demande d'annulation n'est jamais garanti, l'ordre ayant pu être préalablement exécuté. La demande d'annulation ne pourra par conséquent être prise en compte que dans la mesure où elle sera reçue par l'Intermédiaire dans des délais compatibles avec les conditions d'exécution des ordres. ALTER Investissement se réserve le droit de refuser une demande d'annulation d'ordre. Un ordre exécuté malgré une demande d'annulation sera en tout état de cause imputé sur le compte du Client.
Dans le cas où ALTER Investissement ne serait pas en mesure de transmettre un ordre émanant du Client, elle mettra tout en œuvre pour informer ce dernier dans les meilleurs délais.

LA COUVERTURE DES ORDRES

Après saisie et validation de la saisie d'un ordre de bourse par le Client sur les systèmes ALTER Investissement d'accès aux marchés, il est procédé à un contrôle de l'existence sur le compte du Client d'une provision espèces suffisante pour un achat de titres au

Jean-Paul MARTIN, le 19/09/06   9/11

Pied de page

La convention peut être résiliée à tout moment sans motivation à l'initiative de l'une ou l'autre des parties par lettre recommandée avec accusé de réception sous réserve de

Jean-Paul MARTIN, le 19/09/06   10/11

CAS 1 : RAPPORT AVEC EN-TÊTE ET PIED DE PAGE

Fonctions utilisées

– *Insérer un fichier*
– *Créer des sections*
– *Numéroter les pages*
– *Créer un en-tête*

– *Créer un pied de page*
– *Reproduire une mise en forme*
– *Propriétés du document*
– *Utiliser les polices du thème*

20 mn

Vous allez finaliser un rapport de plusieurs pages, la première sera une page de couverture, le texte du rapport commencera à la deuxième page. Vous numéroterez les pages et définirez un en-tête et un pied de page. Vous allez récupérer un texte pour n'avoir pas à le saisir vous-même. Notez qu'il contient volontairement des fautes d'orthographe que vous corrigerez ultérieurement avec le dictionnaire dans un cas pratique ultérieur.

1-CRÉEZ ET METTEZ EN PAGE UN NOUVEAU DOCUMENT

■ Ctrl+N pour créer un nouveau document vierge, puis définissez les marges : sous l'onglet **Mise en page**>groupe **Mise en page**, cliquez sur le bouton **Marges** et spécifiez les marges.

    – Haut : 3 cm   – Bas : 2,5 cm
    – Gauche : 3,5 cm   – Droite : 2,5 cm

2-INSÉREZ LE TEXTE D'UN AUTRE FICHIER

Vous allez insérer le texte d'un fichier nommé `CasA1` dans le dossier `C:\Exercices Word 2007`.

■ Onglet **Insertion**>groupe **Texte**, cliquez sur la flèche du bouton **Objet▾**, puis sur *Texte d'un fichier*..., dans le dialogue sélectionnez le dossier `C:\Exercices Word 2007`, puis sélectionnez le fichier `CasA1`.

Une fois le texte inséré, le document fait douze pages. Vous voyez dans la barre d'état *Page 12 sur 12*, ce qui signifie que le point d'insertion est dans la dernière page des douze pages.

■ Enregistrez sous le nom `CharteServices`, dans le répertoire `C:\Exercices Word 2007`.

■ Tapez sur Ctrl+⇱ pour mettre le point d'insertion au début du document.

3-ALLEZ DIRECTEMENT À UNE PAGE

■ Appuyez sur F5, tapez *3* (le numéro de la page à atteindre) puis tapez ⏎ ou cliquez sur [Atteindre], puis [Fermer] pour faire disparaître la boîte de dialogue.

Le troisième page s'affiche dans la fenêtre, le point d'insertion est placé au début de cette page. Repérez l'indicateur *Page 3 sur 12* dans la barre d'état.

4-FAITES DÉFILER LES PAGES

■ Faites glisser le curseur de défilement dans la barre de défilement vertical, vous voyez s'afficher le numéro de page courante dans une bulle (exemple : Page 6).

■ Arrêtez le défilement sur la page 6 qui s'affiche alors, mais Attention ! le point d'insertion est resté au début de la page 3, et si vous saisissez du texte il s'inscrit dans la page 3 qui se réaffiche immédiatement.

5-FEUILLETEZ DE PAGE EN PAGE

Au bas de la barre de défilement vertical se trouvent les flèches de navigation. Elles permettent de naviguer sur les éléments du document (pages, sections, tableaux, graphiques...).

CAS 1 : RAPPORT AVEC EN-TÊTE ET PIED DE PAGE

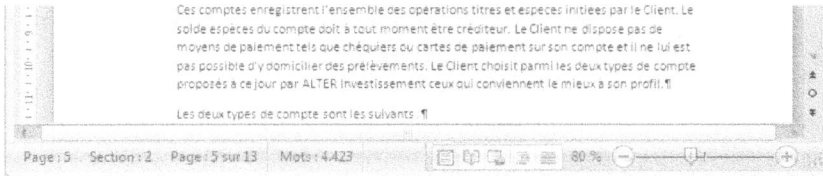

- Cliquez sur l'icône ⊙ puis choisissez un type d'objet, ici cliquez sur le type d'objet *Page* ▯, puis utilisez les double-flèches pour faire avancer à la page suivante ⬇ ou revenir à la page précédente ⬆. Vous noterez que le point d'insertion change de position lorsque vous parcourez ainsi les pages, qu'il se place au début de la page affichée.

6-DÉFINISSEZ LA PAGE DE COUVERTURE

Vous allez insérer un saut de section en début de document, afin que le texte du rapport soit dans une deuxième section, après une section pour la page de couverture. Chaque section peut avoir sa propre mise page, en particulier une numérotation et un pied-de-page différents d'une section à l'autre.

- Placez le curseur au tout début du document, puis sous l'onglet **Mise en page**>groupe **Mise en page**, cliquez sur le bouton **Saut de page**, sous la rubrique *Saut de section* cliquez sur *Page suivante*.

Un saut de section a été inséré, pour le visualiser vous pouvez passer en affichage *Brouillon*.

- Cliquez sur le saut de section, puis saisissez le titre du rapport qui figurera sur la page de couverture : `Charte des services` ⇧+⏎ `ALTER Investissement`⏎.

Ce texte s'inscrit juste avant le saut de section dans la première section du document.

- Sélectionnez le paragraphe que vous avez saisi, formatez les caractères en taille *48* , et le paragraphe avec un espace avant de *8 cm*.

Repassez en affichage *Page*, vous notez que l'espace entre les marges gauche et droite n'est pas assez grand, vous allez diminuer les marges :

- Diminuez la marge à gauche à *2,5 cm* et la marge à droite à *2 cm*.
- Appliquez une bordure de page à la page de couverture : sous l'onglet **Mise en page**>groupe **Arrière-plan de page**, cliquez sur le bouton **Bordure de page**, dans le dialogue s'affiche , dans la zone <Type> : cliquez sur *Encadré*, dans la zone <Motif> : choisissez un motif, et dans la zone <Appliquer à> : choisissez *À cette section*, puis cliquez sur [OK].

- Essayez différents motifs de bordures de pages puis revenez au motif choisi en premier lieu
- Cliquez sur le titre et observez les indicateurs de la barre d'état : *Section : 1*, et *Page : 1 sur 13*, cliquez sur l'icône ⬇ pour passer au début de la page suivante sur le début du rapport "`Entre le client…`" qui est donc maintenant au début de la deuxième page (*Page : 2 sur 13*), dans la *Section 2* comme vous le constatez sur la barre d'état.

Vous constatez que la bordure de page n'est définie que sur les pages de la première section, pas sur celles de la deuxième section, ce qui a été demandé dans le dialogue *Bordure de page*.

7-DÉFINISSEZ L'EN-TÊTE ET LE PIED DE PAGE

L'en-tête et le pied de page définis dans une page quelconque de la deuxième section s'appliqueront à toutes les pages de la même section.

- Cliquez dans une page de la deuxième section, puis sous l'onglet **Insertion**>groupe **En-tête et pied de page**, cliquez sur le bouton **En-tête**, puis sur la commande *Modifier l'en-tête*…

La zone de saisie de l'en-tête de page s'affiche, tandis que le corps du document est estompé.

- Sous l'onglet **Création**>groupe **Navigation**, cliquez sur le bouton **Lier au précédent** pour que l'en-tête ne soit pas lié à celui de la précédente section.
- Saisissez le texte de l'en-tête `Charte ALTER Investissement`.
- Mettez ce texte en italique et appliquez une bordure inférieure au paragraphe.

- Sous l'onglet **Création**>groupe **Navigation**, cliquez sur le bouton **Atteindre le pied de page** pour passer de l'en-tête au pied de page.

- Cliquez sur le bouton **Lier au précédent** pour que le pied de page ne soit pas lié à celui de la précédente section, puis saisissez votre nom suivi d'un tiret et d'un espace.
- Insérez la date du jour : sous l'onglet **Insertion**>groupe **Texte**, cliquez sur le bouton **Date et heure**, puis dans le dialogue sélectionnez le premier format, ne cochez pas la case <☐ Mise à jour automatique>, cliquez sur [OK].
- Appliquez une bordure supérieure au paragraphe.

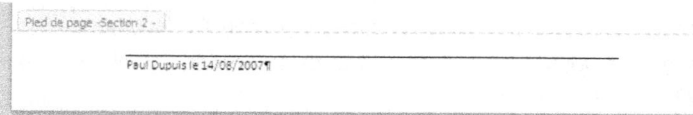

- Sous l'onglet **Création**, cliquez sur le bouton **Fermer l'en-tête et le pied de page** ou cliquez sur l'icône *Page* sur la barre d'état pour repasser en affichage *Page*.
- En cliquant plusieurs fois sur l'icône ⊖ *Zoom arrière* sur la barre d'état, réduisez l'échelle d'affichage à 40 % de façon à visualiser plusieurs pages entières avec l'en-tête et le pied de page. Puis agrandissez l'affichage à 80 % en cliquant 4 fois sur l'icône ⊕ Zoom avant sur la barre d'état.

8-DÉFINISSEZ LA PAGINATION

- En affichage *Page*, double-cliquez sur le pied de page, cliquez juste après la fin du texte, tapez sur la touche tabulation 🔄, puis sous l'onglet **Insertion**>groupe **Texte**, cliquez sur **QuickPart**, puis sur la commande *Champ...* , le dialogue *Champ* s'affiche.

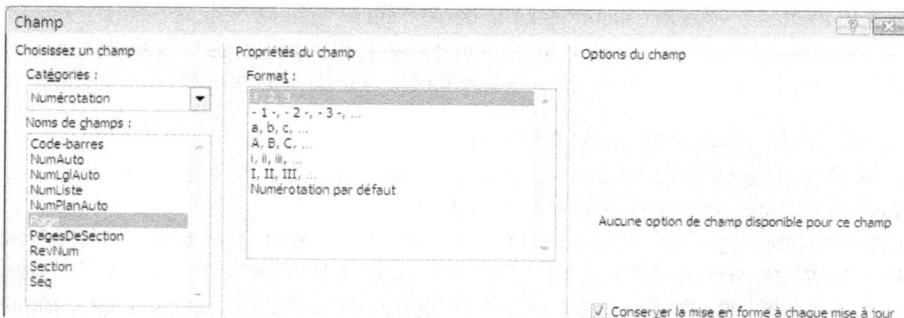

CAS 1 : RAPPORT AVEC EN-TÊTE ET PIED DE PAGE

- Dans la zone <Catégories> : sélectionnez *Numérotation*, dans la zone <Noms de champ> : sélectionnez *Page*, dans la zone<Format> : sélectionnez le format, cliquez sur [OK].
- Tapez le caractère /, insérez de la même façon le champ *NumPages* de la catégorie *Résumé*.

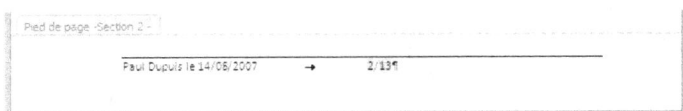

- Repassez en affichage *Page*.
- Faites défiler les pages pour visualiser le pied de page et la numérotation sur les pages du rapport, vérifiez que la page de couverture n'a pas de pied de page, puis enregistrez le document.

9-REPRODUISEZ UNE MISE EN FORME SUR LES PARAGRAPHES TITRES

Le document contient des titres en majuscules qui ne sont pas actuellement mis en forme différemment du reste du texte. Nous voulons les différencier par une mise en forme

Vous allez modifier la mise en forme du premier titre, puis réappliquer cette mise en forme à chacun des autres titres.

- Sélectionnez le premier titre : PRÉAMBULE, formatez les caractères en taille 14 et en gras, appliquez au paragraphe un espace avant de *25 pt* et après de *15 pt*.
- Reproduisez cette mise en forme sur les autres titres : le premier titre étant sélectionné, sous l'onglet **Accueil**>groupe **Presse-papiers**, double-cliquez sur le bouton **Reproduire la mise en forme (Ctrl+Maj+C)**, faites défiler le document et cliquez dans la marge devant le titre suivant en majuscules (pour le sélectionner) : SERVICES OFFERTS – INSTRUMENTS, faites défiler à nouveau le document et sélectionnez le titre suivant en majuscules, répétez cette action pour les neuf titres en majuscules puis tapez sur Echap.

En cas de reproduction de la mise en forme par mégarde sur un texte autre qu'un titre, cliquez sur le bouton *Annuler* sur la barre d'outils *Accès rapide*, puis recommencez la procédure pour les titres restant à mettre en forme.

10-MODIFIEZ LA MISE EN FORME DES TITRES

Les paragraphes des titres ont maintenant la même mise en forme, vous pouvez dans ce cas les sélectionner ensemble et modifier leur mise en forme simultanément.

- Placez le curseur au début de la section du rapport : appuyez sur F5, tapez *S2* (pour Section 2, cliquez sur [Atteindre], puis sur [Fermer].
- Sélectionnez le premier titre, PRÉAMBULE, cliquez droit sur la sélection puis sur la commande contextuelle *Styles...*, puis sur *Sélectionner le texte ayant une mise en forme semblable*.

Tous les textes ayant la même mise en forme que celui qui est sélectionné (tous les titres en majuscules, de taille 14 et en gras) sont sélectionnés.

- Assurez-vous de cela en faisant défiler le document à l'aide de la barre de défilement.
- Modifiez la taille de la police à *12* , et via le dialogue *Police* appliquez la police *+Titres* (la police *+Titres* est la police retenue dans le thème pour les titres).
- Cliquez n'importe où dans le corps du texte pour annuler la sélection des multiples paragraphes.

11-REPRODUISEZ UNE MISE EN FORME SUR LES PARAGRAPHES SOUS-TITRES

Repérez les sous-titres, ils sont précédés d'un paragraphe vide, si les marques de paragraphes ne sont pas visibles vous pouvez les rendre visible temporairement. Pour cela : cliquez sur le bouton **Afficher tout (Ctrl+8)** sur le Ruban sous l'onglet **Accueil**>groupe **Paragraphe**.

- Sélectionnez le premier sous-titre : `Services offerts`, formatez les caractères en Gras et Italique, et appliquez via le dialogue *Police* la police *+Titres* (la police *+Titres* est la police retenue dans le thème pour les titres).
- Reproduisez cette mise en forme aux autres sous-titres en procédant comme précédemment
- Sélectionnez tous les paragraphes simultanément, en sélectionnant le texte ayant la même mise en forme, puis appliquez via le dialogue *Paragraphe* un espace avant de *15 pt* et un espace après de *10 pt*.

12-SUPPRIMEZ LES PARAGRAPHES VIDES

Il est préférable d'espacer les paragraphes en définissant des espaces avant et après les paragraphes que d'insérer des paragraphes vides. Vous allez supprimer les paragraphes vides dans le document. Affichez les marques de paragraphes, et remarquez qu'un paragraphe vide est un caractère spécial marque de paragraphe qui suit immédiatement une autre marque de paragraphe.

Pour supprimer les paragraphes vides automatiquement, vous allez remplacer deux marques de paragraphes consécutives par une seule marque de paragraphe :

- Placez le point d'insertion au début de la section du rapport : appuyez sur F5, tapez *S2* (pour Section 2, cliquez sur [Atteindre], puis sur [Fermer].
- Sous l'onglet **Accueil**>groupe **Modification**, cliquez sur le bouton **Remplacer**, dans la zone <Rechercher> : saisissez ^p^p, dans la zone <Remplacer> : saisissez ^p (^p représente le caractère marque de paragraphe), cliquez sur [Suivant], la première occurrence de deux marques de paragraphe est sélectionnée, cliquez sur [Remplacer], l'occurrence suivante de deux marques de paragraphe est sélectionnée, cliquez sur [Remplacer], et ainsi de suite... pour remplacer toutes les occurrences d'un coup sans vérifier visuellement, cliquez sur [Remplacer tout], puis appuyez sur Echap.
- Si vous avez utilisé le bouton **Afficher tout** (Ctrl+8) pour rendre visibles tous les caractères spéciaux, vous pouvez les rendre à nouveau invisibles en cliquant à nouveau sur ce bouton
- Faites défiler les données, certains titres sont en bas de page, le paragraphe qui les suit étant à la page suivante, il vaut mieux dans ce cas renvoyer aussi le titre à la page suivante : Sélectionnez tous les titres ayant la même mise en forme puis, via le dialogue *Paragraphe*, cliquez sur l'onglet **Enchaînements**, cochez la case <☑ Paragraphes solidaires, cliquez sur [OK].

13-UTILISEZ LES PROPRIÉTÉS DU DOCUMENT

En remplissant les champs des propriétés de document de manière pertinente, vous facilitez le classement et l'identification ultérieure de vos documents.

- Cliquez sur le **Bouton Office**, cliquez sur *Préparer* dans le menu, puis dans la partie droite cliquez sur *Propriétés*.

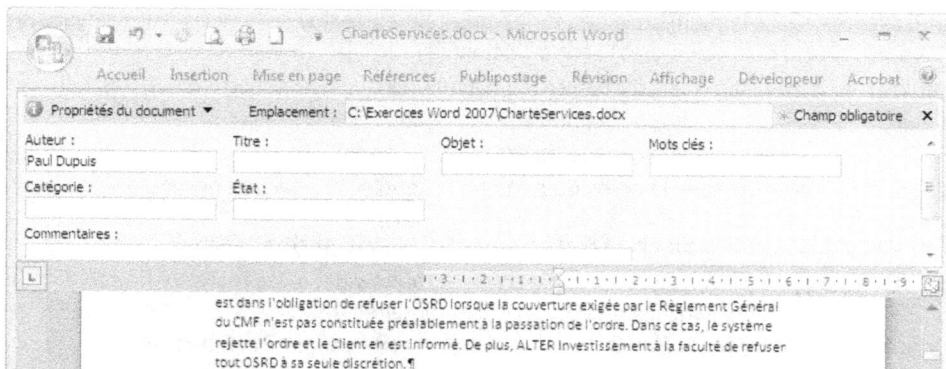

CAS 1 : RAPPORT AVEC EN-TÊTE ET PIED DE PAGE

Les propriétés principales du document apparaissent dans un volet sous le Ruban : le nom de l'auteur, le titre, les mots-clés, la catégorie sont autant de zones que vous pouvez renseigner sur le document. Dans la barre en haut de ce volet, vous voyez l'emplacement du fichier et un bouton *Propriétés du document* qui donne accès au dialogue complet des *Propriétés*.

■ Faites disparaître le volet des Propriétés en cliquant sur la case X en haut à droite du volet des Propriétés, puis réaffichez le volet des Propriétés comme précédemment.

■ Cliquez sur le bouton *Propriétés du document*, puis sur *Propriétés avancées…* cliquez sur l'onglet **Résumé**, puis sur l'onglet **Statistiques**.

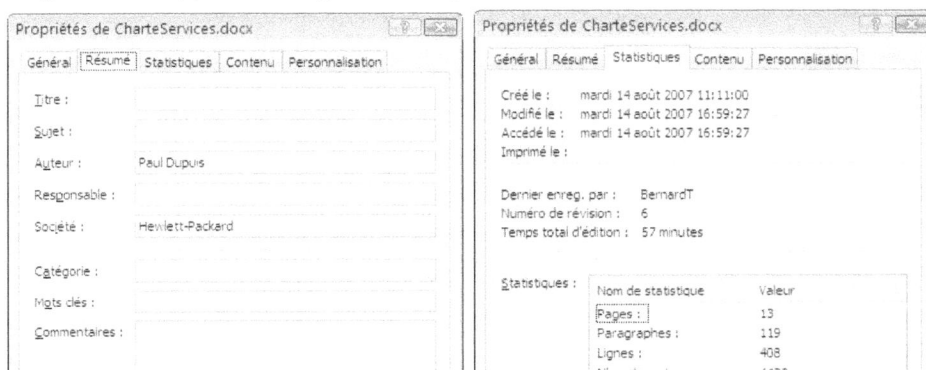

Sous l'onglet **Résumé** : le nom de l'auteur est initialement le nom de celui qui a créé le document tel qu'il est défini dans les options Word *Standard*. Vous pouvez mettre votre nom dans la propriété <Auteur>, si vous voulez changer le nom d'auteur.

■ Inscrivez un autre nom d'auteur.

Vous pouvez aussi changer le nom d'utilisateur dans les options Word - Standard, ce nouveau nom sera pris en compte en tant qu'auteur lorsque vous créerez de nouveaux document ensuite.

■ À titre d'exercice changez le nom d'utilisateur dans les options Word, puis créez un document et vérifiez dans les propriétés de ce document le nom d'auteur, puis fermez ce document et remettez le nom initial dans les options Word.

Le nom de société par défaut est un nom qui a été défini à l'installation du système. Vous pouvez changer ce nom dans les propriétés du document (document par document) :

■ Inscrivez comme nom de société soit `Tsoft` soit le nom de votre société.

■ Inscrivez comme titre du document `Charte ALTER Investissement`.

■ Inscrivez dans la zone <Sujet> : `Fonctionnement des comptes titres`.

L'onglet **Statistiques** affiche la date de création, de dernière modification du fichier et par qui il a été enregistré la dernière fois. Vous voyez aussi les informations nombre de pages, nombre de paragraphes, de lignes, de mots ou de caractères contenus dans le document.

■ Cliquez sur [OK] pour valider vos changements, puis faites disparaître le volet des propriétés.

14-CHANGEZ LE THÈME

Nous n'avons utilisé dans le document que les polices de thème, par défaut le thème est *Office* et les polices sont *Calibri* (pour le corps du texte) et *Cambria* (pour les titres). Vous avez vu que pour appliquer la police du thème, il faut sélectionner via le dialogue *Police*, la police *+Corps* ou *+Titres*.

■ Changez le thème : sous l'onglet **Mise en page**>groupe **Thèmes**, cliquez sur le bouton **Thèmes**, le menu affiche la galerie des thèmes, amenez le pointeur sans cliquer sur la vignette *Apex*, l'affichage se modifie avec les polices de ce thème.

- Amenez le pointeur sur un autre thème *Rotonde* et constatez la modification de l'affichage des polices, puis faites le même essai sur plusieurs autres thèmes.
- Cliquez sur le thème que vous voulez appliquer, vous constatez que les polices du nouveau thème ont remplacé les précédentes dans le document.
- Appliquez d'autres thèmes, puis revenez au thème *Office*.

15-POUR TERMINER

- Enregistrez le document.
- Faites un aperçu avant impression.
- Imprimez seulement la première page de texte qui est la page numéro 2 du document.
- Fermez le document.

CAS 2 : STYLES, TITRES NUMÉROTÉS ET RENVOIS

Charte·ALTER·Investissement¶

Entre·le·Client·,·le·ou·les·titulaire(s)·donneurs·d'ordres,·(ci-après·dénommé·"le·Client").¶

D'une·part¶

Et·¶

La·société·ALTER·Investissement,·Banque·prestataire·de·services·d'Investissement·S.A.·à·conseil·d'administration·au·capital·de·51·034·075·euros,·agréée·par·le·Comité·des·Etablissements·de·Crédit·et·des·Entreprises·d'Investissement,·dont·le·siege·est·25,·rue·Marcel·Sembat·92659·Boulogne·Billancourt·Cedex,·inscrite·au·R.C.S.·de·Nanterre·sous·le·numéro·B·414·561·894·et·représentée·par·son·Président·Directeur·Général,·(ci-après·dénommée·"l'Intermédiaire"·ou·"ALTER·Investissement").¶

D'autre·part,¶

Il·a·été·convenu·ce·qui·suit·:¶

1.- PRÉAMBULE¶

La·présente·Charte·a·pour·objet·de·définir·les·règles·régissant·la·convention·relative·au·fonctionnement·du·compte·titres·conclue·entre·le·Client·et·ALTER·Investissement.·Cette·convention·comprend·:·la·présente·Charte,·la·(les)·demande(s)·d'ouverture·de·compte(s),·le·barème·des·tarifs,·les·règles·de·couverture.·¶

La·Charte·a·été·élaborée·conformément·aux·dispositions·législatives·et·réglementaires·en·vigueur,·et·particulièrement·celles·prévues·par·le·Règlement·Général·du·Conseil·des·Marchés·Financiers·(ci-après·dénommé·"·le·CMF")·et·la·Décision·Générale·du·CMF·n°·98-28·du·9·décembre·1998·relative·aux·clauses·obligatoires·devant·figurer·dans·la·convention·de·services·et·d'ouverture·de·compte·entre·un·prestataire·et·son·client.·La·présente·Charte·s'adresse··à·des·ressortissants·de·l'Espace·Economique·Européen.·¶

Il·appartiens·aux·ressortissants·des·autres·pays·de·s'assurer·de·la·compatibilité·de·l'offre·avec·la·réglementation·de·leur·pays·de·rattachement.·¶

2.- SERVICES·OFFERTS·-·INSTRUMENTS·TRAITÉS¶

2.1.- *Services·offerts*·¶

ALTER·Investissement·propose·au·Client·les·services·suivants·par·l'intermédiaire·de·son·site·Internet·:·¶

- Réception·et·transmission·d'ordres·pour·compte·de·tiers·(voir·page·99)¶
- Exécution·d'ordres·pour·compte·de·tiers¶
- Placement·pour·compte·de·tiers¶
- La·visualisation·de·leurs·portefeuille¶
- L'accès·à·des·contrats·d'assurance·vie¶
- L'accès·à·des·informations·financières·sur·les·marchés¶

Et·tous·autres·services·financiers·que·ALTER·Investissement·pourrait·être·amenée·à·proposer.·¶

L'intermédiaire·permet·d'accéder·aux·transactions·hors·séance·dans·les·conditions·prévues·par·les·règles·de·marché·de·la·Bourse·de·Paris·et·des·autorités·de·marché.

---

[1] Résidant·obligatoirement·en·métropole¶

Jean-Paul·MARTIN,·le·19/09/06   3/12¶

Annotations en marge :
- Numérotation des titres
- Numérotation des titres
- Note de bas de page
- Renvoi à une page

CAS 2 : STYLES, TITRES NUMÉROTÉS ET RENVOIS

Fonctions utilisées

– *Styles*
– *Coupure des mots*
– *Numérotation des titres*

– *Recherche/remplacement de styles*
– *Note de bas de page*
– *Renvoi*

15 mn

Vous allez travailler sur le fichier document texte que vous avez créé dans le cas pratique N°1. Si vous n'avez pas réalisé complètement le cas précédent ouvrez le fichier `CasA2`, et enregistrez-le sous le nom `CharteServices`, puis fermez le document.

Vous allez créer et utiliser des styles dans tout le document. Ensuite, vous allez numéroter les titres du document et créer une note de bas de page et un renvoi.

1-OUVREZ LE DOCUMENT

Comme le document est probablement l'un des quatre derniers à avoir été utilisé, vous pouvez l'ouvrir de la façon suivante :

■ Cliquez sur le **Bouton Office**, puis dans la partie droite du menu *Documents récents* cliquez sur le nom du fichier `CharteServices`.

Notez qu'à l'ouverture du document, le point d'insertion est placé au tout début du document.

2-CRÉEZ ET APPLIQUEZ UN STYLE DE PARAGRAPHE TITREA AUX TITRES

Vous allez créer votre propre style de titre basé sur la mise en forme des titres en majuscules.

■ Créez et appliquez un style de paragraphe que vous nommerez `TitreA` :
Cliquez dans le paragraphe PRÉAMBULE, affichez le volet *Styles* si ce n'est pas fait puis cliquez sur le bouton *Nouveau style* situé au bas du volet *Styles*.

■ Dans le dialogue *Créer un style à partir de la mise en forme* : dans la zone <Nom> : saisissez le nom du style `TitreA` et cliquez sur [OK] pour valider, le style apparaît dans le volet *Styles*, et aussi la vignette *TitreA* dans la galerie des styles rapides qui est affichée sous l'onglet **Accueil**>groupe **Style**.

■ Amenez le pointeur sans cliquer dans le volet *Styles* sur le nom du style `TitreA`, vous voyez s'afficher une bulle descriptive de la mise en forme du style.

■ Appliquez le style aux huit autres titres : cliquez droit sur le second titre, puis sur la commande contextuelle *Styles*, puis sur *Sélectionner le texte ayant une mise en forme semblable*. Vérifiez en faisant défiler le document que les titres ont été sélectionnés puis cliquez dans la galerie des styles rapides sur la vignette *TitreA*.

3-MODIFIEZ LE STYLE TITREA PAR ACTUALISATION

■ Sélectionnez en entier un des paragraphes de style `TitreA`, modifiez la mise en forme des caractères en appliquant la couleur de thème *Bleu Foncé* et une taille `16`.

■ Dans le volet *Styles*, le nom du style est encadré, cliquez droit sur ce nom de style puis sur la commande contextuelle *Mettre à jour TitreA pour correspondre à la sélection*.

CAS 2 : STYLES, TITRES NUMÉROTÉS ET RENVOIS

Le style `TitreA`, s'actualise en fonction du formatage direct appliqué dans le paragraphe courant, les autres titres qui ont le même style prennent donc aussi la même mise en forme.

4-CRÉEZ ET APPLIQUEZ UN STYLE TITREB POUR LES SOUS-TITRES

Vous allez créer votre propre style basé sur la mise en forme des sous-titres.

- Sélectionnez le premier de ces titres, `Services offerts`, sélectionnez simultanément tous les paragraphes ayant la même mise en forme, appliquez pour les caractères une couleur *Bleu Foncé* et une taille de `14`.
- Créez un style `TitreB` basé sur cette mise en forme de paragraphe et appliquez ce style simultanément à tous les paragraphes sous-titre.

5-CRÉEZ ET APPLIQUEZ UN STYLE TITRECOUV LE TITRE DE COUVERTURE

- Placez le point d'insertion au début dans la section 1 : appuyez sur F5, tapez `S1` (pour Section 1, cliquez sur [Atteindre], puis sur [Fermer].
- Cliquez dans le paragraphe du titre de couverture, vous avez déjà appliqué une mise en forme directe dans le cas N°1, créez un style `TitreCouv` basé sur ce paragraphe mis en forme.
- Sélectionnez le titre, mettez les caractères en gras et dans la couleur du thème *Bleu Foncé*.
- Dans le volet *Styles*, le nom du style est encadré, cliquez droit sur ce nom de style puis sur la commande contextuelle *Mettre à jour TitreCouv pour correspondre à la sélection*.

6-DÉFINISSEZ UN STYLE DE PARAGRAPHE TEXTE POUR LE CORPS DU TEXTE

Les paragraphes sous les titres sont du style *Normal*, que l'on pourrait modifier. Mais dans ce cas pratique, plutôt que de modifier le style *Normal*, vous allez créer un style que vous appliquerez à tout le texte.

- Créez un style que vous nommez `Texte` basé sur un des paragraphes du corps du texte
- Remplacez partout le style *Normal* par le style *Texte*, pour cela utilisez la fonction Recherche/ remplacement : sous l'onglet **Accueil**>groupe **Modification**, cliquez sur le bouton **Remplacer**, le dialogue *Rechercher et remplacer* s'affiche.
- Dans la zone <Rechercher> : sélectionnez et supprimez le contenu, puis cliquez sur [Format] puis sur la commande *Style...* et sélectionnez le style *Normal*.
- Dans la zone <Remplacer par> : sélectionnez et supprimez le contenu, puis cliquez sur [Format] puis sur la commande *Style...* et sélectionnez le style *Texte*.
- Cliquez sur [Remplacer tout].
- Un message vous informe du nombre de remplacement effectués, cliquez sur [OK], puis sur [Fermer] ou appuyez sur Echap.

7-APPLIQUEZ UNE NUMÉROTATION POUR LES SOUS-TITRES

Nous voulons numéroter les titres et les sous-titres en rappelant le numéro du titre sous lequel ils se trouvent. Il faut utiliser une liste numérotée à plusieurs niveaux :

- Cliquez sur un paragraphe de style *TitreA*, par exemple PRÉAMBULE, puis sous l'onglet **Accueil**>groupe **Paragraphe**, cliquez sur la flèche du bouton **Liste à plusieurs niveaux**, cliquez ensuite sur la commande *Définir une nouvelle liste à plusieurs niveaux...*, le dialogue *Définir une nouvelle liste à plusieurs niveaux* s'affiche.
- Cliquez sur le bouton [Plus>>] situé au bas du dialogue pour afficher toutes les options du dialogue (si le bouton [<<Moins] est dans le dialogue, les options sont déjà développées).

Vous allez définir chaque niveau de numérotation : le niveau 1 sera associé au style *TitreA*, et le niveau 2 sera associé au style *TitreB*. Pour chaque niveau, vous définirez la position du numéro et le caractère qui sépare le numéro du texte du paragraphe.

- Dans la zone ❶ : sélectionnez le niveau *1*, puis dans la zone ❷ : sélectionnez *TitreA*, dans la zone ❸ sélectionnez *1,2,3*, dans la zone ❹ : effacez la parenthèse qui suit le numéro, saisissez après le numéro un espace suivi d'un tiret, puis

- Dans la zone ❶ : sélectionnez le niveau *2*, puis dans la zone ❷: sélectionnez *TitreB,* dans la zone ❸ sélectionnez *Aucune*, dans la zone ❹ : effacez le contenu, dans la zone ❺ : sélectionnez *Niveau 1* ce qui rappelle le numéro de niveau 1 dans la zone ❹, tapez un point après ce numéro de niveau, dans la zone ❸ : sélectionnez *1,2,3* qui inscrit dans la zone ❹ le numéro, saisissez après le numéro un espace suivi d'un tiret.

- Cliquez sur [OK] pour valider.

Les paragraphes de style *TitreA* et *TitreB* sont numérotés comme cela a été défini dans le dialogue précédent. Notez que l'application de la numérotation a changé les alignements des styles *TitreA* et *TitreB*. L'alignement a été redéfini en fonction des valeurs spécifiées dans <Alignement> ❻ (retrait du numéro par rapport à la marge), et <Retrait du texte à> ❼ (position du taquet de tabulation qui suit le numéro si *Tabulation* est sélectionné dans la zone ❽).

8-MODIFIEZ LES ALIGNEMENTS DE LA LISTE À PLUSIEURS NIVEAUX

- Cliquez dans un titre, puis sous l'onglet **Accueil**>groupe **Paragraphe**, cliquez sur la flèche du bouton **Liste à plusieurs niveaux**, puis sur la commande *Définir une nouvelle liste à plusieurs niveaux*... qui affiche le dialogue *Définir une nouvelle liste à plusieurs niveaux*.

— Dans la zone ❶ : sélectionnez le niveau 1, dans la zone <Alignement> : saisissez –1cm, dans la zone <Retrait du texte à> : saisissez 0 cm, dans la zone ❽ : sélectionnez Espace.

— Dans la zone ❶ : sélectionnez 2, dans la zone <Alignement> : saisissez – 1cm, dans la zone <Retrait du texte à> : saisissez 0, dans la zone ❽ : sélectionnez *Espace*.

- Cliquez sur [OK] pour valider.

9-CRÉEZ UN STYLE DE LISTE À PLUSIEURS NIVEAUX

Pour pouvoir réutiliser cette numérotation dans le document ou dans un autre document il faut créer un style de liste à plusieurs niveaux :

CAS 2 : STYLES, TITRES NUMÉROTÉS ET RENVOIS

- Cliquez dans un paragraphe de style *TitreA* qui a été numéroté, cliquez sur la flèche du bouton **Liste à plusieurs niveaux**, cliquez sur la commande *Définir un nouveau style de liste...*
- Le dialogue *Définir un nouveau style de liste s'affiche*, dans la zone <Nom> : saisissez un nom pour ce style de liste `NumABC`, cliquez sur [OK] pour valider.

Le style créé s'ajoute à la galerie des styles de liste, pour le voir : cliquez sur la flèche du bouton **Liste à plusieurs niveaux**, faites défiler la galerie pour voir la rubrique **Styles de liste** , amenez le pointeur sans cliquer sur la vignette du style, le nom du style `NumABC` s'affiche dans une infobulle.

- Modifiez le style de liste : cliquez droit sur la vignette du style dans la galerie des styles que vous affichez comme indiqué ci-dessus, puis dans le dialogue *Modifier le style* : cliquez sur le bouton [Format] puis sur la commande *Numérotation...* modifiez pour le niveau 2 seulement <Alignement> : spécifiez -0,5 cm, cliquez sur [OK].
- Cliquez sur un paragraphe de style *TitreA* et appliquez le style : cliquez sur la flèche du bouton **Liste à plusieurs niveaux**, faites défiler la galerie sous la rubrique *Styles de liste*, cliquez sur la vignette du style de liste *NumABC*.

10-ENREGISTREZ LES STYLES DU DOCUMENT DANS UN JEU DE STYLES RAPIDES

Si vous appliquez une autre numérotation prédéfinie de la Bibliothèque de listes, le style de liste que vous avez créé perd sa mise en forme et les titres perdent leur numérotation, car la numérotation prédéfinie ne sait pas se servir des styles de paragraphe *TitreA* et *TitreB*.

Si vous voulez pouvoir ensuite restaurer la mise en forme de votre style de liste, vous devez avoir sauvegardé les styles du document dans un jeu de styles rapides et restaurer les styles.

Un jeu de styles rapides est enregistré dans un fichier séparé du document, il contient la définition des styles et peut être restauré dans tout document.

Pour créer un jeu de styles rapides contenant en particulier les styles *TitreA* et *TitreB* et le style de liste *NumABC* :

- Sous l'onglet **Accueil**>groupe **Styles**, cliquez sur le bouton **Modifier les styles**, puis sur *Jeux de styles*, puis sur la commande *Enregistrer en tant que jeu de style rapide....*, saisissez un nom pour le jeu de style `NumTitreABC`, et cliquez sur [Enregistrer].

11-RESTAUREZ LE STYLE DE LISTE AVEC LE JEU DE STYLES RAPIDES

- Appliquez une numérotation de la Bibliothèque de styles, vous constatez que vos titres *TitreA* et *TitreB* ne sont plus numérotés (car ils ne sont pas connus des numérotations prédéfinies).
- Essayez de réappliquer votre style de liste... dans la galerie, il n'est plus correctement défini, pour le restaurer vous devez restaurer le jeu des styles rapides que vous avez enregistré : cliquez sur le bouton **Modifier les styles**, puis sur *Jeux de styles*, puis cliquez sur *NumTitres*.
- Après cette restauration des styles rapides, vous pouvez réappliquer votre style de liste : cliquez sur un paragraphe titre de style *TitreA*, cliquez sur la flèche du bouton **Liste à plusieurs niveaux**, faites défiler la galerie des styles : sous la rubrique **Styles de liste** apparaît la vignette du style de liste que vous avez créé, cliquez sur la vignette pour appliquer la numérotation.

12-REMPLACEZ LE STYLE TITREA PAR LE STYLE TITRE 1

Les listes numérotées à plusieurs niveaux prédéfinies dans Word, utilisent les styles *Titre 1, Titre 2, Titre 3...* fournis par Word, préexistants dans tout document, qui ne peuvent être supprimés. Ils peuvent cependant être modifiés. Il sera donc plus facile de numéroter les titres si vous leur appliquez les styles fournis par Word plutôt que d'autres styles personnalisés que vous aurez créés (si nous l'avons fait dans les étapes précédentes, c'est à titre d'exercice). Revenons donc aux styles *Titre 1* et *Titre 2* sans refaire la mise en forme déjà effectuée.

CAS 2 : STYLES, TITRES NUMÉROTÉS ET RENVOIS

- Commencez par uniformiser les deux styles : cliquez dans un paragraphe de style *TitreA*, puis sur dans le volet *Styles* : cliquez droit sur le nom de style *Titre 1*, puis sur la commande *Mettre à jour Style 1 pour correspondre la sélection*.
- Remplacez ensuite le style *TitreA* par le style *Titre 1* : sous l'onglet **Accueil**>groupe **Modification**, cliquez sur le bouton **Remplacer**, le dialogue *Rechercher et remplacer* s'affiche, Cliquez sur [Plus>>] situé au bas du dialogue.
- Dans la zone <Rechercher> : effacez le contenu et cliquez sur [Format], puis sur la commande *Style...* et sélectionnez le style *TitreA*.
- Dans la zone <Remplacer par> : effacez le contenu et cliquez sur [Format], puis sur la commande *Style...* et sélectionnez le style *Titre 2*.
- Cliquez sur [Remplacer tout], un message indique le nombre de remplacements effectués, cliquez sur [OK], puis cliquez sur [Fermer] ou appuyez sur Echap.

13- REMPLACEZ LE STYLE TITREB PAR LE STYLE TITRE 2

- Commencer par uniformiser les deux styles : cliquez dans un paragraphe de style *TitreB*, puis sur dans le volet *Styles* : cliquez droit sur le nom de style *Titre 2*, puis sur la commande *Mettre à jour Style 2 pour correspondre la sélection*.
- Remplacez ensuite le style *TitreB* par le style automatique *Titre 2* : sélectionnez simultanément tous les paragraphes de style *TitreB* puis cliquez sur le nom de style *Titre2* dans le volet *Styles*.

14- DÉFINISSEZ UN NOUVEAU STYLE DE LISTE À PLUSIEURS NIVEAUX NUMÉROTÉS

- Définissez un nouveau style de liste à plusieurs niveaux numérotés que vous nommerez Num123. Ce style de liste utilisera le style *Titre 1* comme niveau 1 et le style *Titre 2* comme niveau 2, avec un retrait négatif de -1 cm par rapport à la marge des numéros, comme vous l'avez fait précédemment avec les styles *TitreA* et *TitreB*.
- Ensuite, vous pouvez supprimer les styles *TitreA* et *TitreB*. Supprimez aussi le jeu de styles rapides précédemment enregistré NumTitreABC : cliquez sur le bouton **Modifier les styles**, puis sur *Jeux de styles*, puis sur *Enregistrer en tant que jeu de styles rapides...* Cliquez droit sur le nom NumTitreABC puis sur *Supprimer*, confirmez en cliquant sur [Oui].
- Ensuite, vous enregistrerez les nouveaux styles en tant que jeu de styles rapides sous le nom NumTitre123.
- Vous pouvez appliquer maintenant une autre numérotation de la Bibliothèque de liste, ce qui fait perdre la mise en forme de votre style de liste. Restaurez le jeu de styles NumTitre123, puis cliquez sur un paragraphe de style *Titre 1*, et appliquez le style de liste *Num123*.

15- EFFECTUEZ LA COUPURE DES MOTS

Modifiez le style le style *Texte* pour justifier tous les paragraphes de texte. Des mots peuvent être trop espacés, vous pouvez couper automatiquement certains mots en fin de ligne.

- Placez le curseur au début de la section du rapport, puis sous l'onglet **Mise en page**>groupe **Mise en page** cliquez sur le bouton **Coupure de mots**, puis sur la commande *Automatique*, repérez des mots qui on été coupés automatiquement en fin de ligne.

Vous pouvez aussi contrôler la coupure des mots par Word, voyons cela :

- Annulez l'action précédente de coupure automatique.
- Placez le curseur au début de la section du rapport, puis sous l'onglet **Mise en page**>groupe **Mise en page** cliquez sur le bouton **Coupure de mots**, puis sur la commande *Manuel*.

CAS 2 : STYLES, TITRES NUMÉROTÉS ET RENVOIS

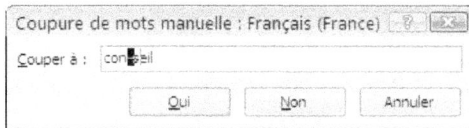

- Le premier mot candidat à coupure est `con-seil`, cliquez sur [Non] pour ne pas le couper.

- Le suivant est `Eta-blis-se-ments`, Word propose une coupure mot, mais vous préférez couper entre les deux `s`, cliquez à cet endroit, puis cliquez sur [Oui] pour couper.

- Le mot suivant à couper est `fonc-tion-ne-ment`, cliquez sur [Oui].
- Pour arrêter le processus de coupure des mots, cliquez sur [Annuler].

16-CRÉEZ UNE NOTE DE BAS DE PAGE

- Placez le curseur derrière le mot `Client` dans le premier paragraphe du texte, puis sous l'onglet **Références**>groupe **Notes de bas de page** cliquez sur le bouton **Insérer une note de bas de page**.

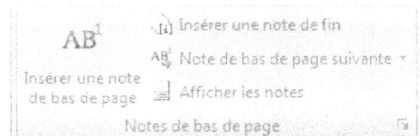

Le point d'insertion se place en bas de page sous un trait horizontal après le numéro de la note.

- Tapez le texte de la note : `Résidant en métropole exclusivement.`

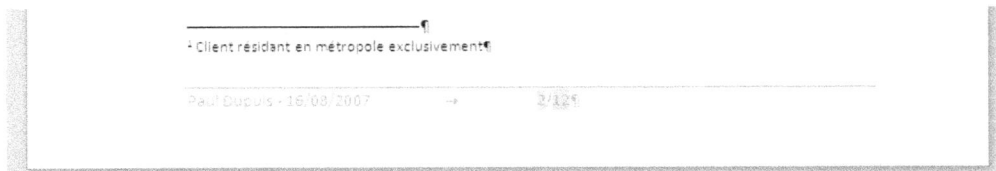

- Cliquez dans le corps du texte pour terminer, faites défiler le texte pour voir le mot `Client`, l'appel de note figure en indice à l'endroit de l'insertion dans le texte.
- Amenez le pointeur sur l'appel de note, une infobulle affiche le texte de la note. Double-cliquez sur l'appel de note, le point d'insertion se place dans le texte de la note en base de page.

17-CRÉEZ UN RENVOI

Vous allez créer sur la première page du rapport un renvoi vers un élément numéroté qui se trouve plus loin dans le document.

- Recherchez le texte `Réception et transmission d'ordres pour compte de tiers`, pour cela Ctrl+F, cliquez dans la zone <Rechercher> puis cliquez sur [Sans attributs] et saisissez `transmission d'ordres pour`, cliquez sur le bouton [Suivant], l'expression est trouvée, cliquez alors sur [Annuler] ou appuyez sur Echap.

■ Insérez un renvoi : cliquez après le texte de texte `Réception et transmission d'ordres pour compte de tiers`, saisissez `(voir page)`, cliquez juste après le mot `page` que vous venez de saisir, tapez un espace, puis sous l'onglet **Références**>groupe **Légendes** cliquez sur le bouton **Renvoi**, le dialogue Renvoi s'affiche.

■ Dans la zone <Catégorie> : conservez *Élément numéroté* proposé par défaut, dans la zone <Insérer un renvoi> : sélectionnez *Numéro de page*, dans la zone <Pour l'élément numéroté> : sélectionnez le titre *6.2 Caractéristique des ordres*.

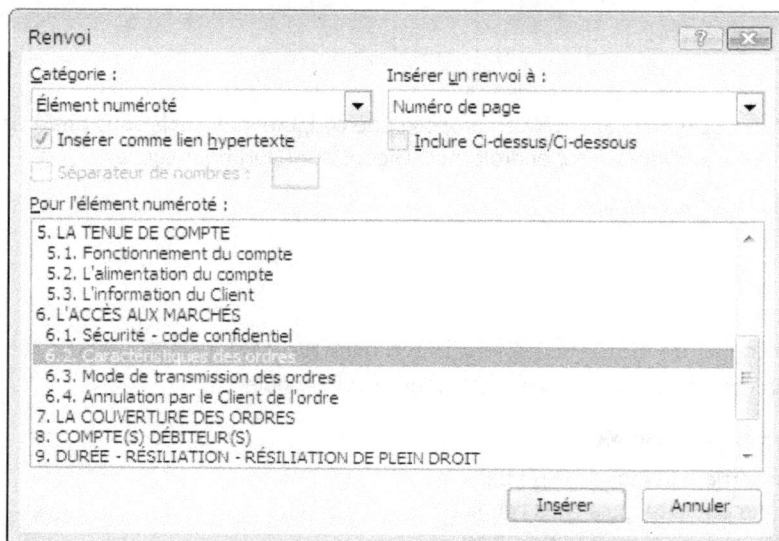

• Cliquez sur [Insérer], puis sur [Fermer] ou appuyez sur `Echap`.

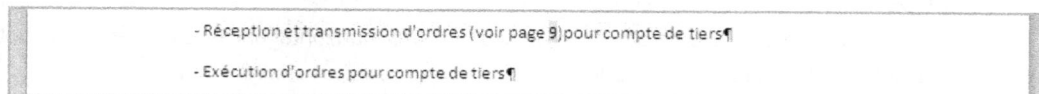

> - Réception et transmission d'ordres (voir page 9) pour compte de tiers¶
>
> - Exécution d'ordres pour compte de tiers¶

Le numéro de page est la valeur d'un champ, pour afficher le champ sélectionnez le numéro de page et appuyez sur ⇧+F9, appuyez à nouveau sur ⇧+F9 pour afficher le résultat du champ. Notez que le renvoi à un élément numéroté (ici un titre) est immédiat. De façon plus générale vous pouvez aussi créer des signets à différents endroits dans le document et renvoyer vers ces signets. Dans la zone <Catégorie> du dialogue *Renvoi*, vous choisissez alors *Signet* et ce sont les noms des signets qui sont listés dans la zone de sélection située au dessous (au lieu des éléments numérotés).

18-POUR TERMINER

• Enregistrez à nouveau le document.
• Faites un aperçu avant impression.
• Imprimez la première page du document contenant du texte.
• Fermez le document.

Charte ALTER COURTAGE

Entre le Client , le ou les titulaire(s) donneurs d'ordres, (ci-après dénommé "le Client").

D'une part

Et

La société *ALTER COURTAGE*, Banque prestataire de services d'investissements S.A. à conseil d'administration au capital de 51 034 075 euros, agréée par le Comité des Établissements de Crédit et des Entreprises d'investissements, dont le siège est 25, rue Marcel Sembat 92659 Boulogne Billancourt Cedex, inscrite au R.C.S. de Nanterre sous le numéro B 414 561 894 et représentée par son Président Directeur Général, (ci-après dénommée "l'intermédiaire" ou "*ALTER COURTAGE*").

D'autre part,

Il a été convenu ce qui suit :

1 - PRÉAMBULE

La présente Charte a pour objet de définir les règles régissant la convention relative au fonctionnement du compte titres conclue entre le Client et *ALTER COURTAGE*. Cette convention comprend : la présente Charte, la (les) demande(s) d'ouverture de compte(s), le barème des tarifs, les règles de couverture.

La Charte a été élaborée conformément aux dispositions législatives et réglementaires en vigueur, et notamment celles prévues par le Règlement Général du Conseil des Marchés Financiers (ci-après dénommé "le CMF") et la Décision Générale du CMF n°98-28 du 9 décembre 1998 relative aux clauses obligatoires devant figurer dans la convention de services et d'ouverture de compte entre un prestataire et son client. La présente Charte s'adresse à des ressortissants de l'Espace Économique Européen.

Il appartiens aux ressortissants des autres pays de s'assurer de la compatibilité de l'offre avec la réglementation de leur pays de rattachement.

2 - SERVICES OFFERTS - INSTRUMENTS TRAITÉS

2.1 - Services offerts

ALTER COURTAGE propose au Client les services suivants par l'intermédiaire de son site Internet :

- Réception et transmission d'ordres pour compte de tiers (voir page 99)
- Exécution d'ordres pour compte de tiers
- Placement pour compte de tiers
- La visualisation de leurs portefeuille
- L'accès à des contrats d'assurance vie
- L'accès à des informations financières sur les marchés

Et tous autres services financiers que *ALTER COURTAGE* pourrait être amenée à proposer.

L'intermédiaire permet d'accéder aux transactions hors séance dans les conditions prévues par les règles de marché de la Bourse de Paris et des autorités de marché. Complémentairement au site Internet, *ALTER COURTAGE* met à la disposition du

---

1 Résidant obligatoirement en métropole

Jean-Paul MARTIN, le 19/09/06   3/12

CAS 3 : VÉRIFIER, ANNOTER, SURLIGNER, TRADUIRE

Fonctions utilisées

– *Vérification de l'orthographe*
– *Vérification de la grammaire*
– *Recherche/Remplacement*

– *Recherche de synonymes*
– *Commentaire et surlignage*
– *Explorateur de documents*

15 mn

Vous allez travailler sur le fichier document texte que vous avez achevé dans le cas pratique N°2. Si vous n'avez pas réalisé complètement le cas précédent ouvrez le fichier `CasA3`, et enregistrez-le sous le nom `ChartéServices`. Fermez le document.

Vous allez vérifier l'orthographe du document et corriger les erreurs. Vous profiterez de la vérification pour remplacer certains mots par un synonyme et pour annoter le document. Vous remplacerez un mot par un autre dans tout le document, vous utiliserez le surlignage.

1-Ouvrez le document précédemment ouvert

Comme le document est probablement l'un des quatre derniers à avoir été utilisé, vous pouvez l'ouvrir de la façon suivante :

- Cliquez sur le **Bouton Office**, puis dans la partie droite du menu *Documents récents* cliquez sur le nom du fichier `ChartéServices`.

Le document comporte volontairement un certain nombre d'anomalies, que vous allez corriger.

2-Mettez en évidence les mots suspects et corrigez

Si l'option vérification automatique est activée, les mots suspects (mal orthographiés, inconnus au dictionnaire...) sont automatiquement soulignés d'un trait ondulé rouge.

- Activez la correction automatique dans les options Word : cliquez sur le **Bouton Office**, puis sur [Options Word], cliquez sur *Vérification* puis dans la partie droite du menu cochez la case <☑ Vérifier l'orthographe au cours de la frappe>, décochez les cases concernant la vérification de la grammaire dont nous verrons l'effet ultérieurement, cliquez sur [OK].

> Lors de la correction orthographique et grammaticale dans Word
>
> ☑ Vérifier l'orthographe au cours de la frappe
> ☑ Utiliser la vérification orthographique contextuelle (uniquement pour l'anglais, l'espagnol et l'allemand)
> ☐ Vérifier la grammaire au cours de la frappe
> ☐ Vérifier la grammaire et l'orthographe

- Cliquez sur [OK].
- Repérez le premier mot suspect `Etablissements`, cliquez droit sur le mot suspect, un menu contextuel apparaît : cliquez sur la suggestion qui vous convient pour ce mot *Établissements* (il convenait de mettre une majuscule accentuée).

> La société ALTER Investissement, Banque prestataire de services d'Investissement S.A. à conseil d'administration au capital de 51 034 075 euros, agréée par le Comité des Etablissements de Crédit et des Entreprises d'Investissement, dont le siège est 25, rue Marcel Sembat 92659 Boulogne Billancourt Cedex, inscrite au R.C.S. de Nanterre sous le numéro B 414 561 894 et représentée par son Président Directeur Général, (ci-après dénommée "l'Intermédiaire" ou "ALTER Investissement").¶

CAS 3 : VÉRIFIER, ANNOTER, SURLIGNER, TRADUIRE

- Traitez tous les mots suspects présents sur la première page du rapport.
- Si le mot suspect vous convient, par exemple c'est un nom propre comme `Marcel Sembat`. Vous pouvez cliquer sur *Ignorer tout* pour ne plus considérer ce mot comme suspect et donc supprimer le soulignement ondulé rouge sous toutes les occurrences de ce mot dans le document.
- Notez ensuite que le mot `fonc-tionnement` est repéré comme mot suspect parce qu'il contient un caractère de césure conditionnel, cliquez sur *Ignorer tout* dans le menu contextuel.
- Corrigez l'orthographe selon les suggestions sur la seconde page, le premier mot repéré est d'`assurence` vie qui contient une faute de frappe à rectifier avec la suggestion *assurance*.

3-VÉRIFIEZ AVEC L'ASSISTANT DE VÉRIFICATION

Cette autre méthode permet de passer en revue tous les mots suspects sans en oublier un seul (c'est un avantage) au travers d'un dialogue. Utilisez-la pour corriger la suite du document.

- Cliquez le point d'insertion au début du texte à vérifier (début de la page 4), puis sous l'onglet **Révision**>groupe **Vérification**, cliquez sur le bouton **Grammaire et orthographe** ou appuyez sur F7.

La vérification commence depuis l'endroit où est le point d'insertion vers la fin du document, au prochain mot suspect rencontré, le dialogue *Grammaire et orthographe* est affichée :

Vous avez les possibilités suivantes :

— Corrigez le mot dans la zone ❶ ou sélectionnez le mot dans la liste ❷, puis cliquez sur [Modifier], ou [Remplacer tout] si c'est une correction qui risque de se retrouver ailleurs.

— Cliquez sur [Ajouter au dictionnaire] pour ajouter au dictionnaire le mot suspect.

— Cliquez sur [Ignorer] pour ne pas corriger et ne plus considérer cette occurrence comme suspecte ou sur [Ignorer tout] pour ne plus considérer ce mot comme suspect dans tout le document.

- Corrigez ainsi tout le document en ajoutant les noms propres au dictionnaire.

Quand la vérification atteint la fin du document, Word vous demande si vous voulez la poursuivre au début du document : cliquez sur [Oui] pour continuer la recherche.

CAS 3 : VÉRIFIER, ANNOTER, SURLIGNER, TRADUIRE

La recherche se poursuit au début et quand la vérification a parcouru tout le document, un message vous informe que *La vérification de l'orthographe est terminée*.

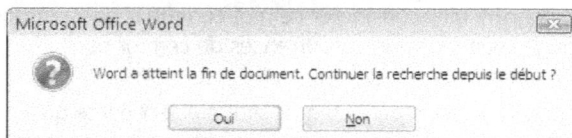

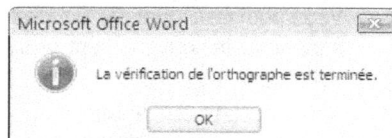

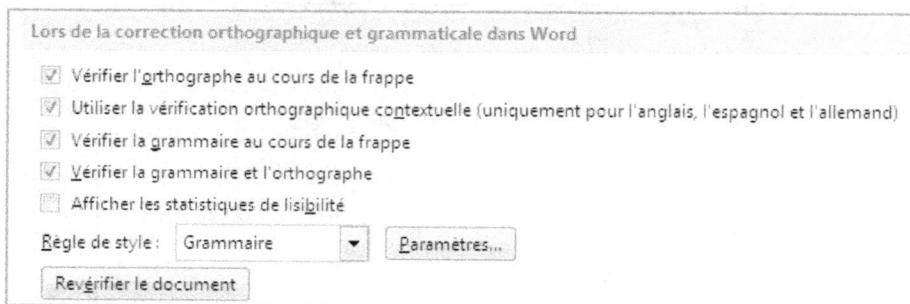

- Cliquez sur [OK] pour finir.
- Enregistrez le document.

Soyez conscient que la vérification orthographique n'est qu'une aide partielle, et ne dispense pas d'une relecture attentive. Elle peut laisser passer beaucoup d'erreurs, par exemple le dernier paragraphe du préambule commence par `Il appartiens` ..., le mot `appartiens` est dans le dictionnaire car `appartenir` conjugué à la deuxième personne du présent est `appartiens`, il s'agit ici d'une faute de conjugaison que la vérification orthographique de Word ne détecte pas.

4-METTEZ EN ÉVIDENCE LES ERREURS DE GRAMMAIRE

Activez les options de Word permettant de vérifier la grammaire :

- Cliquez sur le **Bouton Office**, puis sur [Options Word], puis sur *Vérification*, puis dans la partie droite du menu : cochez la case <☑ Vérifier la grammaire au cours de la frappe>.

Lors de la correction orthographique et grammaticale dans Word
- Vérifier l'orthographe au cours de la frappe
- Utiliser la vérification orthographique contextuelle (uniquement pour l'anglais, l'espagnol et l'allemand)
- Vérifier la grammaire au cours de la frappe
- Vérifier la grammaire et l'orthographe
- Afficher les statistiques de lisibilité

Règle de style : Grammaire ▾ | Paramètres...
Revérifier le document

- Cliquez sur [OK].

Avec cette option, les erreurs grammaticales apparaissent soulignées d'un trait ondulé vert. Faites défiler le document et repérez la première erreur grammaticale, page 2 : `Il appartiens.`

- Cliquez droit sur l'expression soulignée d'un trait ondulé vert, puis choisissez l'une des suggestions de correction. Corrigez ainsi les erreurs de grammaire jusqu'à la fin de la page 4.

5-VÉRIFIEZ LA GRAMMAIRE AVEC L'ASSISTANT DE VÉRIFICATION

Cette autre méthode permet de relever les erreurs de grammaire en même temps que les mots suspects au travers d'un dialogue. Utilisez cette méthode pour la suite du document.

- Cliquez au début du texte à vérifier (début de la page 5), puis sous l'onglet **Révision**>groupe **Vérification**, cliquez sur le bouton **Grammaire et orthographe** ou appuyez sur F7.

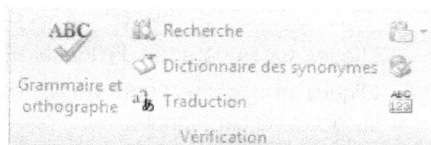

La vérification commence depuis l'endroit où est le point d'insertion vers la fin du document, et affiche le dialogue à la prochaine anomalie grammaticale (ou prochain mot suspect) rencontrée.

CAS 3 : VÉRIFIER, ANNOTER, SURLIGNER, TRADUIRE

- Sélectionnez la suggestion en ❷ et cliquez sur remplacer, ou corrigez directement dans la zone ❶, puis cliquez sur [Remplacer] pour rectifier ou, si vous voulez conserver la phrase en l'état et la présence du soulignement ondulé, cliquez sur [Phrase suivante].
- Poursuivez la vérification grammaticale sur tout le document.

6-UTILISEZ L'EXPLORATEUR DE DOCUMENTS

- Affichez l'Explorateur de documents : sous l'onglet **Affichage**>groupe **Afficher/Masquer**, cochez la case <☑ Explorateur de documents>.

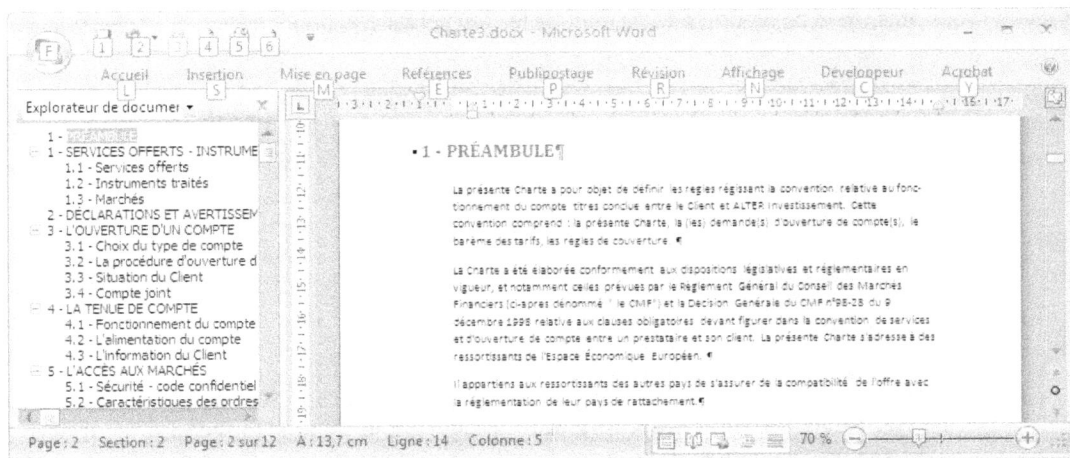

- Cliquez dans le volet Explorateur sur l'un des titres numérotés, ce titre s'affiche dans le haut de la fenêtre document, le point d'insertion est placé devant le premier caractère de ce titre. Faites des essais sur plusieurs titres.

7-RECHERCHEZ DES SYNONYMES

- Cliquez sur titre PRÉAMBULE dans l'Explorateur de documents.
- Dans la deuxième ligne du second paragraphe, cliquez sur le mot pour lequel vous cherchez un synonyme : *notamment*, puis [Ctrl]+[F7] ou sous l'onglet **Révision**>groupe **Vérification**, cliquez sur le bouton **Dictionnaire des synonymes**.

CAS 3 : VÉRIFIER, ANNOTER, SURLIGNER, TRADUIRE

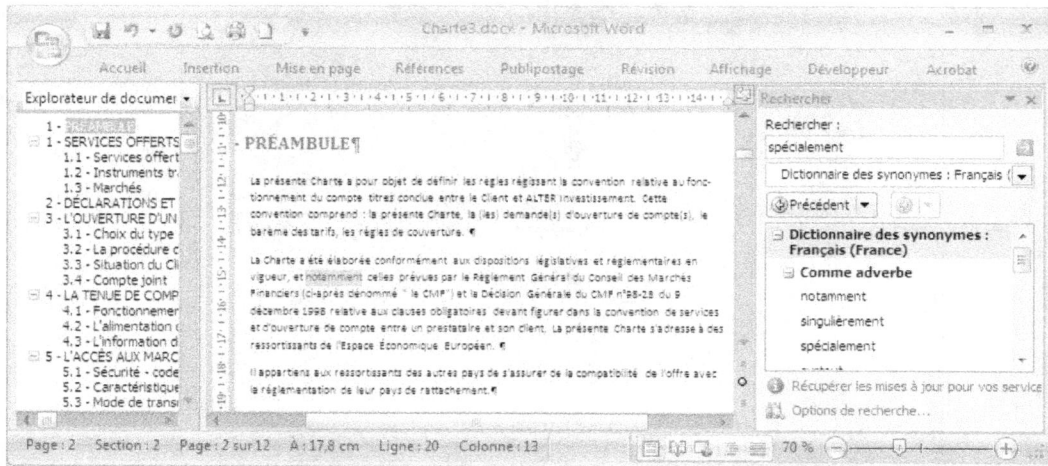

Le dictionnaire des synonymes s'affiche dans le volet *Rechercher* qui s'ouvre sur la droite de la fenêtre, avec la liste des synonymes du mot sur lequel se trouve le point d'insertion.

■ Cliquez droit sur le synonyme choisi puis sur la commande *Insérer* pour remplacer le mot dans le document par le synonyme choisi.

8-INSÉREZ DES COMMENTAIRES

En affichage *Page* un commentaire est affiché par défaut dans une bulle à droite du document. Mais vous pouvez n'afficher qu'une marque de commentaire dans le texte, dans ce cas lorsque vous amenez le pointeur sur cette marque le commentaire apparaît dans une infobulle.

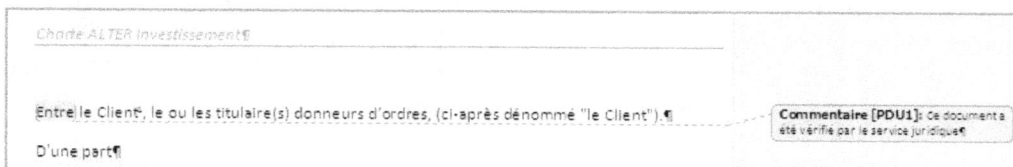

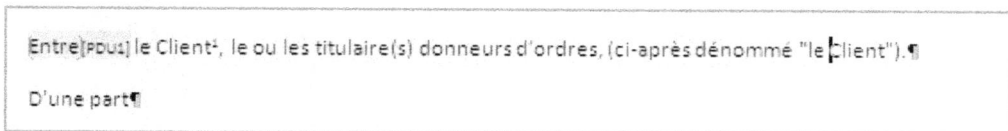

■ Insérez des notes de commentaires : placez le point d'insertion au début de la page 2, sous l'onglet **Révision**>groupe **Commentaire** cliquez sur le bouton **Nouveau commentaire** puis saisissez : Ce document a été vérifié par le service juridique.

■ Cliquez dans le paragraphe suivant après le montant 51 034 075 euros, insérez le commentaire : Montant du capital à faire confirmer.

■ Dans le deuxième paragraphe de l'article PRÉAMBULE, cliquez juste avant 1998, Insérez la note : Date à vérifier.

9-CHANGEZ LE MODE D'AFFICHAGE DES COMMENTAIRES

■ Sous l'onglet **Révision**>groupe **Suivi** cliquez sur le bouton **Bulles**, puis sur la commande *Afficher toutes les révisions dans le texte*, les commentaires apparaissent comme une marque dans le texte, dans l'exemple [PDU1] où PDU sont les initiales de l'auteur du commentaire et 1 est un numéro de séquence du commentaire.

CAS 3 : VÉRIFIER, ANNOTER, SURLIGNER, TRADUIRE

■ Amenez le pointeur sur la marque de commentaire [PDU1], une infobulle apparaît et affiche le texte du commentaire précédé du nom de l'auteur et de la date.

■ Sous l'onglet **Révision**>groupe **Suivi** cliquez sur le bouton **Bulles**, puis sur la commande *Afficher les révisions dans les bulles*, les commentaires apparaissent dans des infobulles dans un ruban à droite du document.

10-MASQUEZ OU NON LES COMMENTAIRES

Les commentaires peuvent être rendus invisibles :

■ Sous l'onglet **Révision**>groupe **Suivi** cliquez sur le bouton **Afficher les marques**, puis cliquez sur *Commentaires* pour désactivez/réactiver l'affichage des commentaires.

De façon plus générale de toutes les marques peut être rendues invisible :

■ Sous l'onglet **Révision**>groupe **Suivi** cliquez sur le bouton **Afficher pour la révision**, puis cliquez sur *Final* pour afficher le document tel qu'il serait si vous supprimiez toutes les marques de révision dont les commentaires.

■ Pour réafficher le document avec les marques de révision, procédez comme précédemment et choisissez *Final avec marques*.

11-SUPPRIMEZ UN COMMENTAIRE

■ Cliquez droit sur la marque ou la bulle de commentaire qui suit 51 034 075 euros, puis sur la commande contextuelle *Supprimer le commentaire*.

12-REMPLACEZ UN TERME PAR UN AUTRE

Vous allez remplacer dans tout le document le terme *ALTER Investissement* par *ALTER Courtage*.

■ Placez le point d'insertion au début du texte du rapport, puis appuyez sur [Ctrl]+F, ou sous l'onglet **Accueil**>groupe **Modification** cliquez sur le bouton **Remplacer**.

■ Dans le dialogue, cliquez sur l'onglet **Remplacer**, puis dans la zone <Rechercher> : tapez ALTER Investissement et dans la zone <Remplacer par> ALTER Courtage, cliquez sur [Remplacer], vérifiez le résultat puis, s'il vous convient, cliquez sur [Remplacer tout].

Après quelques instants, un message indique le nombre de remplacements effectués.

■ Cliquez sur [OK].

13-MODIFIEZ LA MISE EN FORME D'UN TERME PARTOUT DANS LE DOCUMENT

Vous voulez changer la mise en forme des *ALTER Courtage* dans tout le texte.

■ Appuyez sur [Ctrl]+F, ou sous l'onglet **Accueil**>groupe **Modification** cliquez sur le bouton **Rechercher**, dans le dialogue cliquez sur l'onglet **Remplacer** puis cliquez dans la zone <Rechercher> : sélectionnez le contenu, saisissez *ALTER Courtage*, sélectionnez à nouveau le contenu et copiez-le dans le Presse-papiers, puis cliquez dans la zone <Remplacer par> : collez le contenu du Presse-papiers, cliquez sur [Format] puis sur *Police…*, sélectionnez la police *Copperplate Gothic Bold* et cochez l'attribut <☑ Majuscules>, cliquez sur [OK], puis cliquez sur [Remplacer tout], puis sur [OK] puis sur [Fermer].

Toutes les occurrences d' ALTER Courtage sont formatées avec la police choisie.

Expérimentez une autre méthode, lorsque le terme est déjà formaté de façon spécifique.

- Cliquez droit sur une des occurrences, puis sur *Styles...*, puis sur *Sélectionner le texte ayant une mise en forme semblable*, puis appliquez une couleur des caractères *Rouge* du thème.
- Mettez de la même façon en vert toutes les occurrences du mot Client avec un C majuscule, en couleur du thème *Bleu Foncé* et en gras.

14-RECOMMENCEZ POUR UN AUTRE TERME

- Procédez comme ci-dessus pour remplacer toutes les occurrences sur mot `Client` avec un `C` majuscule (cochez <☑ Respectez la casse> et <☑ Mot entier>, en *Bleu Foncé* et en gras.
- Ensuite, cliquez droit sur une des occurrences de `Client`, puis sur *Styles...*, puis sur *Sélectionner le texte ayant une mise en forme semblable*, puis appliquez la police *Tahoma*.

15-SURLIGNEZ UNE PARTIE DU TEXTE

Le surlignage vous permet d'attirer l'attention du lecteur sur une partie importante de votre document. Vous allez surligner du texte, puis retirer le surlignage.

- Sous l'onglet **Accueil**>groupe **Police** cliquez sur la flèche du bouton **Couleur de surbrillance**, puis cliquez sur la couleur dans la palette, le pointeur se transforme en marqueur, sélectionnez la première phrase de la partie PRÉAMBULE, puis faites défiler le document vers l'avant et sélectionnez une autre portion du texte, vous pouvez donc surligner plusieurs portions disjointes du texte jusqu'à ce que vous tapez la touche ⌨Echap.

> - 1 - PRÉAMBULE¶
>
> La présente Charte a pour objet de définir les règles régissant la convention relative au fonctionnement du compte titres conclue entre le **Client** et ALTER COURTAGE. Cette convention comprend : la présente Charte, la (les) demande(s) d'ouverture de compte(s), le barème des tarifs, les règles de couverture. ¶
>
> La Charte a été élaborée conformément aux dispositions législatives et réglementaires en vigueur, et spécialement celles prévues par le Règlement Général du Conseil des Marchés Financiers (ci-après dénommé " le CMF") et la Décision Générale du CMF n°98-28 du 9 décembre 1998 relative aux clauses obligatoires devant figurer dans la convention de services et d'ouverture de compte entre un prestataire et son client. La présente Charte s'adresse à des ressortissants de l'Espace Économique Européen. ¶

- Supprimez ensuite tout ou partie d'un surlignage : procédez comme pour surligner, mais choisissez *Aucune couleur* dans la palette.

16-SURLIGNEZ TOUTES LES OCCURRENCES D'UNE EXPRESSION

- Appuyez sur ⌨Ctrl+F, ou sous l'onglet **Accueil**>groupe **Modification** cliquez sur le bouton **Rechercher**.
- Dans le dialogue cliquez sur l'onglet **Rechercher**, puis dans la zone <Rechercher> : tapez `ALTER Courtage`, cliquez sur [Lecture surlignage], puis sur la commande *Tout surligner*, puis sur [Fermer].

Pour enlever le surlignage spécifique que vous venez d'appliquer :

- Appuyez sur ⌨Ctrl+F, ou sous l'onglet **Accueil**>groupe **Modification** cliquez sur le bouton **Rechercher**, dans le dialogue cliquez sur [Lecture surlignage], puis sur la commande *supprimer le surlignage*, puis sur [Fermer].

CAS 3 : VÉRIFIER, ANNOTER, SURLIGNER, TRADUIRE

17-FAITES TRADUIRE QUELQUES PHRASES

Il est possible de traduire dans une autre langue une ou quelque phrases. Word fait alors appel au site de traduction Web *WorldLingo*. Vous devez donc être connecté à Internet. La qualité de la traduction est approximative, mais suffisante pour être compréhensible.

■ Sélectionnez un paragraphe dans le document, puis sous l'onglet **Révision**>groupe **Vérification** cliquez sur le bouton **Traduction**.

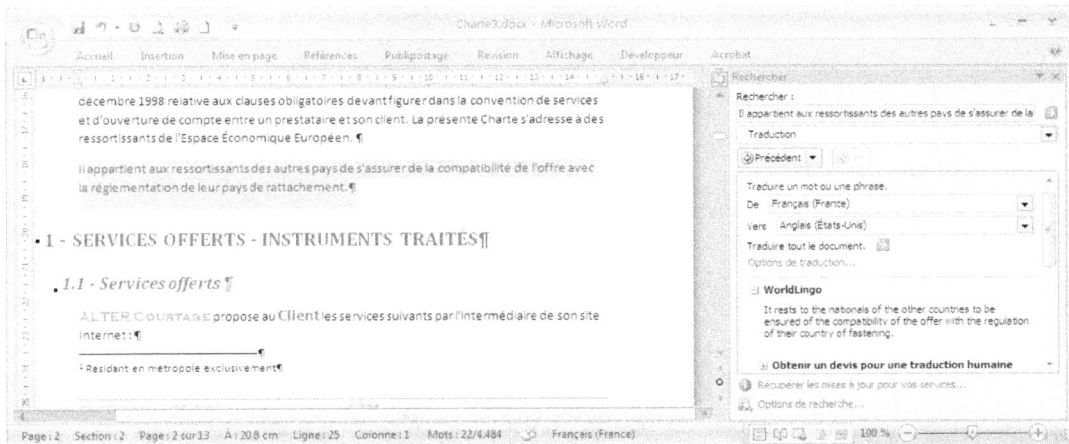

Le volet *Recherche* s'ouvre sur la droite de la fenêtre, le texte sélectionné est inscrit dans la zone <Rechercher>, dans la zone située au-dessous : *Traduction* est sélectionné, la phrase a été envoyée au site WorldLingo qui a renvoyé la traduction sous la rubrique *WordLingo*.

La langue d'origine par défaut est le français, la langue vers laquelle WordLingo effectue la traduction est par défaut l'anglais (États-Unis). Vous pouvez sélectionner d'autres langues.

Vous pouvez copier/coller le texte traduit en anglais obtenu dans le volet *Recherche* dans le document en cours ou dans un autre document et finaliser la traduction vous-même.

18-FAITES TRADUIRE TOUT LE DOCUMENT

■ Dans le volet *Recherche*, cliquez sur la pastille verte fléchée à droite de *Traduire tout le document*, une fenêtre Internet Explorer s'ouvre.

Une traduction automatique approximative est proposée dans la fenêtre Internet Explorer, et au tout début de la page un devis de traduction professionnelle est chiffré.

■ Copiez/collez la traduction automatique dans un nouveau document pour la finaliser vous-même.

19-AFFICHEZ UNE INFOBULLE DE TRADUCTION

■ Sous l'onglet **Révision**>groupe **Vérification** cliquez sur le bouton   **Info-bulle de traduction**, puis cliquez sur la langue de traduction, *Anglais (États-Unis)* par exemple.

■ Amenez ensuite le pointeur sur un mot quelconque, une infobulle affiche les traductions possibles des différents sens du mot, cette infobulle pourrait aussi vous aider à traduire en français un terme anglais d'un document écrit en anglais, en prenant l'anglais comme langue source de traduction.

■ Après avoir visualisé l'infobulle de traduction sur plusieurs mots, désactivez l'infobulle de traduction : cliquez sur le bouton   **Info-bulle de traduction**, puis cliquez sur *Désactiver l'info-bulle de traduction*.

■ Enregistrez let fermez le document.

CAS 4 : TABLEAUX ET GRAPHIQUES AVEC EXCEL

Charte·ALTER·COURTAGE¶

Entre·le·Client·,·le·ou·les·titulaire(s)·donneurs·d'ordres,·(ci-après·dénommé·"le·Client").¶

D'une·part¶

Et·¶

La·société·*ALTER·COURTAGE*,·Banque·prestataire·de·services·d'investissements·S.A.·à·conseil·d'administration·au·capital·de·51·034·075·euros,·agréée·par·le·Comité·des·Établissements·de·Crédit·et·des·Entreprises·d'investissements,·dont·le·siège·est·25,·rue·Marcel·Sembat·92659·Boulogne·Billancourt·Cedex,·inscrite·au·R.C.S.·de·Nanterre·sous·le·numéro·B·414·561·894·et·représentée·par·son·Président·Directeur·Général,·(ci-après·dénommée·"l'intermédiaire"·ou·"*ALTER·COURTAGE*").¶

¶	*2003*¶	*2004*¶	*2005*¶	*2006*¶
Comptes·titres¶	35784¶	39439¶	44329¶	49643¶
Comptes·PEA¶	24984¶	29982¶	14577¶	42188¶
Total¶	62771¶	71425¶	60911¶	93835¶

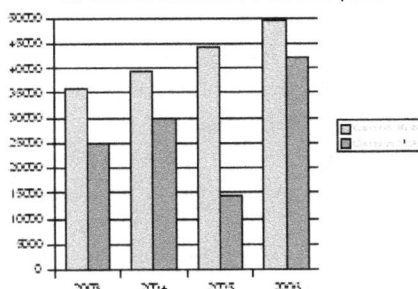

Evolution du nombre de comptes

¶

D'autre·part¶

Il·a·été·convenu·ce·qui·suit·:¶

1·-·PRÉAMBULE¶

La·présente·Charte·a·pour·objet·de·définir·les·règles·régissant·la·convention·relative·au·fonctionnement·du·compte·titres·conclue·entre·le·Client·et·*ALTER·COURTAGE*.·Cette·convention·comprend·:·la·présente·Charte,·la·(les)·demande(s)·d'ouverture·de·compte(s),·le·barème·des·tarifs,·les·règles·de·couverture.·¶

La·Charte·a·été·élaborée·conformément·aux·dispositions·législatives·et·réglementaires·en·vigueur,·et·notamment·celles·prévues·par·le·Règlement·Général·du·Conseil·des·Marchés·Financiers·(ci-après·dénommé·"·le·CMF")·et·la·Décision·Générale·du·CMF·n°98-28·du·9·décembre·1998·relative·aux·clauses·obligatoires·devant·figurer·dans·la·convention·de·services·et·d'ouverture·de·compte·entre·un·prestataire·et·son·client.·La·présente·Charte·s'adresse·à·des·ressortissants·de·l'Espace·Économique·Européen.·¶

---

1 Résidant·obligatoirement·en·métropole¶

Jean-Paul·MARTIN,·le·19/09/06   3/12¶

CAS 4 : TABLEAUX ET GRAPHIQUES AVEC EXCEL

Fonctions utilisées

– *Incorporer un classeur Excel*
– *Tableau lié à un classeur*
– *Incorporer un graphique Excel*

– *Graphique lié à un graphique Excel*
– *Créer un graphique*
– *Modifier un graphique*

15 mn

Vous allez travailler sur le fichier document texte que vous avez achevé dans le cas pratique N°3. Si vous n'avez pas réalisé complètement le cas précédent ouvrez le fichier `CasA4`, et enregistrez-le sous le nom `CharteServices`, puis fermez le document.

Pour illustrer le rapport, vous allez insérer un tableau et un graphique. Ouvrez le document :

■ Cliquez sur le **Bouton Office**, puis dans la partie droite du menu *Documents récents* cliquez sur le nom du fichier `CharteServices`.

1-INCORPOREZ UN OBJET EXCEL DANS LE DOCUMENT

Nous allons incorporer les données du fichier `C:\Exercices Word 2007\Evolution.xlsx`.

■ Passez en affichage *Final* de façon à ne pas voir les commentaires créés dans le cas précédent, passez en affichage *Largeur de page*, affichez la première page contenant du texte (la page 2), insérez un paragraphe vide au-dessus du paragraphe qui débute par `D'autre part…`, puis placez le point d'insertion dans ce paragraphe (pour faciliter l'insertion d'un paragraphe vide, rendez visibles les marques de paragraphe).

■ Tapez *évolution du nombre de comptes* ↵ qui insère un paragraphe vide au-dessous.

■ Lancez Excel et ouvrez le fichier `Evolution.xlsx` (les commandes pour ouvrir un fichier sont les mêmes que sous Word).

■ Dans le classeur Excel, cliquez sur l'onglet de feuille *Répartition2*, sélectionnez la plage de cellules A3 :E6, et copiez-les dans le *Presse-papiers*.

■ Basculez vers la fenêtre du document Word *CharteServices*, cliquez dans le paragraphe vide sous le titre `Évolution du nombre des comptes`, sous l'onglet **Accueil**>groupe **Presse-papiers** cliquez sur la flèche du bouton **Coller**, puis sur *Collage spécial…*, dans le dialogue sélectionnez *Feuille de calcul Microsoft Excel*, cliquez sur [OK].

Évolution du nombre des comptes¶

	2004	2005	2006	2007
Comptes Titres	35.784	42.941	51.529	60.345
Comptes PEA	24.984	29.981	35.977	59.709
Total	60.768	72.922	87.506	105.007

D'autre part,¶

Un objet Excel est incorporé dans le document dans le paragraphe à l'endroit du point d'insertion. Toutes les données du classeur Excel sont incorporées dans le document Word, bien que seules les cellules copiées soient visibles.

■ Modifiez les données du tableau : double-cliquez sur l'objet Excel, l'objet Excel se transforme en une fenêtre affichant la feuille de calcul, et dans Ruban les commandes Excel ont remplacé les commandes Word.

CAS 4 : TABLEAUX ET GRAPHIQUES AVEC EXCEL

- Vous pouvez changer de feuille : cliquez sur l'onglet de feuille *Répartition1*, puis sur celui de *Répartition2*, faites défiler verticalement la feuille de calcul jusqu'à voir une partie du graphique, puis cliquez en dehors de l'objet, pour revenir à Word et au commandes de Word dans le Ruban.

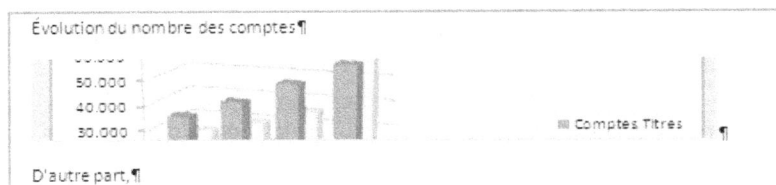

C'est la partie de la feuille Excel que vous avez affichée en dernier lieu dans la fenêtre qui reste visible dans l'objet Excel incorporé dans le document Word.

- Cliquez sur l'objet Excel, puis appuyez sur ⌜Suppr⌝ pour le supprimer.
- Vous allez utiliser une autre méthode pour incorporer des données Excel.
- Sous l'onglet **Insertion**>groupe **Texte** cliquez sur le bouton **Objet**. Dans le dialogue cliquez sur l'onglet **Créer à partir d'un fichier**, puis cliquez sur [Parcourir] et sélectionnez le dossier C:\Exercices Word 2007 puis le fichier Evolution.xlsx, cliquez sur [Insérer].

- Un objet Excel incorporé est inséré, double-cliquez sur l'objet, une fenêtre Excel s'ouvre dans l'objet, cliquez sur l'onglet de feuille *Répartition2*, faites défiler la feuille jusqu'au graphique, puis cliquez en dehors de l'objet Excel.
- Double-cliquez à nouveau sur la feuille, cliquez sur l'onglet de feuille *Répartition2* et faites défiler la feuille de façon à voir complètement la plage de cellules A3:E6, puis cliquez en dehors de l'objet Excel.
- Vous pouvez afficher dans l'objet une plus ou moins grande partie de la feuille de calcul, par exemple pour ne pas afficher la ligne des totaux : double-cliquez sur l'objet, puis faite glisser vers le haut d'une ligne la poignée de redimensionnement du milieu du bord inférieur, ensuite cliquez en dehors de l'objet.

CAS 4 : TABLEAUX ET GRAPHIQUES AVEC EXCEL

2-INSÉREZ UN TABLEAU WORD À PARTIR DES DONNÉES D'UNE FEUILLE EXCEL

- Comme précédemment, ouvrez le classeur `Excel.xlsx`, copiez la plage de cellules A3:E6 de la feuille *Répartition2*, basculez dans le document Word, cliquez dans le paragraphe sous le titre, cliquez sur le bouton **Coller**.

Évolution du nombre des clients¶

¤	2004¤	2005¤	2006¤	2007¤
Comptes Titres¤	35.784¢	42.941¢	51.529¢	61.835¢
Comptes PEA¤	24.984¢	29.981¢	35.977¢	43.172¢
Total¤	60.768¢	72.922¢	87.506¢	105.007¢

¶

Le tableau obtenu est un tableau Word et pas un objet Excel, seules les données copiées sont collées dans le document Word. La mise en forme des cellules de la feuille de calcul a été reprise dans le tableau Word. Vous pouvez dans ce cas modifier les données dans Word.

Les données Excel sont encore dans le Presse-papiers, cliquez sous le tableau Word, puis cliquez sur la flèche du bouton **Coller**, puis sur *Collage spécial...*, dans le dialogue vous voyez les formats disponible, le format utilisé lorsque vous cliquez sur le bouton **Coller** est le format *Texte mis en forme (RTF)*. Cliquez en dehors du menu pour le faire disparaître.

- Supprimez le tableau : cliquez dans le tableau, puis sous l'onglet **Disposition**>groupe **Lignes et colonnes** cliquez sur le bouton **Supprimer**, puis sur la commande *Supprimer le tableau*.

3-INSÉREZ UNE IMAGE D'UN TABLEAU EXCEL

- Les données Excel sont encore dans le Presse-papiers, cliquez sous le tableau Word, puis cliquez sur la flèche du bouton **Coller**, puis sur *Collage spécial...*, sélectionnez un des formats *Image*, cliquez sur [OK].

Évolution du nombre des comptes¶

	2004	2005	2006	2007
Comptes Titres	125 244	150 293	180 351	211 208
Comptes PEA	87 444	104 933	125 919	208 978
Total	212 688	255 226	306 271	420 186

D'autre part.¶

- L'objet inséré est une image des cellules de la feuille de calcul, les données pas modifiables.
- Supprimez l'image : cliquez sur l'image puis appuyez sur `Suppr`.

4-INSÉREZ UNE IMAGE DE TABLEAU LIÉE À UNE SOURCE DE DONNÉES EXCEL

Les données que vous avez incorporées sous forme d'objet Excel, de tableau au format Word, ou d'image ne sont pas liées au fichier source `Excel.xlsx` : elles ne sont pas actualisées lorsque les données sources sont modifiées, sauf à recommencer l'opération de copier/coller. Les données qui ont été collées sont indépendantes des données source.

Vous pouvez coller avec liaison les données provenant du fichier Excel, afin qu'elles soient actualisées si le fichier source est modifié, sans refaire l'opération de copier/coller. Dans ce cas, le document Word ne stocke que l'emplacement du fichier source et affiche une représentation des données liées. Les données sont stockées dans le classeur Excel.

- Sélectionnez les cellules dans la feuille Excel, copiez le tableau dans le Presse-papiers, basculez vers la fenêtre du document Word *CharteServices*, cliquez dans le paragraphe vide sous le titre Évolution du nombre des comptes, sous l'onglet **Accueil**>groupe **Presse-papiers** cliquez sur la flèche du bouton **Coller**, puis sur *Collage spécial...*

CAS 4 : TABLEAUX ET GRAPHIQUES AVEC EXCEL

- Dans le dialogue, activez l'option <⊙ Coller avec liaison> puis sélectionnez le format *Image*, cliquez sur [OK].

Vous avez inséré une image liée aux données sélectionnées dans le classeur Excel. Un objet lié ne peut pas être un objet incorporé, les données sont stockées dans le fichier source. La modification des données ne peut se faire que dans fichier source, ensuite le lien est mis à jour.

- Double-cliquez sur l'image, la fenêtre Excel s'ouvre et affiche les données source, modifiez les données puis fermez le fichier Excel. L'image a été actualisée dans le document Word.

5-Insérez un tableau Word lié à une source de données Excel

- Cliquez dans le paragraphe sous l'image du tableau inséré précédemment.
- Basculez vers la fenêtre Excel, ouvrez le fichier Excel, copiez/collez comme précédemment, en activent l'option <⊙ Coller avec liaison> et en sélectionnant le format *Texte mis en forme (RTF)* ou *Format HTML*, fermez le fichier Excel.
- Le tableau est collé sous la forme d'un tableau Word. Modifiez des données directement dans le tableau Word.
- Modifiez ensuite les données source : cliquez droit dans le tableau, puis sur *Objet Worksheet lié*, puis sur *Edition*, la fenêtre Excel s'ouvre et affiche les données source, modifiez les données puis fermez le fichier Excel.

Les données ont été actualisées dans le tableau Word, et vous observerez que les modifications que vous aviez faites directement dans le tableau Word sont perdues.

- Cliquez sur l'image du tableau situé au-dessus, appuyez sur F9, l'image est actualisé.

6-Gérez les liens vers les fichiers source

- Cliquez sur le **Bouton Office**, puis sur Préparer, puis sur *Modifier les liens d'accès aux fichiers*.

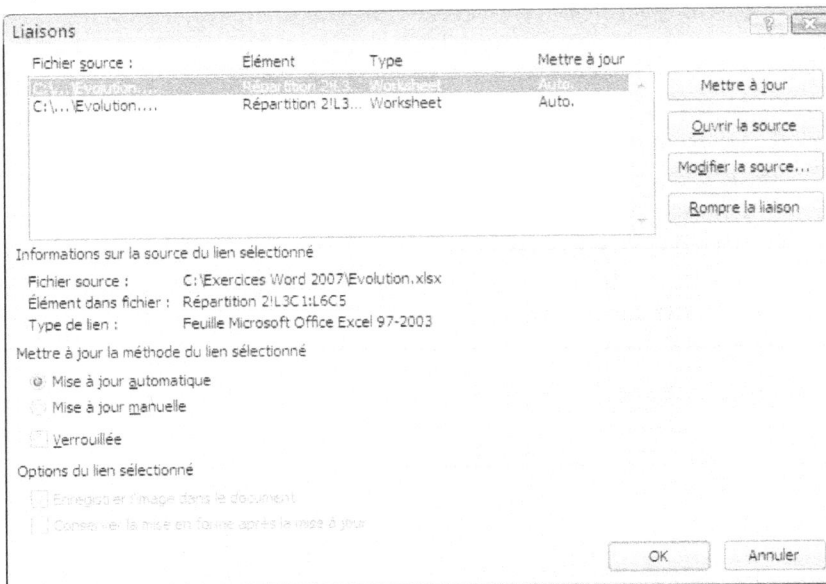

Le dialogue *Liaisons* affiche la liste des liens vers des fichiers sources, permet de les mettre à jour pour actualiser les données, de définir la méthode de mise à jour des liens ou de rompre le lien.

- Définissez une mise à jour manuelle : sélectionnez les liens, puis activez l'option <⊙ Mise à jour manuelle>, cliquez sur [OK].

CAS 4 : TABLEAUX ET GRAPHIQUES AVEC EXCEL

- Ouvrez la fenêtre Excel et modifiez la première valeur de la colonne 2007 en `60 000`, basculez vers la fenêtre Word *CharteServices*, cette valeur modifiée n'a pas encore été actualisée dans le document Word, mais vous pouvez mettre à jour les liens de la façon suivante : cliquez sur le premier tableau puis appuyez sur [F9], cliquez sur le second tableau puis appuyez sur [F9], cliquez sur le premier tableau puis appuyez sur [F9].
- Redéfinissez la mise à jour automatique : sélectionnez les liens, puis activez l'option <⊙ Mise à jour automatique>, cliquez sur [OK].
- Vérifiez cette mise à jour automatique : ouvrez la fenêtre. Basculez vers la fenêtre `Evolution.xlsx` et modifiez la première valeur de la colonne 2007 en `62 345`, basculez vers la fenêtre Word *CharteServices*, constatez que les tableaux Word ont été actualisés.

7-PARAMÉTREZ LA MISE À JOUR DES LIENS À L'OUVERTURE DU FICHIER WORD

- Modifiez les options de mise à jour des liens à l'ouverture : cliquez sur le **Bouton Office**, puis sur [Options Word], puis sur *Options avancées*, dans la partie droite du menu sous la rubrique *Général* cochez la case <☑ Mise à jour des liaisons à l'ouverture>, cliquez sur [OK].
- Fermez le fichier `CharteServices`, basculez vers la fenêtre Excel, modifiez les deux premières valeurs de la colonne 2007, enregistrez le fichier Excel, basculez vers la fenêtre Word, ouvrez le fichier `Charteservices`, un message vous demande si vous voulez mettre à jour les liens.

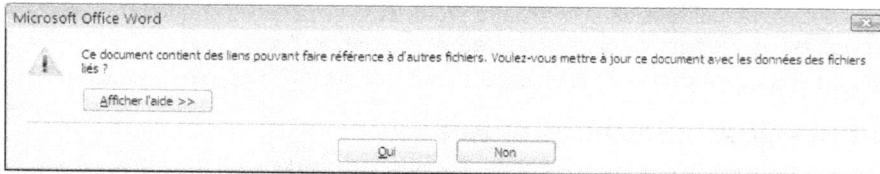

- Cliquez sur [Oui] pour mettre à jour tous les liens du document.

8-INSÉREZ UN GRAPHIQUE AVEC LIAISON VERS LE FICHIER SOURCE EXCEL

Vous allez insérer un graphique qui existe déjà dans le classeur `Evolution.xlsx`. Vous pouvez le copier/coller dans le document Word.

- Supprimez l'image du tableau Excel et conservez le tableau Word lié au fichier Excel.
- Ouvrez le fichier Excel `Evolution.xlsx`, cliquez sur le graphique dans la feuille *Répartition2*, copiez l'objet graphique dans le Presse-papiers.
- Basculez vers la fenêtre Word *CharteServices*, cliquez dans le second paragraphe vide sous le tableau Excel, cliquez sur le bouton **Coller**.

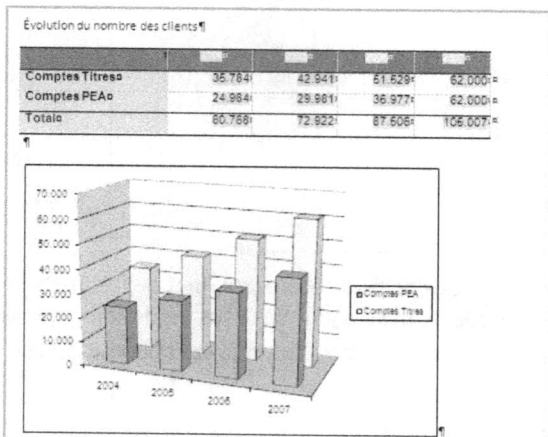

CAS 4 : TABLEAUX ET GRAPHIQUES AVEC EXCEL

■ Fermez le fichier Excel, puis cliquez sur le graphique, sous l'onglet **Création**>groupe **Données** cliquez sur le bouton **Modifier les données**.

Une fenêtre Excel s'ouvre et affiche le classeur source `Evolutionxlsx`. Modifiez les données source, puis fermez le classeur Excel, le graphique est actualisé dans le document Word.

L'objet obtenu est une image du graphique Excel liée aux données source du fichier Excel, le coller simple d'un graphique Excel établit un lien vers le fichier source.

9-INSÉREZ LE GRAPHIQUE EN TANT QU'OBJET EXCEL INCORPORÉ

Vous voulez maintenant que le graphique soit incorporé avec toutes les données du classeur Excel dans le document Word, et non plus lié au fichier source.

■ Ouvrez le fichier Excel `Evolution.xlsx`, cliquez sur le graphique dans la feuille *Répartition2*, copiez l'objet graphique dans le Presse-papiers.

■ Basculez vers la fenêtre Word *CharteServices*, cliquez dans le paragraphe vide sous le graphique inséré précédemment, cliquez sur la flèche du bouton **Coller**, puis sur *Collage spécial...*, dans le dialogue double-cliquez sur *Graphique Microsoft Office Excel objet* (sans activer l'option de liaison).

Le graphique a été inséré en tant qu'objet Excel incorporé, toutes les données du classeur source ont été copiées dans l'objet dans le document Word. Fermez le classeur `Evolution.xlsx`.

■ Double-cliquez sur l'objet graphique Excel, dans l'objet s'ouvre une fenêtre Excel qui affiche le classeur et dans le Ruban les commandes Excel ont remplacé les commandes Word.

■ Balayez avec le pointeur la zone située sous le graphique, vous faites apparaitre les onglets des feuilles de calcul du classeur incorporé.

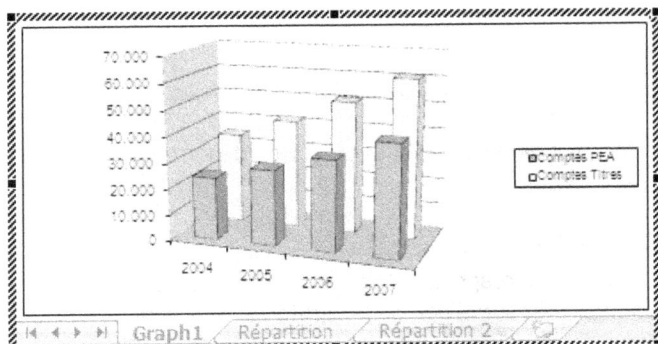

L'objet inséré est un objet incorporé Excel, qui contient toutes les données sur classeur Excel, plus un onglet *Graph1* qui a été créé et qui contient le graphique affiché dans l'objet.

■ Cliquez sur la feuille *Répartition2*, modifiez la première cellule de l'année 2007 en `65000`, puis cliquez sur la feuille *Graph1*, le graphique est actualisé, cliquez en dehors de l'objet.

■ Vous pouvez ouvrir le fichier `Evolution.xlsx` pour vérifier qu'il n'a pas été modifié, les données de l'objet Excel incorporé sont indépendantes de celles du fichier `Evolution.xlsx`. Fermez le fichier `Evolution.xlsx`.

10-MODIFIEZ LA REPRÉSENTATION GRAPHIQUE

Vous avez vu précédemment comment modifier les données d'un graphique inséré dans un document Word à partir d'un classeur Excel.

Vous allez maintenant modifier la représentation graphique elle-même : le type de graphique, les couleurs, le titre, les axes, la légende..., vous utilisez les boutons des onglets contextuels **Outils de graphiques** : **Création**, **Disposition**, **Mise en forme** qui s'affichent sur le Ruban lorsque vous avez double-cliqué sur le diagramme.

- Supprimez le graphique avec liaison vers le fichier `Evolution.xlsx`.
- Explorez les possibilités de modification : double-cliquez sur l'objet graphique Excel incorporé, puis effectuez les exemples suivants de modification du graphique :
- Modifiez le type de graphique : sous l'onglet **Création**>groupe **Type** cliquez sur le bouton **Modifier le type de graphique**, sélectionnez une vignette, cliquez sur [OK].
- Ajouter un titre : sous l'onglet **disposition**>groupe **Étiquettes** cliquez sur le bouton **Titre du graphique**, cliquez sur *Au-dessus du graphique*, saisissez le texte du titre `Nombre de comptes`, terminez par ↵.
- Modifiez les couleurs des formes graphiques représentant les séries de données : cliquez sur une forme, puis sous l'onglet **Mise en forme**>groupe **Styles de forme** cliquez sur le bouton **Remplissage de forme**, et sélectionnez une couleur.

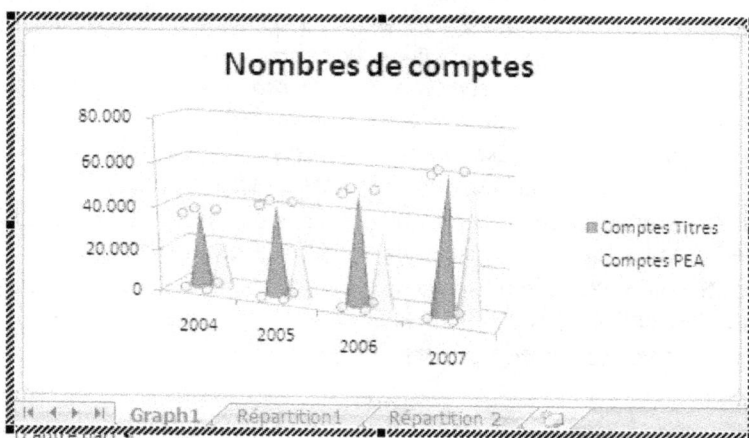

- Lorsque vous avez achevé la représentation graphique, cliquez en dehors de l'objet graphique.
- Supprimez cet objet graphique.

11-Créez un graphique sous Word

- Cliquez dans un paragraphe vide sous le graphique incorporé Excel précédent, puis sous l'onglet **Insertion**>groupe **Illustration** cliquez sur le bouton **Graphique**, sélectionnez un type de graphique, cliquez sur [OK].

Un graphique est immédiatement inséré dans le document, une fenêtre Excel s'affiche côte à côte avec la fenêtre Word et affiche des données exemple qu'il vous reste à modifier. Notez que les données Excel sont enregistrées dans l'objet Excel incorporé au document Word et non pas dans un fichier séparé.

- Saisissez les données dans la fenêtre Excel, et voyez le graphique s'actualiser automatiquement. Formatez les nombres. La plage des données représentée est délimitée en bleu, pour redimensionner la plage des données faites glisser le coin inférieur droit.

	A	B	C	D	E
1		2004	2005	2006	2007
2	Comptes PEA	35.000	42.000	51.000	60.000
3	Compte Titres	24.000	29.000	35.000	58.000
4	Catégorie 3	3,5	1,8	3	
5	Catégorie 4	4,5	2,8	5	
6					

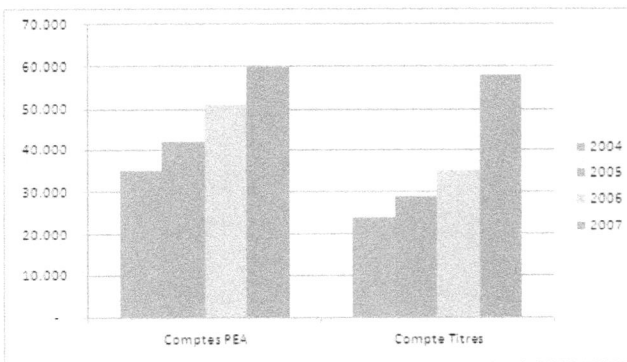

- Fermez la fenêtre Excel.
- Pour modifiez les données représentées, double-cliquez sur le graphique, puis dans le Ruban sous l'onglet **Création**>groupe **Données** cliquez sur le bouton **Modifier les données**, la fenêtre Excel s'ouvre et affiche les données pour modification, lorsque vous avez fini la modification des données cliquez en dehors de l'objet graphique.
- Pour modifier la représentation graphique : double-cliquez sur l'objet graphique et procédez comme précédemment, lorsque vous avez terminé cliquez en dehors de l'objet graphique.
- Supprimez le graphique que vous venez de créer.

12-POUR TERMINER

- Supprimez les objets graphiques Excel incorporé pour ne laisser que le graphique lié.
- Supprimez les paragraphes vides au-dessus du tableau et du graphique.
- Supprimez les paragraphes vides au-dessous du tableau et du graphique.
- Fermez le document Word en l'enregistrant.
- Basculez vers le classeur Excel et arrêtez l'application Excel.

CAS 5 : TABLE DES MATIÈRES ET INDEX

Charte ALTER COURTAGE

Index lexical

Nos engagements

CLARTÉ DES RÈGLES DE FONCTIONNEMENT

CAS 5 : TABLE DES MATIÈRES ET INDEX

Fonctions utilisées

– *Actualiser les liens*

– *Mise à jour de la table des matières*

– *Mise en forme de la table des matières*

– *Création de la table des matières*

– *Création d'un index*

20 mn

Vous allez finaliser le rapport sur lequel vous avez travaillé dans le cas pratique N°4. Si vous n'avez pas achevé le cas précédent, ouvrez le fichier `CasA5`, enregistrez-le sous le nom `CharteServices`, et fermez le document.

Vous allez créer une table des matières et un index. La table des matières viendra se placer entre la page de couverture et le rapport, et l'index sera situé en fin de rapport.

1-OUVREZ LE DOCUMENT RÉCEMMENT OUVERT

■ Ouvrez le document : cliquez sur le **Bouton Office**, puis dans la partie droite du menu *Documents récents* cliquez sur le nom du fichier `CharteServices`.
Un message vous demande si vous voulez mettre à jour les liens.

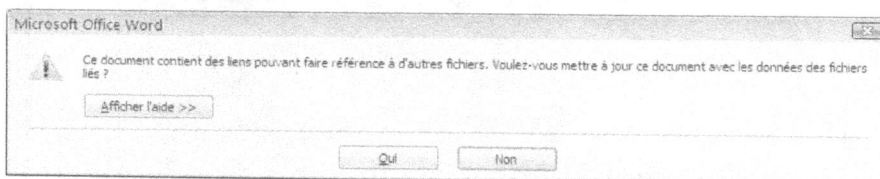

■ Cliquez sur [Oui] pour mettre à jour tous les liens du document.

2-CRÉEZ LA TABLE DES MATIÈRES

■ Placez le point d'insertion devant le premier paragraphe de la deuxième page.

■ Insérez un saut de page : appuyez sur `Ctrl` + `↵` ou sous l'onglet **Mise en page**>groupe **Mise en page** cliquez sur le bouton **Saut de pages** puis sur *Page*.
Une marque *Saut de page* est insérée.

■ Pour voir cette marque *Saut de page*, rendez visible les caractères spéciaux : cliquez sur le bouton ¶ sous l'onglet **Accueil**>groupe **Paragraphe**.

■ Pour faciliter la visibilité de l'endroit ou vous saisissez passez en affichage *Brouillon*.

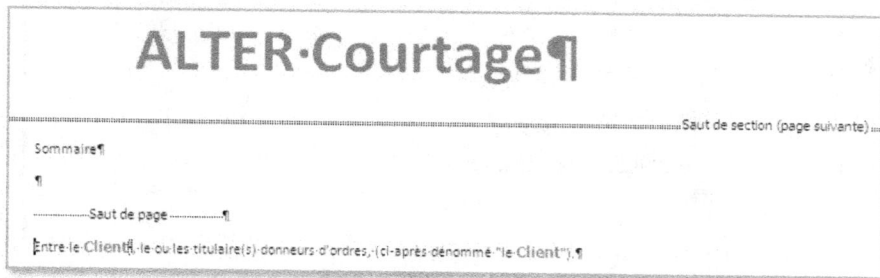

■ Cliquez sur la marque *Saut de page*, puis saisissez `Règles de fonctionnement↵`.
Le texte saisi s'insère devant la marque *Saut de page*.

■ Centrez et mettez en taille `24` le paragraphe `Règles de fonctionnement`, appliquez à ce paragraphe un espace après de `0,5` cm.

CAS 5 : TABLE DES MATIÈRES ET INDEX

■ Cliquez sur la marque *Saut de page*, puis sous l'onglet **Références**>groupe **Table des matières** cliquez sur le bouton **Table des matières**, puis sur *Insérer une table des matières...*

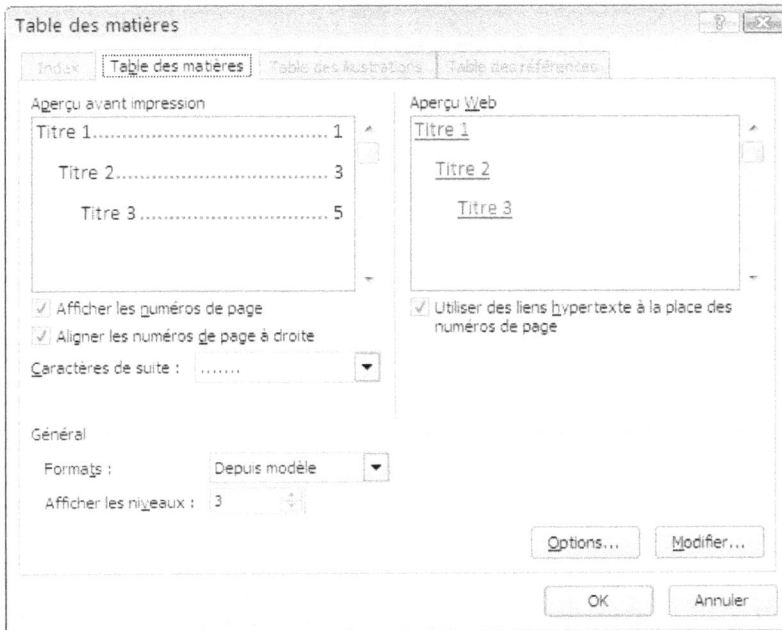

Ce dialogue permet de définir les paramètres de la table de matière, afficher ou non les numéros de page, les aligner ou non à droite, définir des points de suite, définir quels niveaux de titre doivent être traités... Le bouton [Options...] sert à indiquer quels sont les styles de titre, dans notre cas ce sont les styles par défaut *Titre 1*, *Titre 2*, il n'y a donc pas à les redéfinir.

■ Conservez les paramètres par défaut, cliquez sur [OK] pour générer la table des matières
La table des matières est générée. Chaque ligne de cette table est un lien hypertexte.

■ Maintenez appuyée la touche Ctrl et cliquez sur un des titres de la table, le point d'insertion se place dans le document devant le titre, revenez au sommaire par F5 puis tapez 2 ↵.

■ Affichez l'aperçu avant impression et réduisez l'échelle à 40 % pour voir trois pages à la fois.

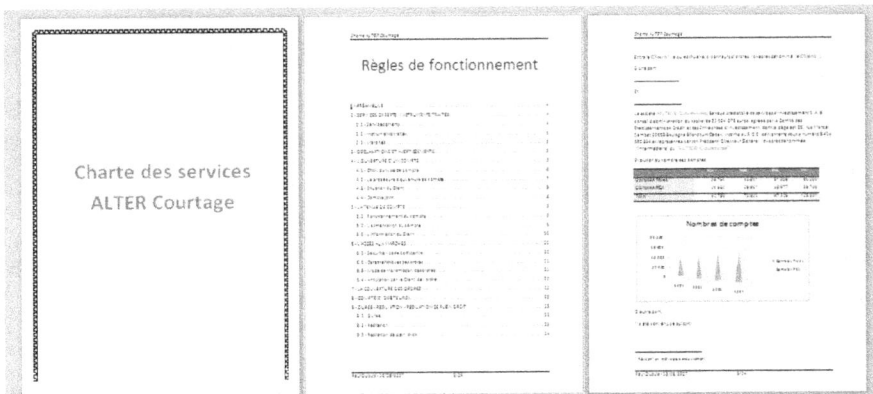

3-METTEZ EN FORME LA TABLE DES MATIÈRES

La table est automatiquement mise en forme à l'aide des styles *TM 1, TM 2* pour les différents niveaux de titre. Pour, changer la mise en forme de la table des matières, il faut modifier ces styles. Vous allez aérer et en changer la taille des caractères la table des matières.

- Redéfinissez le style *TM 1* :
  dans le volet *Styles*, cliquez droit sur le nom de style *TM 1*, puis sur *Modifier...*

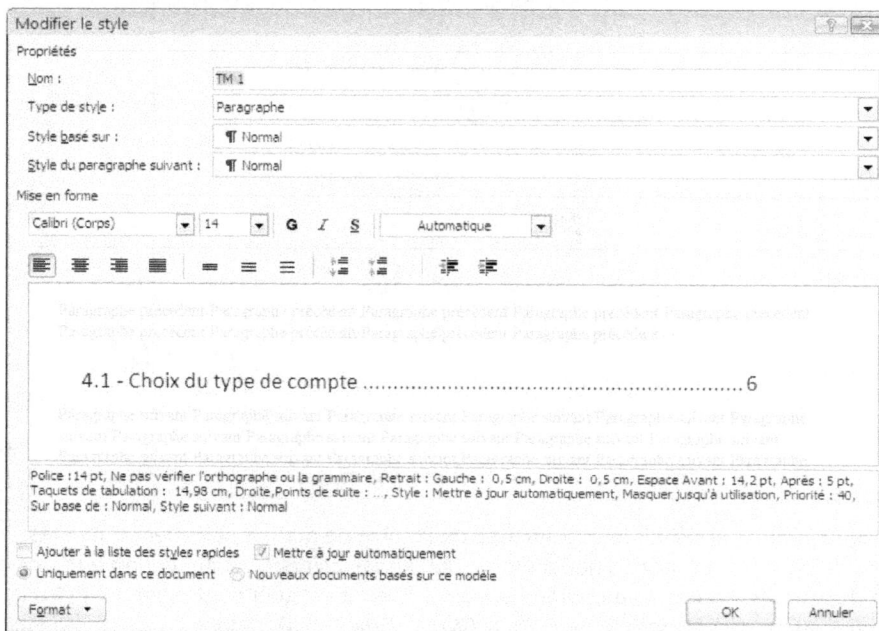

- Dans le dialogue : cliquez sur [Format] puis sur *Paragraphe*..., spécifiez l'espacement avant le paragraphe : 8pt, l'espace : 6pt, le retrait gauche : 0,5 cm, le retrait droit : 0,5 cm, cliquez sur [OK], puis cliquez sur [Format] puis sur *Police*..., spécifiez la taille : 14, cliquez sur [OK], validez en cliquant sur [OK].

- Redéfinissez le style *TM 2* :
  Sélectionnez en entier un paragraphe de style *TM 2*, formatez le paragraphe avec un espace avant : 4pt, espace après : 2pt, un retrait gauche : 1,25 *cm* et un retrait droit : 0,5 cm, le style est automatiquement mis à jour.
  Pourquoi ? Cliquez droit sur le nom du style *TM 2* dans le volet *Styles* et constatez dans le dialogue *Modifier le style* que l'option <☑ mettre à jour automatiquement> est cochée par défaut, décochez maintenant cette option, cliquez sur [OK].

- Redéfinissez à nouveau le style *TM 2* :
  Sélectionnez en entier un paragraphe de style *TM 2*, formatez la police avec une taille : 12, le style n'est plus automatiquement mis à jour. Pour le mettre à jour, cliquez droit sur le nom du style dans le volet *Styles*, puis sur *Mettre à jour TM 2 pour correspondre à la sélection*.

4-MODIFIEZ LES PARAMÈTRES DE LA TABLE DES MATIÈRES

- Cliquez droit dans la table des matières, cliquez sur *Table des matières...* puis sur *Insérer une table des matières...*, les paramètres de la table sélectionnée sont affichés, vous pouvez les modifier par exemple : décochez l'option <☑ Utiliser des liens hypertexte>, puis cliquez sur [OK] et confirmez que vous voulez remplacer la table des matières.

CAS 5 : TABLE DES MATIÈRES ET INDEX

Notez que lorsque vous changez les paramètres de la table des matières, vous régénérez une table des matières à la place de la précédente, et si vous choisissez un format différent dans la zone <Formats>, les styles *TM 1* et *TM 2* seront vraisemblablement modifiés pour prendre la mise en forme attachée au format choisi de table des matières.

5-METTEZ À JOUR LA TABLE DES MATIÈRES

S vous avez modifié, ajouté ou supprimés des titres dans le rapport, il faut mettre à jour la table des matières.

- Modifiez par exemple le titre numéroté : 2 - SERVICES OFFERTS – INSTRUMENTS TRAITÉS, modifiez le en 2 - SERVICES OFFERTS ET INSTRUMENTS TRAITÉS.
- Cliquez dans la table des matières puis appuyez sur F9, ou cliquez droit dans la table puis sur *Mettre à jour les champs* puis activez l'option <⊙ Mettre à jour toute la table>, cliquez [OK].

Il est possible d'empêcher la mise à jour : la table des matières est un champ, or il est possible de verrouiller les champs de façon à empêcher leur mise à jour.

- Cliquez dans la table des matières, puis appuyez sur Ctrl + F11.
- Appuyez sur F9, la mise jour ne s'effectue plus.
- Cliquez dans la table des matières, puis appuyez sur Ctrl + ⇧ + F11.
- Appuyez sur F9, la mise jour s'effectue à nouveau.

Il n'est pas possible d'empêcher de faire des modifications manuelles du texte dans la table des matières, mais sachez que toute modification de texte ne sera que temporaire, car à la prochaine mise à jour de la table elles seront perdues.

6-INSÉREZ DES ENTRÉES D'INDEX

Les entrées d'index sont les termes que vous voulez voir figurer dans l'index. Pour construire un index, il faut insérer des entrées d'index dans les pages du document, puis la construction automatique de l'index, rassemble toutes les entrées d'index en indiquant le numéro de la page sur laquelle sur laquelle elles se trouvent.

- Cliquez dans le texte pour insérer l'entrée d'index, par exemple page 5 sous le sous-titre *2-3 Marchés*, cliquez après `Bourse de Paris`, puis sous l'onglet **Référence**>groupe **Index** cliquez sur le bouton **Entrée**, le dialogue *Marquer les entrées d'index* s'affiche.
- Dans le dialogue, dans la zone <Entrée> : saisissez `Bourse`, dans la zone <Sous-entrée> : saisissez `de Paris`, cliquez sur [Marquer].

Un champ entrée d'index est visible dans le texte :

> ·La·Bourse·de·Paris·{·XE·"Bourse·de·Paris"·}··premier·marché,·second·(marché,·marché·libre¶

L'affichage des caractères spéciaux est automatiquement activé, le champ est { *XE "Bourse :de Paris"* } inscrit en caractère masqués (qui apparaissent soulignés d'un pointillé lorsqu'ils sont affichés).

Le dialogue *Marquer les entrées d'index* reste affiché.

- Cliquez dans le paragraphe suivant, après `New-York Stock Exchange`, puis cliquez dans la zone <Entrée> : saisissez `Bourse`, puis cliquez dans la zone <Sous-entrée> : saisissez `de New-York`, cliquez sur [Marquer].
- Faites défiler le document puis insérez les autres entrées dans le document.

CAS 5 : TABLE DES MATIÈRES ET INDEX

- Page 7 : après `Titres PEA`, **<Entrée>** : `Compte`, **<Sous-entrée>** : `titres PEA`.
- Page 7 : après `Titres`, **<Entrée>** : `Compte`, **<Sous-entrée>** : `titres`.
- Page 7 : après `ouverture` dans le titre `4.2 - la procédure d'ouverture de compte`, **<Entrée>** : `Compte`, **<Sous-entrée>** : `ouverture`.
- Page 11 : après `transmission`, **<Entrée>** : `Ordre`, **<Sous-entrée>** : `de transmission`.
- Page 12 : après `annulation`, **<Entrée>** : `Ordre`, **<Sous-entrée>** : `d'annulation`.
- Page 8 : après `Procuration`, **<Entrée>** : `Client`, **<Sous-entrée>** : `procuration`.
- Page 8 : après `décès`, **<Entrée>** : `Client`, **<Sous-entrée>** : `décès`.
- Page 9 : après `OSRD`, **<Entrée>** : `Ordre`, pas de **<Sous-entrée>**.
- Page 10 : après `Sécurité`, **<Entrée>** : `Compte`, **<Sous-entrée>** : `sécurité`.
- Page 13 : après `Durée` **<Entrée>** : `Convention`, **<Sous-entrée>** : `durée`.
- Page 14 : après `résiliation`, **<Entrée>** : `Convention`, **<Sous-entrée>** : `résiliation`.

- ■ Terminez en cliquant sur [Annuler] pour fermer le dialogue *marquer les entrées d'index*

Observez dans la barre d'état que le point d'insertion est en page 14, masquez les caractères non imprimables (ce qui masque les champs entrée d'index qui sont en caractères masqués), constatez que la page en cours est devenue Page 13. Attention donc, l'affichage des caractères non imprimables peut modifier la pagination à l'écran.

7-CRÉEZ L'INDEX EN FIN DE DOCUMENT

- ■ Placez le point d'insertion tout à la fin du document par `Ctrl`+`Fin`.
- ■ Insérez un saut de page par `Ctrl`+`⏎` puis saisissez `Index`⏎.
- ■ Sous l'onglet **Référence**>groupe **Index** cliquez sur le bouton **Insérer l'index**, dans le dialogue *Index* : cochez la case <☑ Aligner les numéros de page à droite>, cliquez sur [OK].

```
Charte ALTER Courtage¶

Index¶
Bourse¶                              titres...................→......7¶
    de New-York............→.......5¶   titres PEA.............→.......7¶
    de Paris..............→.......5¶  Convention¶
Client¶                                  durée................→.....13¶
    décès.................→.......8¶      résiliation.........→.....13¶
    procuration...........→.......8¶  Ordre¶
Compte¶                                  d'annulation........→.....12¶
    ouverture.............→.......7¶      de transmission.....→.....11¶
    sécurité..............→......10¶  OSRD....................→.......9¶
¶
```

L'index a été généré avec une mise en page de deux colonnes (paramètre par défaut). Une marque de section a été insérée avant l'index et une autre après l'index de façon à définir une mise en page sur deux colonnes uniquement entre ces deux marques de section, spécifique à l'index.

- ■ Passez en affichage *Brouillon* pour voir ces marques. Puis, repassez en affichage *Page*.
- ■ Mettez le paragraphe `Index` en taille `26`, gras et centré, avec espace après de `1,5 cm`.

CAS 5 : TABLE DES MATIÈRES ET INDEX

8-METTEZ EN FORME L'INDEX

L'index est automatiquement mise en forme à l'aide des styles *Index 1, Index 2* pour les différents niveaux d'entrée d'index. Pour, changer la mise en forme de l'index, il faut modifier ces styles.

- Redéfinissez le style *Index 1* :
  Dans le volet *Styles*, cliquez droit sur le nom de style Index 1, puis sur *Modifier...*
  Dans le dialogue : cliquez sur [Format] puis sur *Police...*, spécifiez une taille de 11 et des caractères en petites majuscules, cliquez sur [OK], validez en cliquant sur [OK].

- Redéfinissez le style *Index 2* :
  Sélectionnez en entier un paragraphe de style *Index 2*, formatez les caractères en taille 10, style est automatiquement mis à jour.

- Mettez une ligne verticale séparatrice entre les colonnes : cliquez dans l'index, sous l'onglet **Mise en page**>groupe **Mise en page** cliquez sur le bouton **Colonnes**, puis sur *Autres colonnes....*,
  Dans le dialogue : cochez la case <☑ Ligne séparatrice>, cliquez sur [OK].

9-MODIFIEZ LE CODE DE CHAMP

- Cliquez dans l'index, puis appuyez sur ⇧+F9 pour afficher le code de champ.

```
{ INDEX \e " → " \c "2" \z "1036" }¶
```

Vous pouvez modifier les commutateurs de l'index dans le code de champ, \c"2" signifie 2 colonnes, \z "1036" définit l'identificateur de langage, \e "→" spécifie le caractère entre l'entrée et le numéro de page (ici tabulation)... Pour connaître les commutateurs utilisables :

- Sous l'onglet **Insertion**>groupe **Texte** cliquez sur le bouton **QuickPart**, puis sur *Champ...* dans la zone <Catégorie> : sélectionnez *Tables et index*, dans la zone <Nom de champ> : sélectionnez *Index*, cliquez sur [Codes de champ] puis sur [Options], dans le dialogue *Options pour le champ* : sélectionnez un paramètre pour lire son descriptif, lorsque vous avez fini appuyez sur Echap.

- Vous allez ajouter une lettre entre les groupes d'index : insérez dans le code de champ le commutateur \h "A.

```
{ INDEX \e " → " \c "2" \z "1036" \h "A"}¶
```

- Actualisez l'index en appuyant sur F9, le résultat du champ s'affiche.

- Modifiez le style *Titre index* qui est le style de la lettre devant chaque groupe d'index : sélectionnez un paragraphe de style *Titre index*, sous l'onglet **Accueil**>groupe **Paragraphe** cliquez sur la flèche du bouton **Bordures**, puis sur *Aucune bordure*, cliquez à nouveau sur la flèche du bouton **Bordures** puis sur *Bordure inférieure*, puis définissez une taille de police de 14, enfin cliquez droit sur le nom du style *Titre index* dans le volet *Styles* puis sur la commande *Mettre à jour Titre index pour correspondre à la sélection*.

10-Modifiez des entrées d'index

■ Rendez les entrées d'index visibles en affichant les caractères masqués, la méthode simple consiste à cliquez sur le bouton **Afficher tout (Ctrl+8)** sous l'onglet **Accueil**>groupe **Paragraphe**.

Vous allez remplacer les entrées `Compte` par `Comptes`.

■ Recherchez les entrée d'index *Comptes*, appuyez sur Ctrl +F pour afficher le dialogue *Rechercher et remplacer*, sous l'onglet **Rechercher** dans la zone <Rechercher> : saisissez `XE "Compte`, la première occurrence étant trouvée cliquez sur l'onglet *Remplacer*, dans la zone <Remplacer par> : saisissez `XE "Comptes`, puis cliquez sur [Remplacer], vérifiez que le remplacement s'est bien effectué, puis cliquez sur [Remplacer tout].

■ Ensuite, cliquez droit dans l'index, puis sur la commande contextuelle *Mettre à jour les champs*.

11-Pour terminer

■ Enregistrez le document.
■ Imprimez la table des matières et l'index.
■ Fermez le document.

Titre¤	Nom¤	Société¤	Adre		
Madame¤	Pierrette FREUD¤	Aérospatiale¤	3, rue P.		
Monsieur¤	Léon MARTIN¤	Apple Computer¤	25, Bd du Maine¤	75014¤	Paris¤

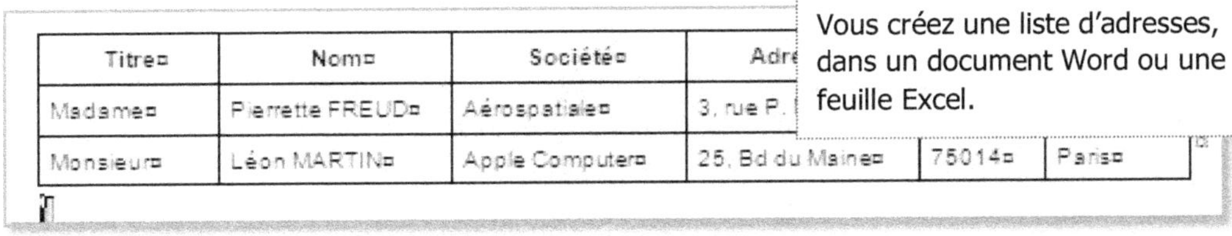

Vous créez une liste d'adresses, dans un document Word ou une feuille Excel.

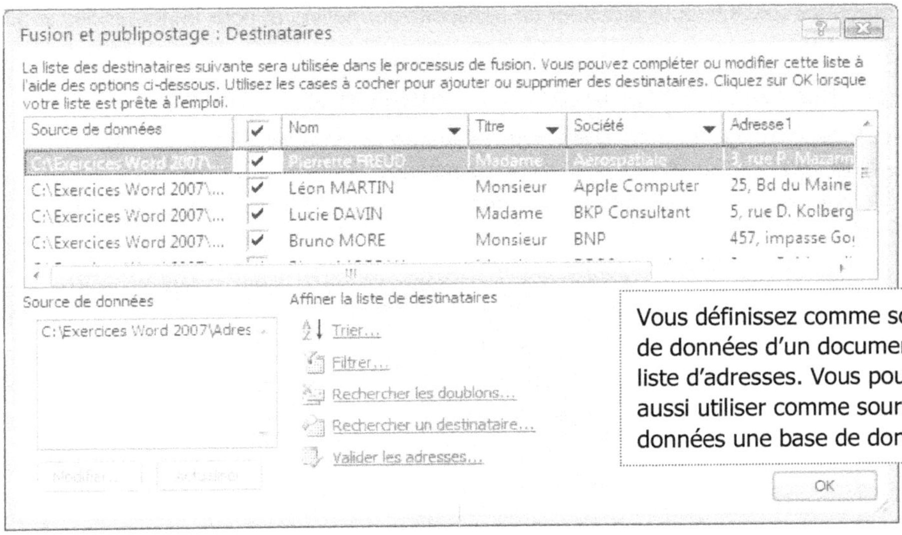

Fusion et publipostage : Destinataires

La liste des destinataires suivante sera utilisée dans le processus de fusion. Vous pouvez compléter ou modifier cette liste à l'aide des options ci-dessous. Utilisez les cases à cocher pour ajouter ou supprimer des destinataires. Cliquez sur OK lorsque votre liste est prête à l'emploi.

Source de données	✔	Nom ▼	Titre ▼	Société ▼	Adresse 1
C:\Exercices Word 2007\...	✔	Pierrette FREUD	Madame	Aérospatiale	3, rue P. Mazarin
C:\Exercices Word 2007\...	✔	Léon MARTIN	Monsieur	Apple Computer	25, Bd du Maine
C:\Exercices Word 2007\...	✔	Lucie DAVIN	Madame	BKP Consultant	5, rue D. Kolberg
C:\Exercices Word 2007\...	✔	Bruno MORE	Monsieur	BNP	457, impasse Go

Source de données
C:\Exercices Word 2007\Adres

Affiner la liste de destinataires
- Trier...
- Filtrer...
- Rechercher les doublons...
- Rechercher un destinataire...
- Valider les adresses...

OK

Vous définissez comme source de données d'un document, la liste d'adresses. Vous pouvez aussi utiliser comme source de données une base de données.

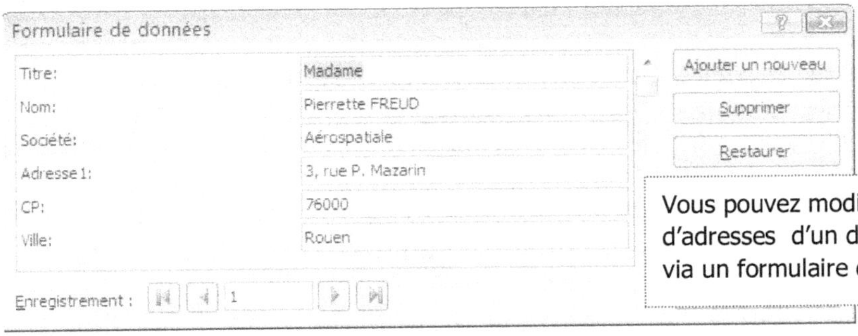

Formulaire de données

Titre:	Madame
Nom:	Pierrette FREUD
Société:	Aérospatiale
Adresse1:	3, rue P. Mazarin
CP:	76000
Ville:	Rouen

Ajouter un nouveau
Supprimer
Restaurer

Enregistrement : 1

Vous pouvez modifier les lignes d'adresses d'un document Word via un formulaire de données.

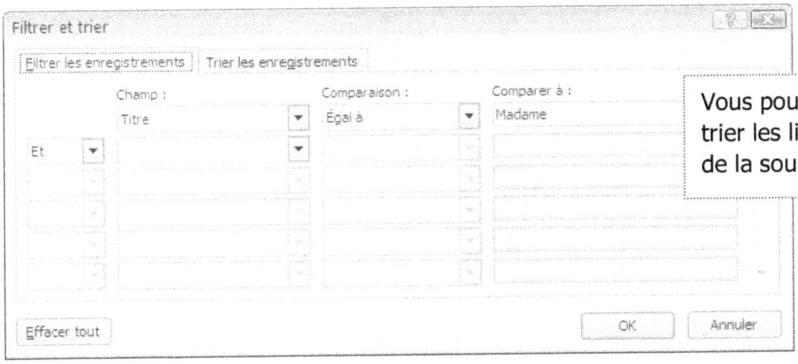

Filtrer et trier

Filtrer les enregistrements | Trier les enregistrements

	Champ :	Comparaison :	Comparer à :
	Titre	Égal à	Madame
Et			

Effacer tout — OK — Annuler

Vous pouvez filtrer et trier les lignes d'adresses de la source de données

CAS 6 : CRÉER ET GÉRER DES LISTES D'ADRESSES

Fonctions utilisées

– *Liste d'adresses au format Access* – *Liste d'adresses au format Excel*
– *Liste d'adresses au format Word* – *Trier et filtrer une liste d'adresses*

10 mn

Vous allez créer une liste d'adresses sous différents formats. Cette liste de d'adresses servira dans les cas pratiques suivants pour effectuer un publipostage/mailing et pour imprimer des étiquettes avec Word.

1-CRÉEZ ET GÉRER UNE LISTE D'ADRESSES AU FORMAT OFFICE ACCESS

- Onglet **Publipostage**>groupe **Démarrer la fusion et le publipostage**, cliquez sur le bouton **Sélection des destinataires**, puis sur la commande *Entrer une nouvelle liste...*
- Le dialogue *Créer une liste d'adresses* s'affiche : cliquez sur [Personnaliser colonnes].

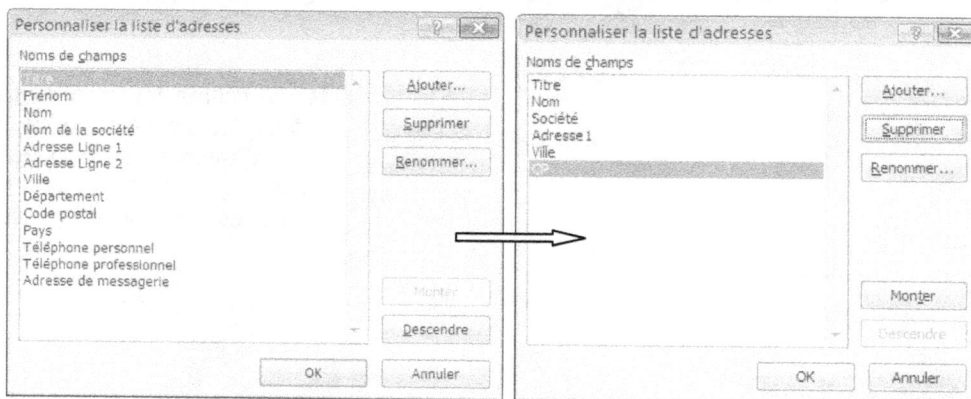

- Supprimez et renommez les champs pour obtenir la liste de la figure précédente.
  supprimez le champ Prénom : cliquez sur *Prénom*, puis cliquez sur [Supprimer], puis renommez un champ : cliquez sur *Nom de la société* et sur [Renommer...] puis saisissez le nouveau nom Société, cliquez sur [OK].
- Lorsque vous avez obtenu la liste de nom de champs que vous souhaitez, cliquez sur [OK].
- Saisissez les données en utilisant la touche ⇥ pour passer d'un champ au suivant, pour ajouter un nouvel enregistrement, cliquez sur [Nouvelle entrée].
  Madame⇥Pierrette FREUD⇥Aérospatiale⇥3,rue P.Mazarin⇥Rouen⇥76000
  Monsieur⇥Léon MARTIN⇥Apple Computer⇥25,Bd du Maine⇥PARIS⇥75014

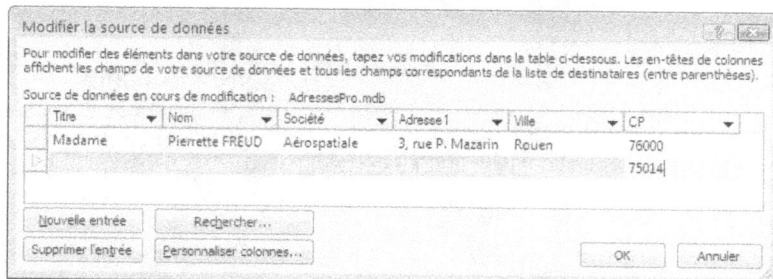

- Lorsque vous avez terminé la saisie des enregistrements, cliquez sur [OK].

CAS 6 : CRÉER ET GÉRER DES LISTES D'ADRESSES

Le dialogue Enregistrer une liste d'adresses s'affiche.

■ Sélectionnez le dossier C:\Exercices Word 2007, puis dans la zone <Nom de fichier> : saisissez le nom du fichier AdressePro, et dans la zone <Type de fichier> : sélectionnez *Listes d'adresses Microsoft Office (*.mdb)*, puis cliquez sur [Enregistrer].

Vous pouvez utiliser cette liste d'adresse comme source de données pour un publipostage. Commencez par lier la source de données au document :

■ Créez un nouveau document, puis sous l'onglet **Publipostage**>groupe **Démarrer la fusion et le publipostage** cliquez sur le bouton **Sélection des destinataires**, puis sur la commande *Utiliser la liste existante...*

Dans le dialogue : sélectionnez le dossier C:\Exercices Word 2007, puis cliquez sur [Toutes les sources de données] et sélectionnez *Documents Word (*.docx,*.doc,*.docm)*, puis double cliquez sur AdressesPro.mdb.

Vous pouvez afficher la liste d'adresse, la trier, la filtrer...

■ Onglet **Publipostage**>groupe **Démarrer la fusion et le publipostage**, cliquez sur le bouton **Modifier la liste des destinataires**.

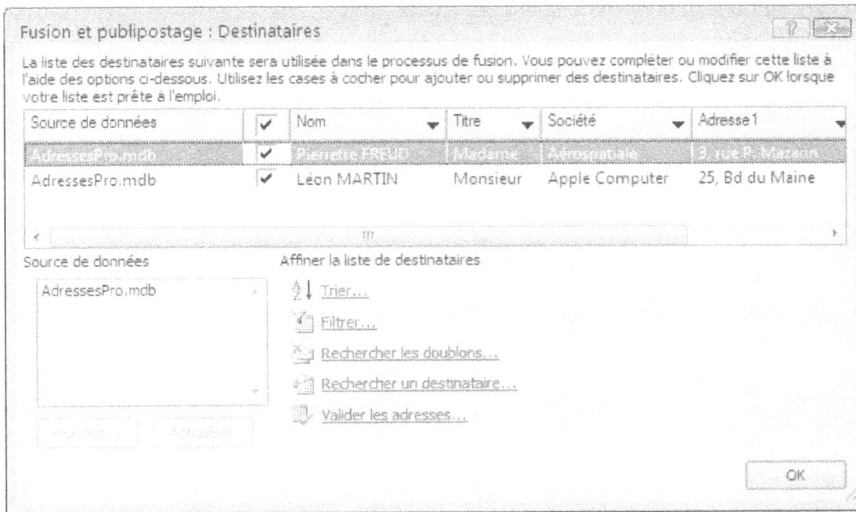

Vous pouvez ajouter, supprimer ou modifier des adresses :

■ Dans la zone <Source de données>, cliquez sur AdressesPro.mdb, puis sur [Modifier].

La fenêtre *Modifier la source de données* s'affiche (cf. illustration de la page 144). Lorsque vous avez fini ce travail, cliquez sur [OK].

2-CRÉER ET GÉRER UNE LISTE DE DONNÉES AU FORMAT WORD

Une liste de données au format Word est un document contenant un tableau de données où chaque colonne est un champ, les noms de champs étant dans la première ligne du tableau.

■ Créez un nouveau document, insérez un tableau de six colonnes et 3 lignes, saisissez les noms de champs et les deux premières lignes de la liste de données.

Titre¤	Nom¤	Société¤	Adresse1¤	CP¤	Ville¤
Madame¤	Pierrette FREUD¤	Aérospatiale¤	3, rue P. Mazarin¤	76000¤	Rouen¤
Monsieur¤	Léon MARTIN¤	Apple Computer¤	25, Bd du Maine¤	75014¤	Paris¤

Vous allez ajouter des adresses provenant d'un autre tableau de même structure, préparé par une autre personne et enregistré dans un document Word.

- Cliquez devant la marque de paragraphe juste sous le tableau, sous l'onglet **Insertion**>groupe **Texte** cliquez sur la flèche du bouton **Objet**, puis sur *Texte d'un fichier...*, dans le dialogue sélectionnez le dossier `C:\Exercices Word 2007` puis double-cliquez sur le nom de fichier `AdressePro2.docx`.
- Enregistrez votre document sous le nom `AdressesPro.docx`.

Vous pouvez utiliser cette liste d'adresse comme source de données pour un publipostage. Commencez par lier la source de données au document :

- Créez un nouveau document, puis sous l'onglet **Publipostage**>groupe **Démarrer la fusion et le publipostage**, cliquez sur le bouton **Sélection des destinataires**, puis sur la commande *Utiliser la liste existante...* sélectionnez le dossier `C:\Exercices Word 2007`, puis cliquez sur [Toutes les sources de données] et sélectionnez *Documents Word (*.docx,*.doc,*.docm)*, puis double-cliquez sur `AdressesPro.docx`.
- Un message vous demande de confirmer la source. Cliquez sur [OK].

Vous pouvez afficher la liste d'adresse, la trier, la filtrer...

- Onglet **Publipostage**>groupe **Démarrer la fusion et le publipostage**, cliquez sur le bouton **Modifier la liste des destinataires.**

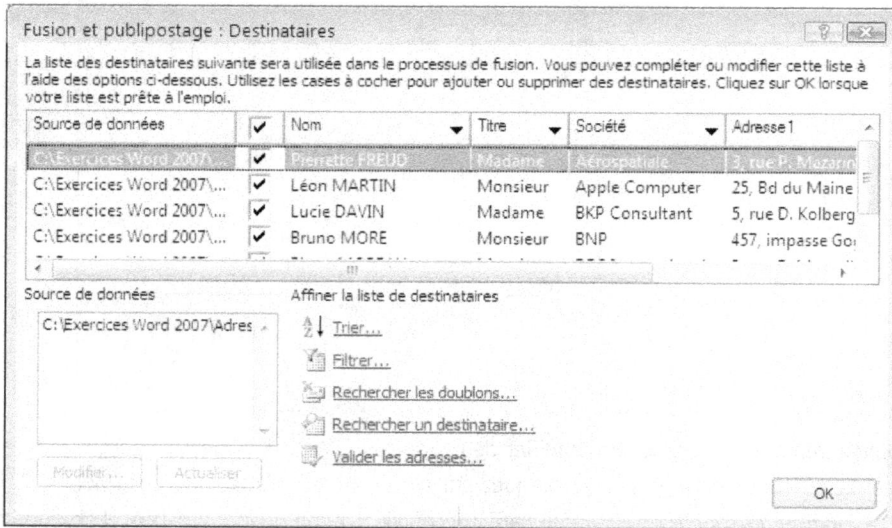

Vous pouvez modifier ajouter, supprimer ou modifier les adresses...

- Dans la zone <Source de données>, cliquez sur `AdressesPro.docx`, puis sur [Modifier].

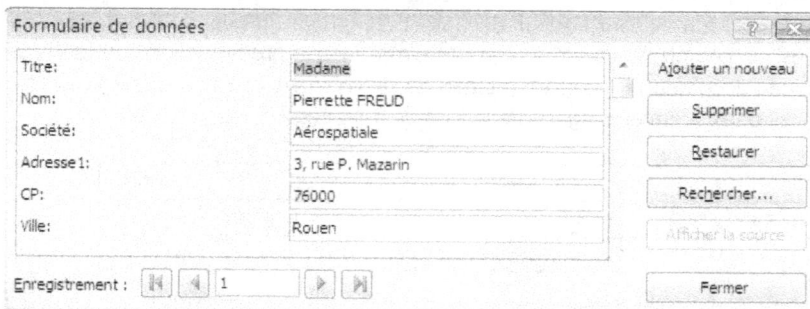

CAS 6 : CRÉER ET GÉRER DES LISTES D'ADRESSES

La fenêtre *Formulaire de données* s'affiche et permet d'ajouter de supprimer ou de modifier les lignes d'adresses.

- Lorsque vous avez fini ce travail, cliquez sur [Fermer], puis cliquez sur [OK] pour fermer la fenêtre *Fusion et publipostage*.

3-CRÉEZ ET GÉREZ UNE LISTE D'ADRESSES AU FORMAT EXCEL

Vous allez copier les données du tableau Word dans une feuille Excel, puis vous définirez cette feuille comme source de données.

- Ouvrez le document `adressesPro.docx`, sélectionnez toutes les lignes du tableau, copiez-les dans le Presse-papiers.
- Lancez l'application Excel puis, dans le classeur vierge initial, collez les données au format *Texte*, et enregistrez le classeur sous le nom `Adressespro.xlsx`, puis fermez le classeur.

Vous pouvez utiliser ce fichier liste d'adresse au format Excel comme source de données pour un publipostage.

- Créez un nouveau document, puis sous l'onglet **Publipostage**>groupe **Démarrer la fusion et le publipostage**, cliquez sur le bouton **Sélection des destinataires**, puis sur la commande *Utiliser la liste existante...* Sélectionnez le dossier `C:\Exercices Word 2007`, puis cliquez sur [Toutes les sources de données] et sélectionnez *Fichiers Excel (*.xlsx, *.xlsm, *.xlsb, *.xls)*, puis double-cliquez sur `AdressesPro.xlsx`.
- Un message vous demande de confirmer la source, cliquez sur [OK].

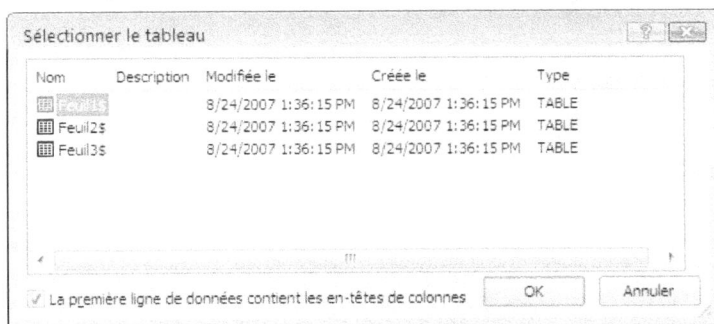

- Sélectionnez la feuille qui contient le tableau, et laissez cochée l'option considérant la première ligne de données comme les en-têtes de colonne, cliquez sur [OK].
- Sous l'onglet **Publipostage**>groupe **Démarrer la fusion et le publipostage**, cliquez sur le bouton **Modifier la liste des destinataires**.

La fenêtre *Fusion et publipostage : Destinataires* s'ouvre et affiche les listes des adresses, avec des commandes soulignées permettant de les trier, filtrer...

Vous pouvez modifier ajouter, supprimer ou modifier les adresses :

- Dans la zone <Source de données>, cliquez sur `AdressesPro.xlsx`, puis sur [Modifier].

La fenêtre *Modifier la source de données* s'affiche (cf. illustration page 144), vous pouvez ici ajouter une ligne d'adresse, modifier une adresse mais pas supprimer une ligne d'adresse, ni personnaliser les colonnes.

Notez que vous pouvez utiliser comme liste d'adresses des tables ou des requêtes de base de données externes de type dBase, MySQL, Microsoft Access ou toute base accessible par Microsoft Office data connection : SQL Server, Oracle, mais aussi un fichier texte ou même un dossier de contacts Outlook.

4-UTILISEZ UNE LISTE DE CONTACTS OUTLOOK

Si vous avez installé *Microsoft Outlook*, vous pouvez importer les adresses d'un dossier de contacts Outlook comme liste d'adresses. Vous ne pouvez pas modifier les contacts directement dans Word, comme vous avez pu le faire avec une liste d'adresses au format Word, Excel ou Office Access.

■ Créez un nouveau document, puis sous l'onglet **Publipostage**>groupe **Démarrer la fusion et le publipostage**, cliquez sur le bouton **Sélectionner à partir des contacts Outlook**...

■ Dans le dialogue, sélectionnez un dossier de contacts à importer, cliquez sur [OK].

La fenêtre *Fusion et publipostage : Destinataires* affiche la liste des adresses des contacts. Vous pouvez trier, filtrer les adresses... pour le publipostage.

5-FILTREZ LES ADRESSES POUR LE PUBLIPOSTAGE

■ Onglet **Publipostage**>groupe **Démarrer la fusion et le publipostage**, cliquez sur le bouton **Modifier la liste des destinataires** qui affiche la fenêtre *Fusion et publipostage : Destinataires* .

Cochez seulement quelques adresses à fusionner dans le publipostage :

■ Décochez toutes les adresses : cliquez sur la case dans la ligne des en-têtes, puis cliquez sur la case à cocher devant chaque adresse à fusionner.

Filtrer les adresses selon des critères :

■ Cliquez sur la commande Filtrer...

■ Spécifiez les conditions de filtre, puis cliquez sur [OK].

Seules les adresses qui satisfont les conditions restent affichées.

6-TRIER LES ADRESSES POUR LE PUBLIPOSTAGE

■ Dans la fenêtre *Fusion et publipostage : Destinataires*, cliquez sur la commande Trier...

■ Spécifiez les clés de tri, puis cliquez sur [OK].

■ Fermez sans les enregistrer les documents que vous avez créés.

CAS 7 : RÉALISER UN PUBLIPOSTAGE

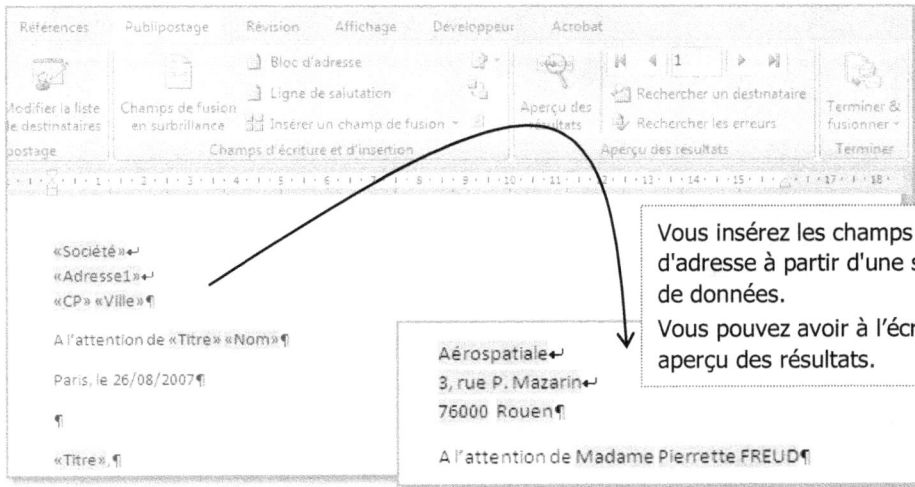

Vous insérez les champs d'adresse à partir d'une source de données.
Vous pouvez avoir à l'écran un aperçu des résultats.

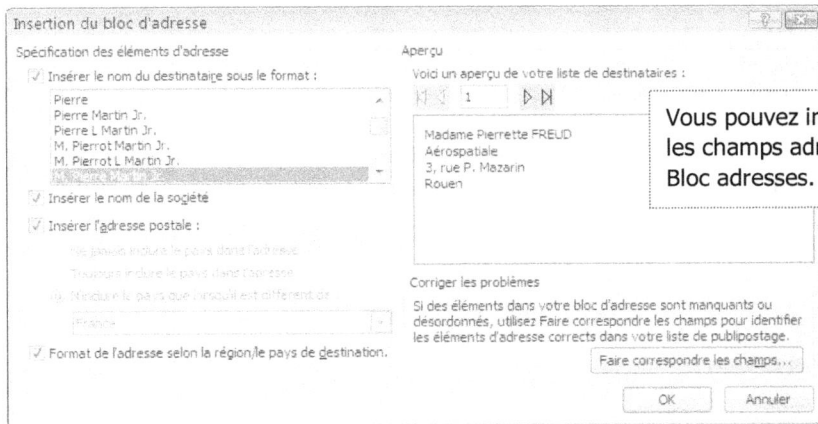

Vous pouvez insérer rapidement les champs adresse en un seul Bloc adresses.

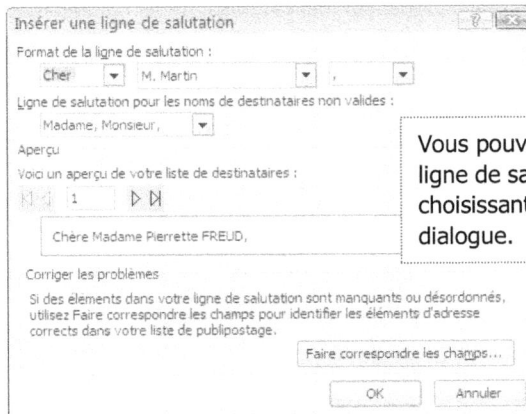

Vous pouvez aussi insérer une ligne de salutation en choisissant un format dans un dialogue.

Fonctions utilisées

– *Insérer des champs de fusion*   – *Insérer un texte sous condition*

– *Sélectionner les destinataires*   – *Utiliser des contrôles de formulaire*

15 mn

Vous allez préparer un publipostage vers les personnes dont l'adresse figure dans une source de données créée dans le cas précédent : il s'agit de créer une lettre-type, d'insérer dans ce document des champs de la source de données.

Vous allez aussi insérer un champ texte conditionnel, c'est-à-dire une phrase qui n'apparaîtra que sur les courriers de certains destinataires selon un critère. Enfin, vous imprimerez le publipostage.

1-CRÉEZ LE TEXTE DE LA LETTRE TYPE

- Créez un document vierge et enregistrez-le sous le nom *Lettre-type1*, dans le dossier *C:\Exercices Word 2007*.

- Spécifiez les valeurs suivantes pour les marges :
  - <Haut> : *5 cm*   – <Bas> : *2 cm*
  - <Droite> : *3 cm*   – <Gauche> : *4 cm*

- Saisissez le texte sans vous préoccuper de l'alignement des paragraphes, insérez un symbole & aux endroits où vous prévoyez d'insérer un champ de données : nom de société, nom et prénom du contact, etc.

  Si vous voulez éviter de saisir le texte de la lettre, vous pouvez ouvrir le fichier document texte CasA7, et l'enregistrer sous le nom Lettre-type, passez ensuite à l'étape suivante (*Insérez les champs de fusion*).

&↵
&↵
&&¶

A l'attention de &|¶

Paris, le &¶

¶

&,¶

¶

> L'utilisation du symbole & est seulement une astuce pratique pour repérer les emplacements futurs des champs.
> Vous n'êtes pas du tout obligé de mettre un symbole pour repérer l'endroit où vous allez insérer les champs de fusion.

Veuillez trouver ci-joint notre catalogue Hiver.¶

Je vous invite également à venir découvrir la nouvelle gamme Compaq sur laquelle nous offrons jusqu'au 30 décembre une remise de 15%.¶

Profitez-en pour nous rendre visite à notre nouvelle boutique, au 15 boulevard Haussmann, à Paris.¶

¶

Veuillez agréer, &, l'expression de nos sentiments distingués.¶

¶

François Lescroc↵
Directeur commercial¶

CAS 7 : RÉALISER UN PUBLIPOSTAGE

2-INSÉREZ LES CHAMPS DE FUSION

Pour effectuer cette étape, vous devez d'abord connecter une source de données au document. Cette source de données est le document `AdressesPro.docx`.

- Onglet **Publipostage**>groupe **Démarrer la fusion et le publipostage**, cliquez sur le bouton **Sélection des destinataires**, puis sur la commande *Utiliser la liste existante...* Sélectionnez le dossier `C:\Exercices Word 2007`, puis cliquez sur [Toutes les sources de données] et sélectionnez *Documents Word (*.docx,*.doc,*.docm)*, puis double-cliquez sur `AdressesPro.docx`.

- Un message vous demande de confirmer la source, cliquez sur [OK].

- Affichez la liste d'adresse pour vérifier que la liste d'adresses est celle que vous souhaitez : cliquez le bouton **Modifier la liste des destinataires** pour afficher la fenêtre *Fusion et publipostage : Destinataires*, cliquez sur [OK] pour fermer la fenêtre *Fusion et publipostage : Destinataires*.

- Insérez le premier champ de fusion : sélectionnez le premier symbole &, puis sous l'onglet **Publipostage**>groupe **Champs d'écriture et d'insertion**, cliquez sur le bouton **Insérer un champ de fusion**, dans le dialogue double-cliquez sur le nom de champ *Société*, puis cliquez sur [Fermer].

- Insérez ensuite les autres champs de fusion de la même façon.

- Insérer la date : sous l'onglet **Insertion**>groupe **Texte** cliquez sur le bouton **Date et heure**, double-cliquez sur le format sans activer la mise à jour automatique.

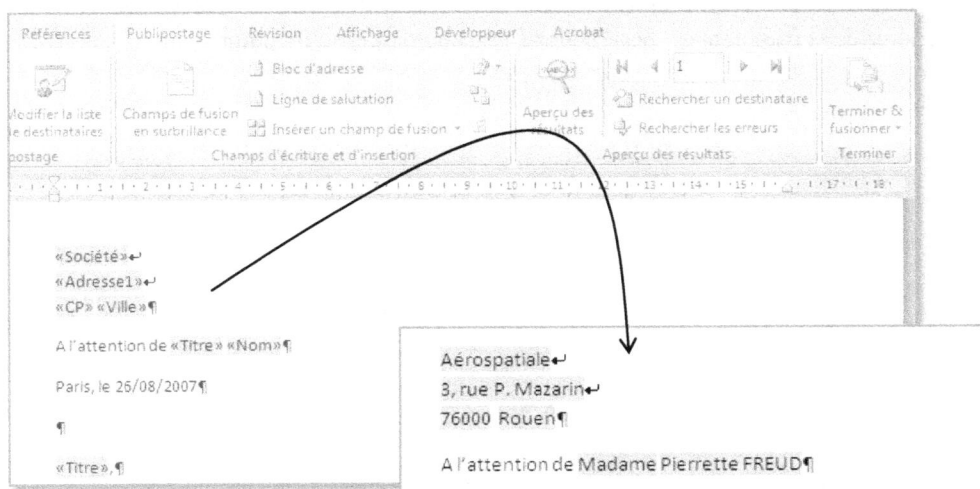

3-VISUALISEZ LES ADRESSES DANS LA LETTRE-TYPE

- Onglet **Publipostage**>groupe **Champs d'écriture et d'insertion**, cliquez sur le bouton **Aperçu des résultats**, puis utilisez les boutons **Suivant**, **Précédent**, **Dernier**, **Premier** pour parcourir les adresses via la vue que fournit la lettre-type.

- Pour revenir à l'affichage des noms de champ de fusion, cliquez à nouveau sur le bouton **Aperçu des résultats**.

- Réalignez certains paragraphes :
  Sélectionnez les 5 premières lignes, puis faites glisser la marque de marge gauche dans la règle à 8 cm. Sélectionnez les deux dernières lignes contenant le nom du signataire, puis faites glisser la marque de marge gauche à 10 cm.

4-Créez une autre lettre-type

Vous allez explorer utiliser la possibilité d'insérer un bloc d'adresse et une ligne de salutation.

- Créez un nouveau document, définissez la marge, et enregistrez-la sous le nom `Lettre-type2`.
- Connectez comme source de données le classeur Excel `AdressesPro.xlsx`.
- Insérez un bloc d'adresses : sous l'onglet **Publipostage**>groupe **Champs d'écriture et d'insertion**, cliquez sur le bouton **Bloc d'adresses**, cliquez sur [OK].

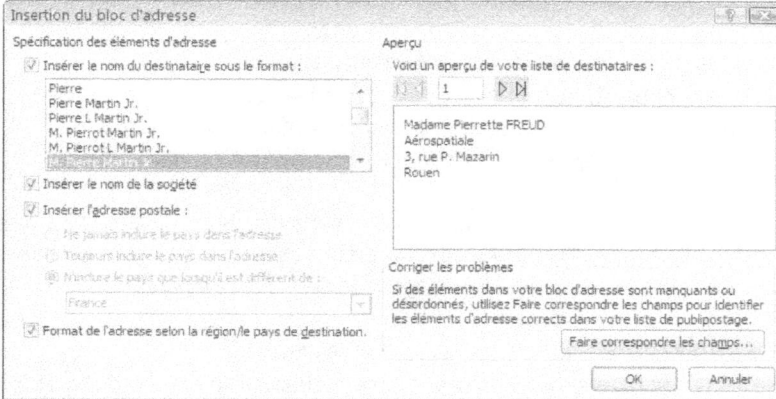

- Insérez deux paragraphes, puis saisissez `Paris, le` puis insérez la date du jour.
- Insérez deux paragraphes, puis cliquez sur le bouton **Ligne de salutation**, cliquez sur [OK].

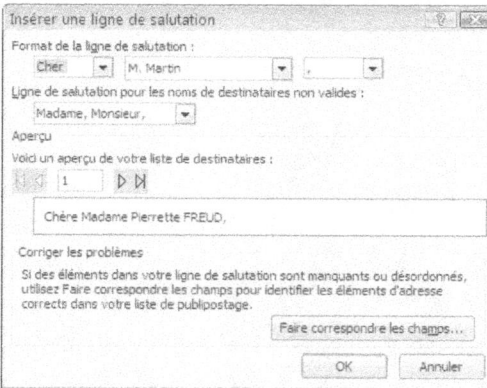

- Insérez deux paragraphes, puis saisissez le début du corps de la lettre.
- Visualisez les adresses dans la lettre-type en cliquant sur **Aperçu des résultats**.

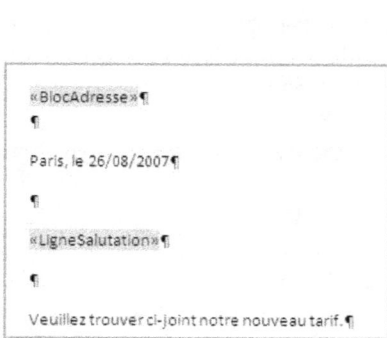

CAS 7 : RÉALISER UN PUBLIPOSTAGE

Le bloc d'adresse est remplacé par plusieurs lignes d'adresse, chaque ligne dans un paragraphe séparé. Vous pouvez sélectionner les paragraphes et appliquer une mise en forme, par exemple définissez l'espace après à 0.

Il manque dans l'adresse le code postal, la raison en est que le champ nommé *CP* dans votre liste d'adresse n'a pas été reconnu par le bloc d'adresse. Il faut faire correspondre les noms de champ de votre liste d'adresses avec les noms de champ prédéfinis du bloc d'adresse.

■ Onglet **Publipostage**>groupe **Champs d'écriture et d'insertion**, cliquez sur le bouton **Faire correspondre les champs**, dans le dialogue *Correspondance des champs* en regard du *Code postal* (nom prédéfini du bloc d'adresse) sélectionnez *CP* (nom correspondant dans votre liste d'adresses) puis cliquez sur [OK].

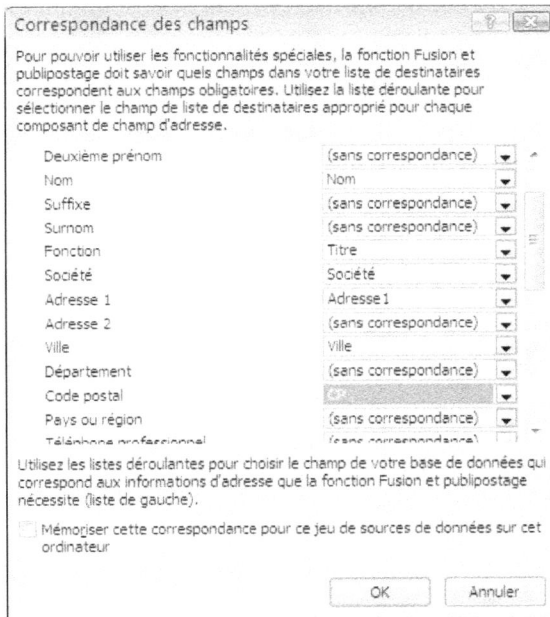

■ Cliquez deux fois sur le bouton **Aperçu des résultats** pour prendre en compte le code postal.

Dans les illustrations précédentes, les champs insérés dans le document sont affichés avec un arrière-plan grisé, c'est une option d'affichage de Word que vous pouvez paramétrer :

■ Cliquez sur le **Bouton Office**, puis sur [Options Word], sélectionnez *Options avancées* puis dans la partie droite sous la rubrique *Afficher le contenu du document* : dans la liste <Champ avec trame> : sélectionnez *Toujours / Jamais / Lors de la sélection*.

5-EFFECTUEZ LE PUBLIPOSTAGE SUR DES ENREGISTREMENTS QUE VOUS MARQUEZ

Un courrier *Lettre-type2* sera généré pour chaque ligne d'adresse sélectionnée.

■ Marquez les destinataires : cliquez sur le bouton **Modifier la liste des destinataires** puis décochez toutes les lignes et cochez seulement les deux lignes suivantes :

CAS 7 : RÉALISER UN PUBLIPOSTAGE

- Cliquez sur le bouton **Terminer & fusionner**, puis sur la commande *Modifier des documents individuels...*, le dialogue *Fusion avec un nouv. Doc.* permet de choisir des enregistrements par leur numéro de séquence, cliquez [OK].

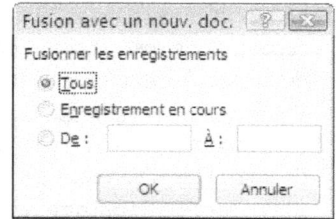

  Un nouveau document est créé *LettresN* (N étant un numéro de séquence), dans lequel chaque courrier fusionné avec une adresse fait l'objet d'une section séparée.

- Enregistrez ce document en vue de l'imprimer ultérieurement sous le nom `Mailing-Tarif`, enregistrez et fermez le document `Lettre-type2`.

- Effectuez de la même façon le publipostage avec la `Lettre-type1` et enregistrez le document généré sous le nom `Mailing-Catalogue`, enregistrez et fermez le document `Lettre-type1`.

6-MASQUEZ UN PARAGRAPHE SI UNE CONDITION EST REMPLIE

Vous voulez que la *Lettre-type1* annonce l'ouverture d'une nouvelle boutique seulement pour les personnes résidant à Paris. Le troisième paragraphe de la lettre-type ne doit être imprimé que pour les personnes dont l'adresse remplit la condition *Ville = Paris*.

- Sélectionnez le troisième paragraphe en entier, puis appuyez sur Ctrl+X ou sous l'onglet **Accueil**>groupe **Presse-papiers** cliquez sur le bouton **Couper**.

- Sous l'onglet **Publipostage**>groupe **Champs d'écriture et d'insertion**, cliquez sur le bouton **Règles** puis sur *Si...Alors...Sinon*, dans le dialogue *Insérer le mot clé : Si* : cliquez dans la zone <Insérer le texte suivant> et collez (Ctrl+C), puis spécifiez la condition *Ville | Est égal à |Paris*.

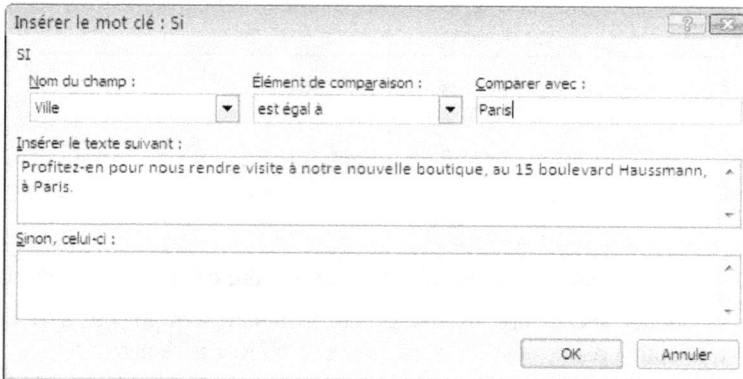

- Cliquez sur [OK].
- Utilisez les boutons de navigation pour vérifier par visualisation que la lettre-type affiche le troisième paragraphe seulement pour les adresses à Paris.
- Affichez le code du champ : dans la lettre-type cliquez sur le texte conditionnel puis ⇧+F9.
- Dans le code du champ, insérez une fin de paragraphe juste après `Paris.`, pour que la fin de paragraphe fasse partie du texte masqué.

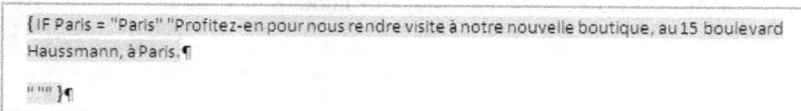

{ IF Paris = "Paris" "Profitez-en pour nous rendre visite à notre nouvelle boutique, au 15 boulevard Haussmann, à Paris.¶

" " }¶

- Affichez le résultat du champ : cliquez sur le code de champ puis ⇧+F9.
- Enregistrez le document `Lettre-type1`.

CAS 7 : RÉALISER UN PUBLIPOSTAGE

7-TRANSFORMEZ UN DOCUMENT DE FUSION EN UN DOCUMENT NORMAL

- Basculez dans le document `Lettre-type1`.
- Sous l'onglet **Publipostage**> groupe **Démarrer la fusion et le publipostage** cliquez sur le bouton **Démarrer la fusion et le publipostage**, puis sur *Document Word Normal*.
- Enregistrez le document sous le nom `Courrier1`.

Le document n'est plus connecté à aucune liste d'adresse. Les champs sont toujours insérés dans le document, notamment le champ conditionnel.

- Appuyez sur Alt+F9 pour afficher tous les codes de champs.
- Sélectionnez le texte du paragraphe conditionnel, et copiez/collez ce texte devant le champ.

Vous allez remplacer tous les champs (qui n'ont plus lieu d'être) par un symbole, par exemple & :

- Sous l'onglet **Accueil**>groupe **Modification**, cliquez sur le bouton **Remplacer** qui affiche le dialogue *Rechercher et remplacer*.
- Dans la zone <Rechercher> : saisissez ^d, dans la zone <Remplacer par> : saisissez &, puis cliquez sur [Remplacer tout], un message vous informe du nombre de remplacements effectués, cliquez sur [OK].

8-UTILISEZ L'ASSISTANT PUBLIPOSTAGE

Vous avez maintenant compris le processus de publipostage. Vous pouvez vous laisser guider par un assistant pour réaliser vos publipostages.

- Commencez par créer un document vierge, puis sous l'onglet **Publipostage**>groupe **Démarrer la fusion et le publipostage** cliquez sur le bouton **Démarrer la fusion et le publipostage**, puis sur la commande *Assistant Fusion et publipostage pas à pas...*

Le volet *Fusion et publipostage* s'ouvre à droite de la fenêtre Word. Il vous guidera en six étapes. À chaque étape vous pouvez revenir à l'étape précédente ou passer à l'étape suivante.

1. Sélection du type de document :
Sélectionnez <⊙ Lettres>, cliquez sur l'étape Suivante.

2. Sélection du document de base :
Sélectionnez <⊙ Utiliser un modèle>, cliquez sur Sélection du modèle...
Le dialogue vous propose des modèles de lettres : cliquez sur l'onglet **Lettres**, puis cliquez sur le modèle *Lettre de publipostage (Équité)*.

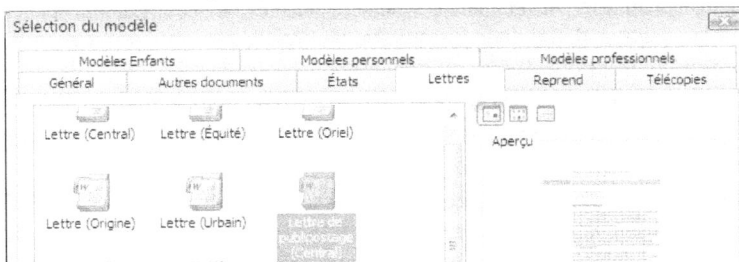

Un aperçu de la lettre apparaît dans la partie droite, Vous pouvez ainsi vérifier qu'il s'agit du modèle qui vous convient, cliquez sur [OK].
Cliquez sur l'étape Suivante.

3. Sélection des destinataires :
Sélectionnez <⊙ Utilisation d'un liste existante>, puis cliquez sur Parcourir... sélectionnez la source de données de type *Liste d'adresses Microsoft Office (-*.mdb)* dans le dossier `C:\Exercices Word 2007` que vous avez créée sous le nom `AdressesPro.mdb`, Cliquez sur l'étape Suivante.

4. Écriture de la lettre en insérant les champs de fusion :

Les champs de fusion «BlocAdresses» et «LigneSalutation» sont déjà insérés dans la lettre
Saisissez le texte de la lettre dans le champ Texte, vous pouvez insérer des champs de la
source de données en cliquant sur Autres éléments...
Cliquez sur l'étape Suivante.

5. Aperçu des lettres fusionnées :

L'aperçu des lettres sert à visualiser les lettres des différents destinataires. Vous pouvez cliquer
sur la commande Modifier la liste des destinataires... pour accéder à la fenêtre *Fusion et
publipostage* permettant de trier, filtrer ou cocher les destinataires du publipostage. Vous
pouvez cliquer sur le bouton [Exclure ce destinataire] pour le décocher dans la liste
Cliquez sur l'étape Suivante.

6. Fin la fusion :

Cliquez sur la commande Modifier les lettres individuelles... pour générer un document
contenant les lettres pour tous les destinataires que vous pouvez modifier avant d'imprimer
(vous avez aussi à votre disposition la commande Imprimer... pour imprimer directement les
lettres).

9-UTILISEZ LES CONTRÔLES DE FORMULAIRE

Vous noterez la présence de contrôles de formulaire au début de la lettre type : sous l'onglet
Développeur>groupe **Contrôles** cliquez sur le bouton **Mode Création** puis cliquez à nouveau
sur ce bouton pour repasser au mode utilisation.

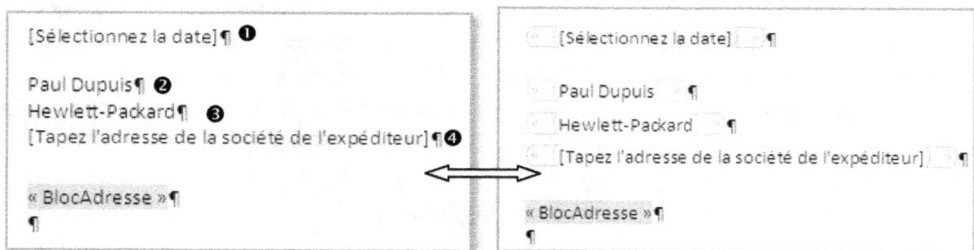

- Cliquez le contrôle *Sélecteur de date* ❶, puis cliquez sur la flèche : un calendrier s'affiche,
sélectionnez le jour dans ce calendrier, la date s'inscrit dans la lettre type.
- Cliquez sur le contrôle de propriété *Auteur* ❷ : il affiche le nom de la propriété *Auteur* du
document (par défaut l'utilisateur défini dans les options de Word), saisissez votre nom à la
place. Vous modifiez ainsi la propriété *Auteur* du document.
- Cliquez sur le contrôle de propriété *Société* ❸ : il affiche le nom de la propriété *Société* du
document (par défaut la société définie à l'installation du système), saisissez un nom de société
à la place. Vous modifiez ainsi la propriété *Société* du document.
- Cliquez sur le contrôle Texte ❹ : saisissez l'adresse, votre saisie se substitue au contrôle
De la même façon le corps de la lettre est un contrôle formulaire qui est remplacé par la saisie
que vous effectuerez, le texte visible initialement dans le contrôle est un texte de remplissage.
- Pour insérer un contrôle *Sélecteur de date* : sous l'onglet **Développeur**>groupe **Contrôles**
cliquez sur le bouton **Sélecteur de dates**.
- Pour insérer un contrôle *Propriété* : sous l'onglet **Insertion**>groupe **Texte** cliquez sur bouton
Quickpart puis sur la commande *Propriété du document* puis sur le nom de la propriété.
- Enregistrez le document sous le nom `Lettre-TypeE`.

10-POUR TERMINER

- Fermez tous les documents.

Madame Pierrette FREUD¶ Aérospatiale¶ 3, rue P. Mazarin¶ Rouen¶ ¤	Monsieur Léon MARTIN¶ Apple Computer¶ 25, Bd du Maine¶ Paris¶ ¤
Madame Lucie DAVIN¶ BKP Consultant¶ 5, rue D. Kolberg¶ Marseille¶ ¤	Monsieur Bruno MORE¶ BNP¶ 457, Impasse Gogol¶ Paris¶ ¤
Monsieur Patrick BENASOUS¶	Madame Carole LAMBERT¶

Madame Pierrette FREUD¶ Aérospatiale¶ 3, rue P. Mazarin¶ 76000 Rouen¶ ¤	Monsieur Léon MARTIN¶ Apple Computer¶ 25, Bd du Maine¶ 75014 Paris¶ ¤
Madame Lucie DAVIN¶ BKP Consultant¶	Monsieur Bruno MORE¶ BNP¶

Centre de Sécurité Sociale¶ 15 rue de la Fédération¶ 75015 PARIS¶ ¤	Centre de Sécurité Sociale¶ 15 rue de la Fédération¶ 75015 PARIS¶ ¤
Centre de Sécurité Sociale¶ 15 rue de la Fédération¶ 75015 PARIS¶ ¤	Centre de Sécurité Sociale¶ 15 rue de la Fédération¶ 75015 PARIS¶ ¤

CAS 8 : IMPRIMER DES ÉTIQUETTES

Fonctions utilisées

– *Créer une planche d'étiquettes*   – *Imprimer des étiquettes destinataires*

– *Insérer le bloc adresse*   – *Imprimer des étiquettes identiques*

15 mn

Après avoir imprimé les courriers à chaque destinataire, vous allez imprimer les étiquettes autocollantes pour les enveloppes d'envoi aux mêmes adresses qui sont dans la source de données.

1-CRÉEZ UNE PLANCHE D'ÉTIQUETTES

Tout d'abord relevez, sur la boîte, la marque et la référence des étiquettes que vous allez utiliser.

- Commencez par créer un document vierge, puis sous l'onglet **Publipostage**>groupe **Démarrer la fusion et le publipostage** cliquez sur le bouton **Démarrer la fusion et le publipostage**, puis sur la commande *Étiquettes...*

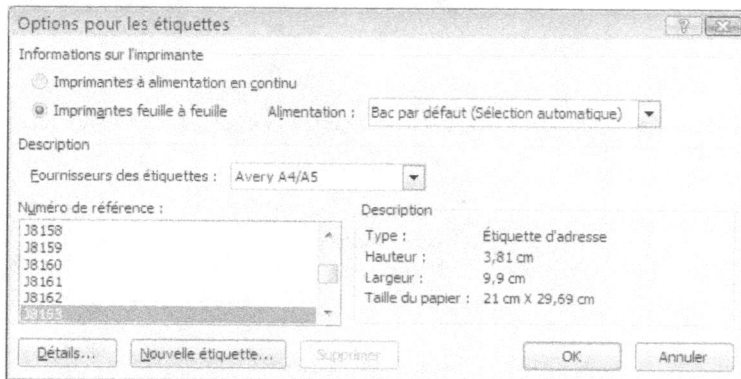

- Sélectionnez le fournisseur et le numéro de référence chez ce fournisseur, puis
- Cliquez sur [OK].

Un tableau Word est créé dans un document mise en page en fonction de la planche d'étiquette référencée. Chaque cellule du tableau est aux dimensions d'une étiquette.

2-CONNECTEZ LA SOURCE DE DONNÉES

- Onglet **Publipostage**>groupe **Démarrer la fusion et le publipostage**, cliquez sur le bouton **Sélection des destinataires**, puis sur la commande *Utiliser la liste existante...* Sélectionnez le dossier `C:\Exercices Word 2007`, puis cliquez sur [Toutes les sources de données] et sélectionnez *Documents Word (*.docx,*.doc,*.docm)*, puis double-cliquez sur `AdressesPro.docx`.
- Un message vous demande de confirmer la source, cliquez sur [OK].

CAS 8 : IMPRIMER DES ÉTIQUETTES

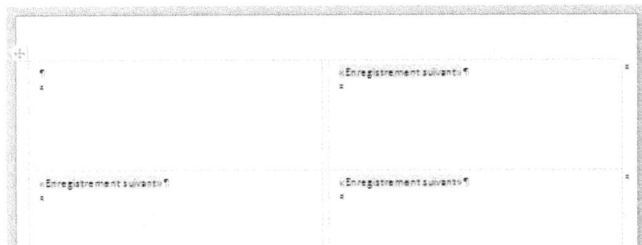

Un champ [Enregistrement suivant] est inséré au début de chaque étiquette. Ce champ n'est pas imprimable, il sert à contrôler le passage à l'enregistrement suivant au début de chaque étiquette.

- Dans la première étiquette, insérez les champs de fusion : sous l'onglet **Publipostage**>groupe **Champ d'écriture et d'insertion** cliquez sur le bouton **Bloc d'adresse**.
- Cliquez sur le bouton **Aperçu des résultats** pour visualiser la première étiquette.
- Lorsque le résultat vous convient, cliquez sur le bouton **Mettre à jour les étiquettes ❶** pour copier la première étiquette sur toutes les étiquettes de la planche.

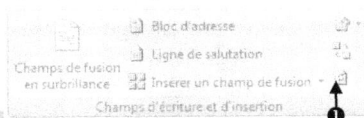

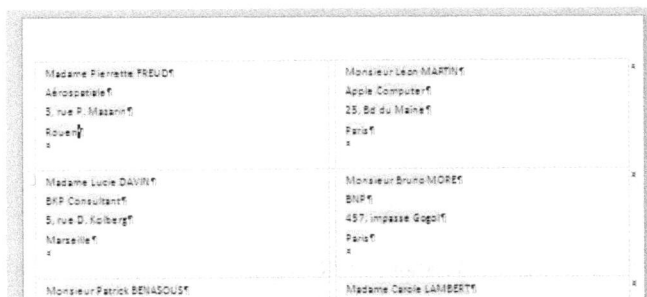

- Enregistrez le document sous le nom EtiquettesPro.

3-EFFECTUEZ LA FUSION

- Cliquez sur le bouton **Terminer et fusionner**, puis sur la commande *Modifier des documents individuels...*, le dialogue *Fusion avec un nouv. Doc.* permet de choisir des enregistrements par leur numéro de séquence, cliquez [OK].

  Un nouveau document est créé ÉtiquettesN (N étant un numéro de séquence), contenant autant de pages que de planches d'étiquettes fusionnées avec des adresses.

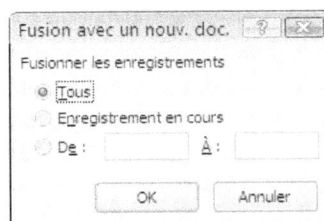

- Enregistrez ce document sous le nom Étiquette-Tarif en vue de l'imprimer ultérieurement.
- Enregistrez et fermez le document EtiquettesPro.
- Effectuez de la même façon le publipostage avec la Lettre-type1 et enregistrez le document généré sous le nom Mailing-Catalogue, enregistrez et fermez le document Lettre-type1.

4-MODIFIEZ LES ÉTIQUETTES

Le code postal n'a pas été pris en compte, parce que le Bloc d'adresse ne reconnait pas le champ adresse nommé CP. Il faut mettre les champs de la source de données en correspondance avec ceux du bloc adresse.

- Cliquez droit dans le bloc adresse de la première étiquette, puis sur la commande contextuelle *Modification du bloc adresse...*

CAS 8 : IMPRIMER DES ÉTIQUETTES

- Dans le dialogue : cliquez sur le bouton [Faire correspondre les champs...], puis dans la zone en face de *Code postal* sélectionnez *CP*, cliquez sur [OK].
- Cliquez sur [OK].

Le code postal est maintenant inscrit dans l'étiquette.

5-INSÉREZ UNE IMAGE DANS LES ÉTIQUETTES

- Onglet **Insertion**>groupe **Illustration**, cliquez sur le bouton **Images clipart**, puis dans le volet *Images clipart* cliquez sur <u>Organiser les clips...</u>
- La fenêtre *Bibliothèque multimédia* s'ouvre : dans la partie gauche cliquez sur le + devant *Collection Office*, puis cliquez sur la catégorie *Professions*, dans la partie droite cliquez-droit sur la dernière image, puis sur la commande *Copier*.
- Cliquez droit sous le bloc adresse dans la première étiquette, puis sur la commande contextuelle *Coller* pour insérer l'image.
- Cliquez sur l'image insérée, redimensionnez sa taille, puis cliquez droit sur l'image puis sur *Habillage du texte...* puis sur *Rapproché*, enfin faites glisser l'image dans coins supérieur droit de l'étiquette.

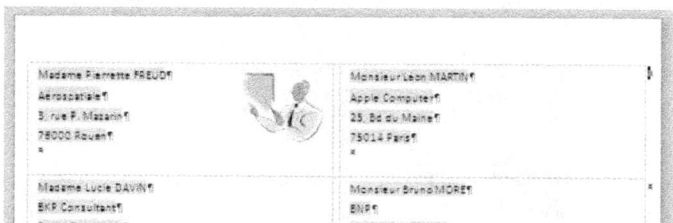

- Lorsque le résultat vous convient, cliquez sur le bouton **Mettre à jour les étiquettes** pour copier la première étiquette sur toutes les étiquettes de la planche.

6-CRÉEZ UNE PLANCHE D'ÉTIQUETTES IDENTIQUES

Il est utile de disposer par avance d'étiquettes autocollante pré-imprimées à une adresse à laquelle vous envoyez souvent du courrier, par exemple votre centre de Sécurité sociale.

- Créez un nouveau document, créez une planche d'étiquettes au format *Avery J8162*.
- Commencez par saisir l'adresse dans la première étiquette, puis
- Sous l'onglet **Publipostage**>groupe **Champs d'écriture et d'insertion**, cliquez sur le bouton **Mettre à jour les étiquettes ❶** pour copier la première étiquette sur toutes les étiquettes de la planche.

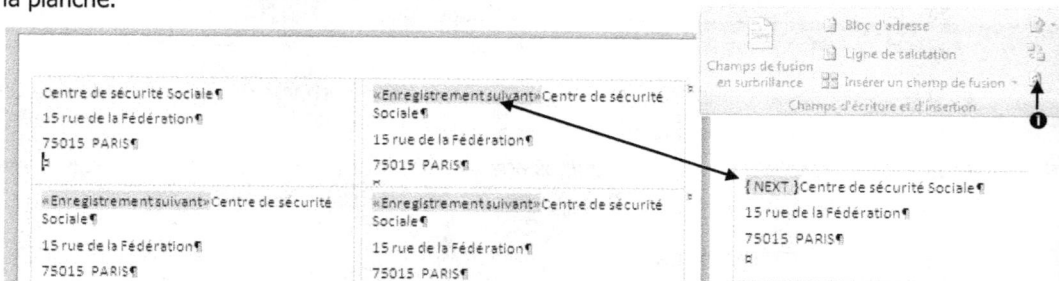

Il faut supprimer tous les champs [Enregistrement suivant] au début de chaque étiquette.

- Appuyez sur Alt+F9 pour constater que le code de champ est {NEXT}.

CAS 8 : IMPRIMER DES ÉTIQUETTES

- Sous l'onglet **Accueil**>groupe **Modification** cliquez sur le bouton **Remplacer**.
  - Dans la zone <Rechercher> : saisissez ^d next.
  - Dans la zone <Remplacer par> : effacez tout.
- Cliquez sur [Remplacer tout], un message vous informe du nombre de remplacements effectués, cliquez sur [OK], puis cliquez sur [Fermer] pour fermer le dialogue.
- Appuyez sur Alt+F9 pour ne plus visualiser les codes de champ.

Centre de Sécurité Sociale¶	Centre de Sécurité Sociale¶
15 rue de la Fédération¶	15 rue de la Fédération¶
75015 PARIS¶	75015 PARIS¶
¤	¤
Centre de Sécurité Sociale¶	Centre de Sécurité Sociale¶
15 rue de la Fédération¶	15 rue de la Fédération¶
75015 PARIS¶	75015 PARIS¶
¤	¤

- Enregistrez le document sous le nom Etiquettes-SS.

7-IMPRIMEZ DEUX ÉTIQUETTES PAR DESTINATAIRE

- Ouvrez un nouveau document, connectez la source de données au format Word adressesPro.docx, créez une planche d'étiquette au format *Avery référence J8173*.
- Insérez le «BlocAdresse» ou les champs d'adresse dans la première étiquette, mettez à jour les étiquettes de toute la planche d'étiquettes.
- Effacez le champ {NEXT} dans toutes les cellules de la deuxième colonne, par la technique de recherche/remplacement déjà utilisée précédemment.
- Cliquez sur le bouton **Aperçu des résultats** pour vérifier, puis effectuez la fusion et enregistrez le document ÉtiquettesN ainsi créé sous le nom Etiquette-Pro2.

.

FICHE INDIVIDUELLE DE RENSEIGNEMENTS¶

Nom :¶ Prénom :¶ Date de naissance :¶ Ville de naissance :¶ N° de Sécurité Sociale :¤	_____ ¶ _____ ¶ _____ ¶ _____ ¶ _____ ¤	¤
Formation : ¤	☐ Certificat d'études¶ ☐ BEP¶ ☐ CAP¶ ☐ Bac professionnel¶ ☐ Bac général¤	☐ IUT¶ ☐ Bac + 2¶ ☐ Bac + 4¶ ☐ École de commerce¶ ☐ École d'ingénieur¤
Permis de conduire :¤	☐ Permis A¶ ☐ Permis B¤	☐ Permis C¶ ☐ Permis D¤
Situation familiale :¶ Catégorie professionnelle :¶ Rémunération actuelle :¶ Ancienneté :¤	[Choisir]¶ [Choisir]¶ [Choisir]¶ [Choisir]¤	Signature :¶ ¶ ¶ Fait le [Cliquez]¤

¶

CAS 9 : FORMULAIRE DE RENSEIGNEMENTS

Un formulaire est un modèle de document contenant du texte fixe ainsi que des contrôles de formulaire à renseigner par l'utilisateur. Vous allez créer et utiliser le formulaire.

1-CRÉEZ UN MODÈLE POUR LE FORMULAIRE

Vous allez créer un document texte dans lequel vous insérerez les contrôles de formulaire et vous l'enregistrerez comme modèle.

■ Créez un document vierge, définissez les marges du haut et du bas à 1,5 cm.

■ Saisissez le titre `Fiche individuelle de renseignements` ↵.

■ Cliquez dans le titre que vous avez saisi, puis tapez sur `Ctrl`+E pour le centrer.

■ Via le dialogue *Police* : appliquez la police *+Titres*, la taille 20 et <☑ Petites majuscules>.

■ Via le dialogue *Bordures et trame* : appliquez une bordure d'épaisseur de l'encadrement 1,5 pt.

■ Appliquez une trame de fond : la couleur du thème *Blanc, Arrière-plan1, plus sombre 15 %*.

■ Via le dialogue *Paragraphe* : appliquez un espace après le paragraphe de 2 cm.

■ Dans la règle, faites glisser les marques de retrait gauche et droit de 2 cm vers l'intérieur.

■ Enregistrez le document comme modèle sous le nom `FicheRenseignements` dans le dossier `Templates` (dossier `C:\Utilisateurs\nom_utilisateur\AppData\Roaming\ Microsoft\Templates` qui contient les modèles de document).
Pour enregistrer facilement dans dossier des modèles, dans le dialogue *Enregistrer sous....*
Cliquez sur le lien favori *Templates* (raccourci vers le dossier des modèles Office).

■ Fermez le document modèle que vous avez créé.

2-MODIFIEZ LE MODÈLE

■ Ouvrez le modèle `FicheRenseignements.dotx` de la façon suivante :
Cliquez sur le **Bouton Office**, puis sur la commande *Ouvrir*, dans le dialogue *Ouvrir* cliquez sur le lien favori `Templates` puis dans la partie droite double-cliquez sur le nom du modèle.

Vous allez créer un tableau pour y disposer les libellés et les contrôles du formulaire.

■ Tapez sur `Ctrl`+`Fin` pour aller à la fin du document.

■ Insérez un tableau de 3 colonnes et 4 lignes.

■ Cliquez dans une cellule, puis sous l'onglet **Disposition**>groupe **Tableaux** cliquez sur **Propriétés**, puis sur l'onglet **Tableau**.

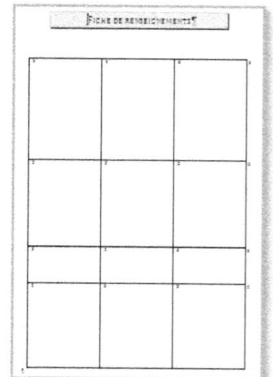

■ Spécifiez la largeur à 17 cm et l'alignement centré, cliquez sur [OK].

CAS 9 : FORMULAIRE DE RENSEIGNEMENTS

- Définissez les largeurs de colonne : cliquez dans une colonne puis sous l'onglet **Disposition**>groupe **Taille de cellule**, spécifiez la hauteur dans la zone **Tableau largeur colonne**, spécifiez les hauteurs respectives des lignes 1 à 3 de 6 cm, 5,5 cm, 5,5 cm.
- Définissez les marges de cellules : sous l'onglet **Disposition**>groupe **Alignement** cliquez sur le bouton **Marges de la cellule** et spécifiez 0,5 *cm* en marge du <Haut>, et décochez l'option <☐ Redimensionner automatiquement pour ajuster au contenu>.
- Définissez les hauteurs de ligne : cliquez dans une ligne puis sous l'onglet **Disposition**>groupe **Taille de cellule**, spécifiez la hauteur dans la zone **Tableau Hauteur ligne**, spécifiez les hauteurs respectives des lignes 1 à 4 de 6,5 cm, 5,5 cm, 2,5 cm, 5,5 cm (hauteur de marge + hauteur de ligne =hauteur de cellule).
- Enregistrez le modèle FicheRenseignements.

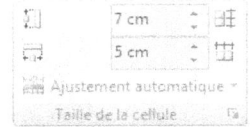

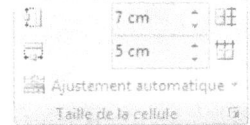

3-PLACEZ LES CONTRÔLES TEXTE

- Sélectionnez tout le tableau et via la zone sur le Ruban spécifiez la taille de police 14.
- Saisissez les libellés dans la première cellule, terminez les lignes (sauf la dernière) par une fin de paragraphe, ne passez pas au paragraphe suivant après le dernier libellé.
- Sélectionnez la cellule en entier (incluant donc les cinq lignes de libellés), puis via le dialogue *Paragraphe* spécifiez un interligne : *Exactement* de 1,1 cm, et l'espace après : 0 (zéro).
- Cliquez la deuxième cellule de la première ligne du tableau, puis tapez quatre fois ⏎ pour obtenir au total cinq paragraphes vides, et comme précédemment sélectionnez la cellule en entier, et spécifiez un interligne : *Exactement* de 1,1 cm et l'espace après : 0 (zéro).
- Activez le mode création de formulaire : sous l'onglet **Développeur**>groupe **Contrôles**, cliquez sur le bouton **Mode Création**.
- Insérez les contrôles texte dans la deuxième cellule :
  cliquez dans le premier paragraphe, cliquez sur le bouton **Texte**, saisissez 15 fois le caractère _ (touche 8 de la rangée supérieure du clavier), supprimez tout le texte qui suit, puis cliquez ensuite dans chaque paragraphe et insérez un contrôle texte.
- Désactivez le mode Création de formulaire : sous l'onglet **Développeur**>groupe **Contrôles**, cliquez sur le bouton **Mode Création**.

Lorsque vous cliquez sur un contrôle de texte, un onglet apparaît et vous pouvez saisir votre texte qui remplace le texte modèle.

CAS 9 : FORMULAIRE DE RENSEIGNEMENTS

4-PLACEZ LES CONTRÔLES CASES À COCHER

- Sélectionnez les cellules de la deuxième ligne du tableau, puis via le dialogue *Paragraphe* spécifiez un interligne : *Exactement* de 1 cm, et l'espace après : 0 (zéro).
- Dans la première cellule de la deuxième ligne, saisissez le libellé Formation : et mettez les caractères en gras.
- Dans la deuxième cellule insérez les cases à cocher :
  Cliquez sur le bouton **Outils hérités**, puis sur l'outil *Case à cocher (Contrôle de formulaire)*, puis tapez un espace et saisissez le libellé Certificat d'études↵, puis insérez le contrôle *Case à cocher* suivi de son libellé dans chaque ligne suivante, ne terminez pas la dernière ligne par ↵.

- Disposez de la même façon le titre *Permis de conduire* et les quatre cases à cocher dans les cellules de la troisième ligne du tableau.

- Enregistrez en tant que modèle sous le nom FicheRenseignements.

5-PLACEZ LES CONTRÔLES LISTES DÉROULANTES

- Dans la première cellule de la dernière ligne du tableau : saisissez les libellés, terminez chaque ligne par ↵ sauf la dernière.
- Sélectionnez toutes les cellules de la dernière ligne du tableau, et via le dialogue *Paragraphe* spécifiez un interligne : *Exactement* de 1,1 cm.
- Cliquez dans la deuxième cellule, puis tapez trois fois sur ↵.
- Insérez les contrôles *Liste déroulante* dans la deuxième cellule de la dernière ligne :
  cliquez dans le premier paragraphe, cliquez sur le bouton **Liste déroulante**, saisissez [Choisir], supprimez tout le texte qui suit, puis cliquez ensuite dans chaque paragraphe et insérez un contrôle *Liste déroulante*.

Il reste maintenant à définir, pour chacun de ces contrôles, les entrées de liste :

- Cliquez sur le contrôle, puis cliquez sur le bouton **Propriétés**, dans le dialogue *Propriétés du contrôle de contenu* : cliquez sur [Ajouter] puis saisissez la première entrée Célibataire, validez par [OK], recommencez pour les autres entrées Marié/Divorcé/Veuf, lorsque vous avez fini cliquez sur [OK].
- Définissez les entrées du deuxième contrôle : Ouvrier, Employé, Cadre, Dirigeant.
- Définissez les entrées du troisième contrôle : < 20 000 € / > 20 000 €.
- Définissez les entrées du quatrième contrôle : < 1 an / Entre 1 et 5 ans / > 5 ans.

Lorsque vous cliquez sur un contrôle Liste déroulante, un onglet apparaît doté d'une flèche. Vous devez cliquer sur la flèche pour afficher la liste déroulante et choisir l'entrée.

■ Enregistrez le document *FicheRenseignements*.dotx.

6-PLACEZ UN CONTRÔLE RÉSERVÉ À LA PHOTO

■ Cliquez dans la cellule en haut à droite du tableau, puis cliquez sur le bouton **Contrôle de contenu d'image**, centrez le contrôle image dans la cellule.

Le cadre image s'est ajusté à la taille de la cellule, vous pouvez redimensionner le contrôle image comme tout objet image, en faisant glisser les poignées de redimensionnement.

■ Modifiez le titre de l'image *Image* par *Votre photo* : cliquez sur le contrôle image, cliquez sur Propriétés, dans la zone <Titre> saisissez Votre photo, validez par [OK].

7-CRÉEZ LA PARTIE RÉSERVÉE À LA SIGNATURE ET À LA DATE

■ Cliquez dans la dernière cellule du tableau, saisissez Signature : ↵↵↵.

■ Saisissez Fait le puis cliquez sur le bouton **Sélecteur de date**.

Un contrôle de date est inséré avec le texte d'invite suivant : *Cliquez ici pour entrer une date*. Vous allez modifier le texte d'invite :

■ Activez le mode Création de formulaire : sous l'onglet **Développeur**>groupe **Contrôles**, cliquez sur le bouton **Mode Création.**

■ Cliquez sur le contrôle date, puis cliquez devant le texte d'invite, saisissez [Cliquer ici] puis effacez tout le texte qui suit.

■ Désactivez le mode Création de formulaire : sous l'onglet **Développeur**>groupe **Contrôles**, cliquez sur le bouton **Mode Création**.

8-PROTÉGEZ LE FORMULAIRE

Vous pouvez protéger le formulaire de façon à empêcher toute modification du document sauf dans les contrôles de formulaire.

■ Sous l'onglet **Développeur**>groupe **Protéger** cliquez sur le bouton **Protéger un document**.

CAS 9 : FORMULAIRE DE RENSEIGNEMENTS

- Le volet *Restreindre la mise en forme et la modification* s'affiche à droite de la fenêtre Word.
- Cochez la case <☑ Autoriser uniquement ce type de modifications dans le document>, puis dans la zone située au dessous : sélectionnez *Remplissage de formulaire*, puis cliquez sur [Activer la protection], saisissez le mot de passe deux fois et validez par [OK] (dans cet exercice, laissez le mot de passe vide pour ne pas risquer un oubli).
- Enregistrez le modèle de formulaire `FicheRenseignements.dotx`, fermez le document.

9-UTILISEZ LE FORMULAIRE

- Ouvrez un nouveau document basé sur le modèle `FicheRenseignement.dotx`.
- Remplissez les contrôles de formulaire, puis enregistrez sous le nom `Fiche-MOREL`.
- Si vous avez un fichier avec la photo d'identité : cliquez sur le contrôle image, puis sélectionnez le fichier `Morel.jpg`, validez par [Insérer].
- Imprimez la fiche de renseignement complétée.

10-MODIFIEZ LE FORMULAIRE

- Ouvrez le formulaire et désactivez la protection : sous l'onglet **Développeur**>groupe **Protéger le document**, puis dans le volet *Restreindre la mise en forme et les modifications* : cliquez sur [Désactiver la protection].

Notez que le grisé en arrière plan des contrôles case à cocher est seulement visible à l'affichage, il ne sera pas imprimé. Notez aussi que les cases ne peuvent pas être cochées lorsque le document n'est pas protégé, alors que les autres contrôles sont utilisables en dehors de toute protection.

- Remplacez École commerce par `École de commerce`, et École ingénieur par `École d'ingénieur`.
- Protégez à nouveau le formulaire et enregistrez puis fermez le document.

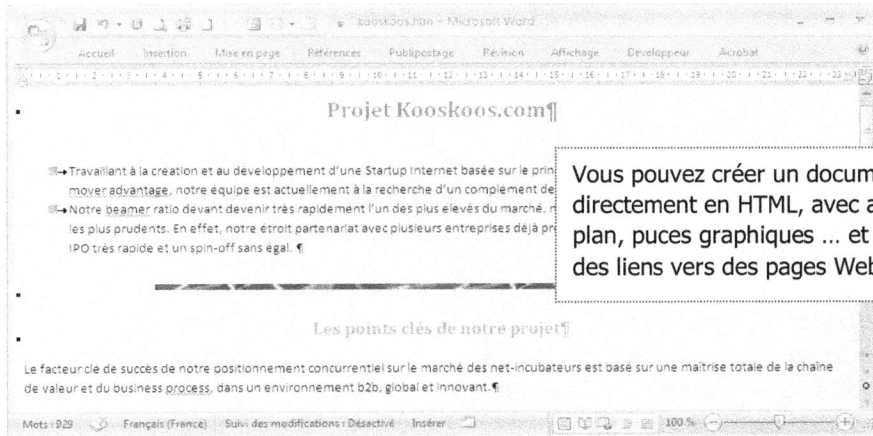

Vous pouvez créer un document directement en HTML, avec arrière-plan, puces graphiques ... et insérer des liens vers des pages Web...

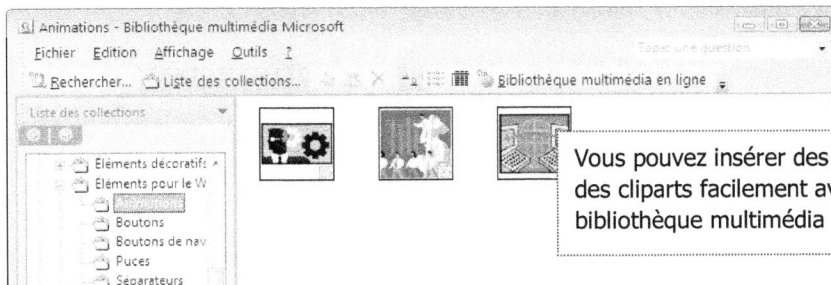

Vous pouvez insérer des images et des cliparts facilement avec la bibliothèque multimédia Microsoft.

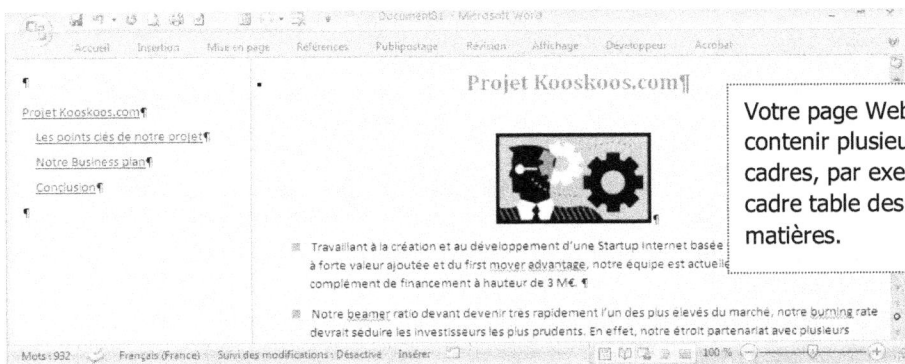

Votre page Web peut contenir plusieurs cadres, par exemple un cadre table des matières.

CAS 10 : PAGES WEB

Un document au format HTML (une page Web) a la particularité de pouvoir être lue avec n'importe quel navigateur Web. C'est le format utilisé sur le Web, ainsi que sur les réseaux intranet. Un document Word peut être enregistré au format HTML, mais le code HTML généré par Word est lourd. Vous réaliserez facilement une maquette HTML avec Word, mais il sera préférable de reconstruire les pages avec un éditeur spécialisé HTML pour les mettre en exploitation.

Vous allez partir d'un document Word nommé `Startup.docx`, puis l'agrémenter de divers éléments adaptés aux pages Web et l'enregistrer au format HTML.

1-CRÉEZ UNE PAGE HTML

Vous allez utiliser le texte d'un document Word nommé `Startup.docx`, puis l'agrémenter de divers éléments adaptés aux pages Web et l'enregistrer au format HTML.

■ Ouvrez un nouveau document, passez en affichage Web, enregistrez-le au format *Page Web filtrée (*.htm,*.html)* sous le nom `kooskoos.htm`.

Un message vous avertit que les balises propres à Office Word 2007 seront supprimées pour alléger le code HTML (filtrage), cliquez sur [Oui] pour enregistrer.

■ Insérez le texte du fichier `Startup.docx` : sous l'onglet **Insertion**>groupe **Texte** cliquez sur la flèche du bouton **Objet**, puis sur la commande *Texte d'un fichier...*, sélectionnez le fichier *Startup.docx* dans le dossier `C:\Exercices Word 2007`, cliquez sur [Insérer].

2-DÉFINISSEZ UNE COULEUR D'ARRIÈRE-PLAN

■ Sous l'onglet **Mise en page**>groupe **Arrière-plan de page** cliquez sur le bouton **Couleur de page**, amenez le pointeur devant une couleur sans cliquer, vous voyez l'effet immédiatement sur le document.

■ Au lieu d'une couleur vous allez appliquer une texture : cliquez sur la commande *Motifs et textures...* puis sur l'onglet **Texture**, puis cliquez sur la vignette parchemin (3ème vignette de la 4ème rangée), puis cliquez sur [OK].

■ Modifiez les styles :

– Titre 1 : Police de taille 18, Paragraphe centré, espace avant et après de 30 pt.

– Titre 2 : Police de taille 14, Paragraphe centré, espace avant et après de 15 pt.

3-PLACEZ DES PUCES GRAPHIQUES

■ Sélectionnez les deux premiers paragraphes, puis sous l'onglet **Accueil**>groupe **Paragraphe** cliquez sur la flèche du bouton **Puces**, puis sur la commande *Définir une puce...*, puis sur [Image], puis sélectionnez la 2ème puce de la 8ème rangée, cliquez sur [OK], validez par [OK].

4-INSÉREZ DES BARRES GRAPHIQUES HORIZONTALES

- Cliquez devant premier sous-titre de style *Titre 2*.
- Insérez une barre graphique horizontale : sous l'onglet **Accueil**>groupe **Paragraphe** cliquez sur la flèche du bouton **Bordures**, puis sur la commande *Bordure et trame...*, dans le dialogue cliquez sur [Ligne horizontale...], double-cliquez sur la 2ème vignette de la 2ème rangée.
- Insérez la même barre graphique horizontale devant les autres sous-titres de style *Titre 2*.

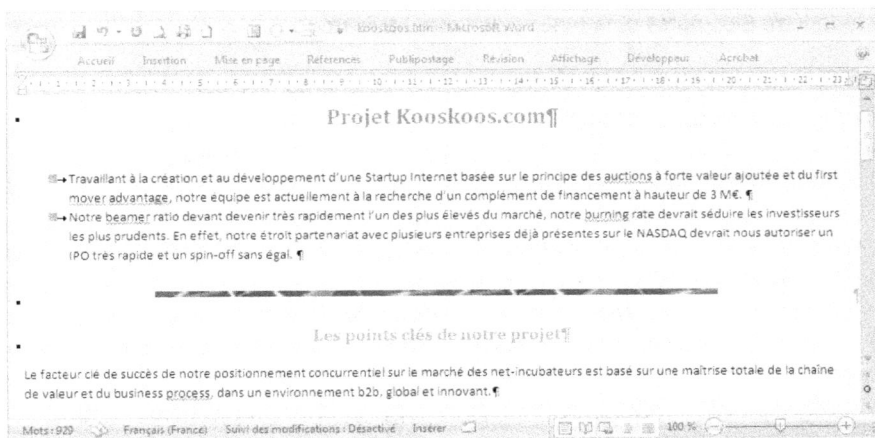

- Enregistrez le document.

5-INSÉREZ UN CLIPART ANIMÉ

Afin d'égayer le document, nous allons insérer une image animée à partir de la Bibliothèque multimédia (collection d'images livrée avec Office). L'animation de l'image ne sera visible que lorsque le document sera affiché dans un navigateur Web.

- Appuyez sur Ctrl + ⌃ pour revenir au début du document, cliquez enfin du titre et insérez un paragraphe, centrez le paragraphe inséré sous le titre.
- Insérez une image clipart : sous l'onglet **Insertion**>groupe **Illustrations**, cliquez sur le bouton **Images clipart**, ce qui ouvre le volet *Images clipart* sur la droite de la fenêtre Word : cliquez sur le lien Organiser les clips... pour ouvrir la fenêtre Bibliothèque multimédia.
- Cliquez sur le + devant *Collections Office*, puis sur le + devant *Éléments pour le Web*, puis *Animations*.

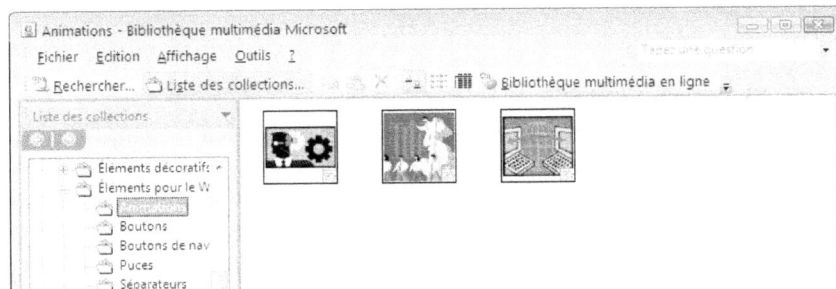

- Copiez/collez le clipart : amenez le pointeur sur la première vignette, cliquez sur la flèche qui apparaît, puis sur la commande *Copier*, cliquez dans le document dans le paragraphe vide sous le titre et appuyez sur Ctrl +V pour coller.
- Enregistrez le document, fermez le document.

6-AFFICHEZ LA PAGE WEB AVEC VOTRE NAVIGATEUR

- Ouvrez votre explorateur de document Windows, sélectionnez le dossier `C:\Exercices Word 2007`, double-cliquez sur le nom de fichier `kooskoos.htm`.

La fenêtre de votre navigateur s'ouvre et affiche la page Web.

- Cliquez droit dans la page Web puis sur la commande contextuelle *Afficher la source*...

Le code s'affiche dans un fichier Bloc-notes.

- Fermez la fenêtre Bloc-notes et la fenêtre de votre navigateur.

7-INSÉREZ UN LIEN VERS UNE PAGE WEB

Un lien hypertexte donne un accès immédiat à partir du document en cours à un autre emplacement dans le document ou à un autre document, ou bien à une page Web ou une adresse e-mail. Un lien hypertexte apparaît dans le document sous la forme d'un texte de couleur bleue et souligné.

- Ouvrez le fichier `kooskoos.htm`, Word détecte qu'il s'agit d'un fichier HTML et vous demande confirmation, cliquez sur [OK].
- Allez à la fin du document en appuyant sur [Ctrl]+[Fin], sélectionnez le texte `Pour consulter notre site Web`, puis sous l'onglet **Insertion**>Groupe **Liens** cliquez sur le bouton **Lien hypertexte**.
- Dans le dialogue *Insérer un lien hypertexte*, dans la zone <Texte à afficher> : le texte sélectionné est inscrit, dans la zone <Adresse> : saisissez l'adresse Web par exemple `www.tsoft.fr`.

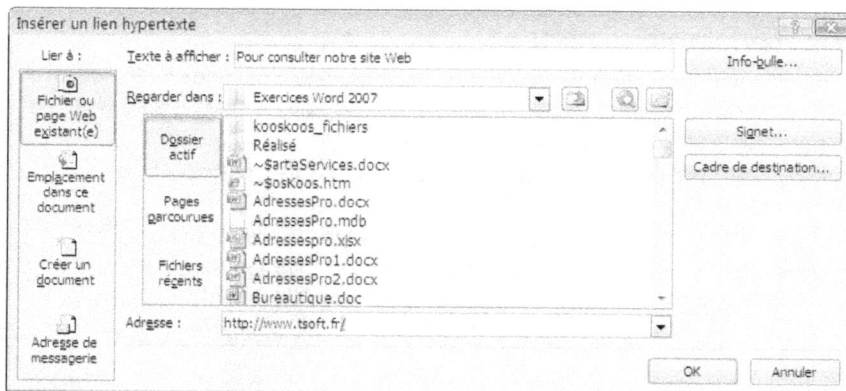

- Cliquez sur [OK] pour insérer le lien.

8-INSÉREZ UN LIEN VERS UNE ADRESSE DE MESSAGERIE

Afin de donner au lecteur du document la possibilité d'envoyer rapidement un e-mail à l'auteur du document, nous allons créer à la fin du document un lien vers une adresse de messagerie.

- À la fin du document, sélectionnez le texte `Pour nous contacter par e-mail`, le dialogue *Insérer un lien hypertexte* s'affiche.
- Dans la zone <Lier à> : cliquez sur l'icône *Adresse de messagerie*, dans la zone <Adresse de messagerie> : saisissez l'adresse `lecteur@tsoft.fr`, dans la zone <Objet> : saisissez `Demande d'information`, cliquez sur [OK].

CAS 10 : PAGES WEB

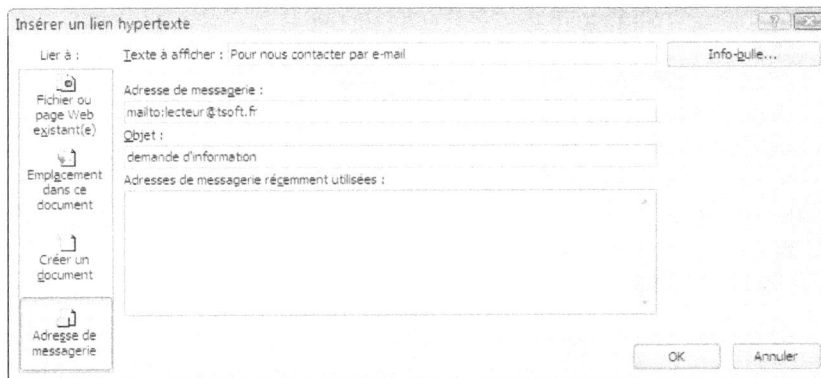

Insérer un lien hypertexte dialog box:

Insérer un lien hypertexte

Lier à :

Texte à afficher : Pour nous contacter par e-mail   Info-bulle...

Fichier ou page Web existant(e)

Adresse de messagerie :
mailto:lecteur@tsoft.fr

Emplacement dans ce document

Objet :
demande d'information

Adresses de messagerie récemment utilisées :

Créer un document

Adresse de messagerie

OK   Annuler

9-INSÉREZ UN LIEN VERS UN EMPLACEMENT DANS LE DOCUMENT

Pour faciliter les déplacements au sein du document, vous allez créer à la fin de celui-ci un lien qui ramène au début du document.

- Appuyez sur ⌨Ctrl+⌨Fin pour aller à la fin du document, puis sous l'onglet **Insertion**>Groupe **Liens**, cliquez sur le bouton **Lien hypertexte**.
- Dans la zone <Lier à> : cliquez sur l'icône *Emplacement dans ce document*, puis dans la zone <Sélectionner un emplacement dans ce document> : cliquez sur *Haut du document* (vous pouvez aussi choisir un titre ou un signet défini dans le document).

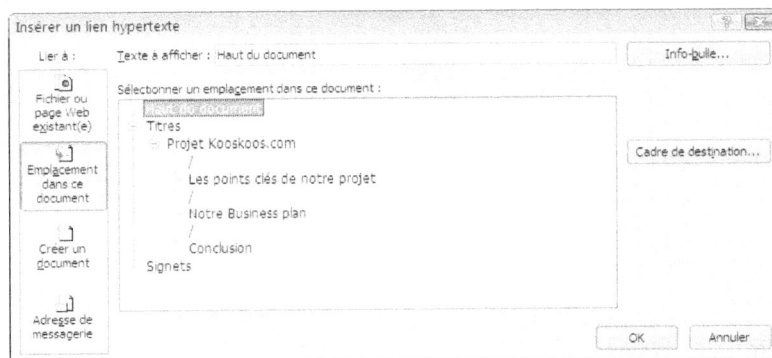

Insérer un lien hypertexte dialog box:

Insérer un lien hypertexte

Lier à :

Texte à afficher : Haut du document   Info-bulle...

Fichier ou page Web existant(e)

Sélectionner un emplacement dans ce document :

Haut du document
- Titres
  - Projet Kooskoos.com
    / Les points clés de notre projet
    / Notre Business plan
    / Conclusion
- Signets

Cadre de destination...

Emplacement dans ce document

Créer un document

Adresse de messagerie

OK   Annuler

- Cliquez sur [OK] pour insérer le lien.
- Enregistrez le document et fermez le document.

10-VÉRIFIEZ LE RÉSULTAT DANS UN NAVIGATEUR WEB

- Ouvrez votre navigateur Web, puis appuyez sur ⌨Ctrl+O (raccourci pour ouvrir un fichier), Cliquez sur [Parcourir], sélectionnez le dossier C:\Exercices Word 2007 puis double-cliquez sur le nom de fichier kooskoos.htm, validez par [OK].
- Faites défiler la page Web et cliquez sur les liens en fin de page pour les voir fonctionner.
- Lorsque vous avez fini vos tests, fermez la fenêtre de votre navigateur.

11-AJOUTEZ UN BOUTON CADRE À LA BARRE D'OUTILS ACCÈS RAPIDE

Une page Web peut contenir plusieurs cadres. Chaque cadre contient ses propres informations, peut posséder sa barre de défilement et peut être redimensionné. Un document Word 2007 peut aussi contenir plusieurs cadres, c'est ce que vous allez expérimenter.

CAS 10 : PAGES WEB

Word dispose de commandes permettant de créer ou de supprimer des cadres, et notamment de créer un cadre contenant une table des matières, mais ces commandes ne sont pas installées ni sur le Ruban ni sur la barre d'outils *Accès rapide*. Vous pouvez les ajouter :

- Cliquez sur la flèche déroulante de la barre d'outils *Accès rapide*, puis sur *Autres commandes...*
- Dans la zone liste déroulante <Choisir les commandes dans les catégories suivante> : sélectionnez *Toutes les commandes*.
- Dans la liste des commandes, sélectionnez *Cadres*, puis cliquez sur [Ajouter], puis de la même façon ajoutez les commandes *Nouveau cadre à gauche* et *Supprimer le cadre*.
- Cliquez sur [OK] pour valider et fermer le dialogue.

12-CRÉEZ DES CADRES DANS LE DOCUMENT

La création de cadre peut se faire dans le document au format HTML, comme à l'intérieur de tout document Word. Pour expérimenter cela, enregistrez le document HTML sous le format Word 2007 (`*.docx`) sous le nom `kooskoos.docx`.

- Cliquez sur le bouton *Cadres* que vous avez ajouté sur la barre d'outils *Accès rapide*, puis sur la commande *Table des matières dans un cadre*.
- Cliquez dans le cadre de gauche, définissez une couleur de page avec texture *Parchemin*, élargissez le cadre en faisant glisser le bord droit vers la droite.

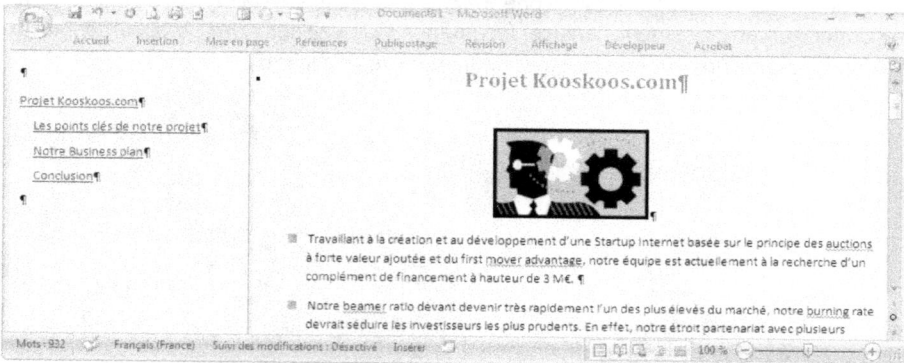

- Notez que le nom du document est devenu `DocumentN`, il s'agit d'un nouveau document contenant les cadres.
- Enregistrez le cadre table des matières : cliquez droit dans le premier paragraphe du cadre, puis sur la commande *Enregistrer document sous forme de cadre...*, nommez le document `kooskoos-tm.docx`, puis cliquez dans le cadre du texte et enregistrez-le en tant que cadre sous le nom `kooskoos-texte.docx`.
- Enregistrez le document contenant, cliquez sur le bouton *Enregistrer* dans la barre d'outils *Accès rapide*, dans le dialogue *Enregistrer sous...* nommez le fichier `GrandKoosKoos.docx`.
- Vous pouvez enregistrer le document contenant les cadres au format *Page Web filtrée*, sous le nom `GrandKoosKoos.htm`, du même coup des fichiers seront créés pour les cadres `kooskoos-tm.htm` et `kooskoss-texte.htm`.
- Fermez le document et dans votre navigateur Web ouvrez le fichier `GranKoosKoos.htm`.

13-QUELS FICHIERS HTM ONT ÉTÉ CRÉÉS ?

- Ouvrez le dossier `C:\Exercices Word 2007` dans votre explorateur de documents Windows.
- Repérez les fichiers créés : `Grandkooskoos.htm`, `kooskoos-tm.htm`, `kooskoos-texte.htm`, et deux dossiers `Grandkooskoos-fichiers` et `kooskoos_fichiers` pour les images.

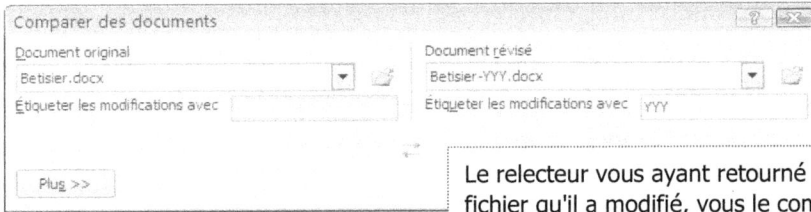

Le relecteur vous ayant retourné le fichier qu'il a modifié, vous le comparez à votre version d'origine. Les modifications sont mises en évidence.

Vous acceptez ou refusez les changements qui ont été faits par le r.

Vous pouvez combiner les révisions de plusieurs relecteurs.

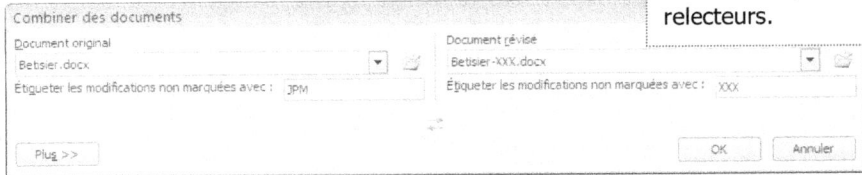

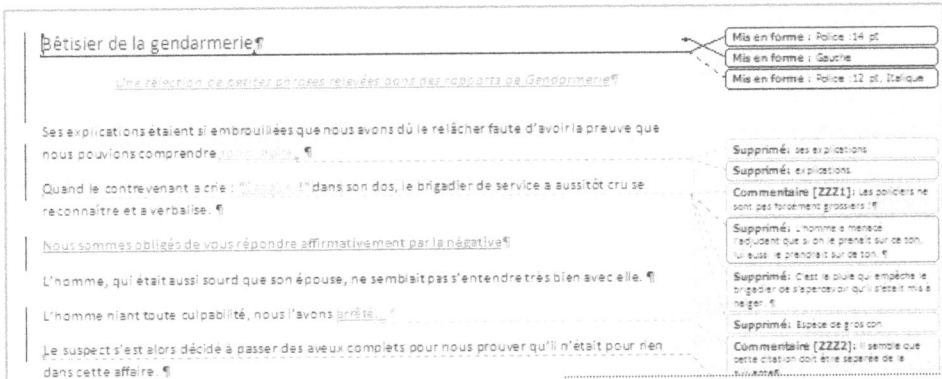

En plus des modifications, le relecteur peut inclure des commentaires.

CAS 11 : COLLABORER À UN DOCUMENT

Plusieurs personnes peuvent intervenir pour mettre au point un même document. Word peut marquer les modifications apportées par chaque personne, ces modifications peuvent ensuite être acceptées ou rejetées.

Pour expérimenter correctement le suivi des modifications, vous réaliserez ce cas pratique en collaboration avec d'autres personnes, vous échangerez fictivement le document. Par convention dans ce cas pratique, XXX YYY et ZZZ représentent les initiales des autres personnes, JPM représente vos initiales. Vous jouerez tour à tour le rôle des différentes personnes.

1-ENVOYEZ UN DOCUMENT PAR MESSAGERIE

Il est pratique d'envoyer un document par messagerie. Pour l'exercice, vous allez vous envoyer à vous-même un document.

■ Ouvrez le document Betisier, dans le dossier C:\Exercices Word 2007, cliquez sur le **bouton Office**, puis sur *Envoyer* et sur la droite du menu cliquez sur *Courrier électronique*.

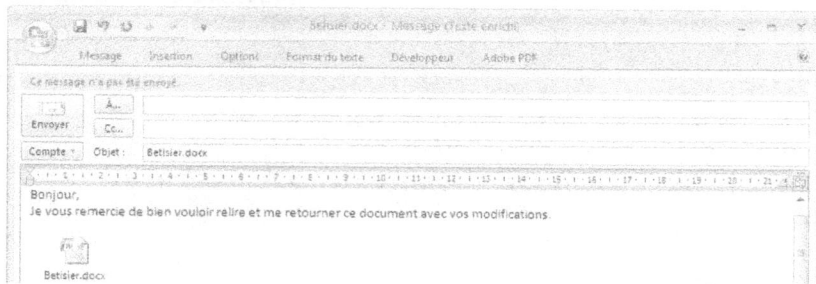

■ Spécifiez l'adresse e-mail du destinataire (la vôtre pour cet exercice), tapez un objet : Pour relecture, cliquez sur le bouton **Envoyer**.

2-TRANSMETTEZ UNE COPIE DU DOCUMENT AVEC SUIVI DES MODIFICATIONS

Vous voulez faire relire votre document par une autre personne. Transmettez-lui une copie du document, avec l'activation du suivi des modifications.

■ Ouvrez le fichier Betisier.docx, renommez le document en Betisier-XXX.docx.
■ Activez le suivi des modifications : sous l'onglet **Révision**>groupe **Suivi** cliquez sur le bouton **Suivi des modifications**.
■ Empêchez l'autre personne de désactiver le suivi des modifications : Sous l'onglet **Révision**> groupe **Protéger** cliquez sur le bouton **Protéger un document**, le volet *Restreindre la mise en forme et la modification* s'ouvre à droite de la fenêtre.
■ Cochez la case <☑ Autoriser uniquement ce type de modification>, puis sélectionnez *Marques de révision*, puis cliquez sur [Activez la protection], dans le dialogue *Activer la protection* : cliquez sur [OK] sans entrer de mot de passe (pour éviter tout risque d'oubli).
■ Enregistrez le document et transmettez ce fichier au correcteur XXX.

CAS 11 : COLLABORER À UN DOCUMENT

3-MODIFIEZ LE DOCUMENT AVEC SUIVI DES MODIFICATIONS

Vous allez jouer le rôle du correcteur XXX, vous avez reçu le document `Betisier-XXX.docx`.

Pour jouer le rôle du correcteur XXX, modifiez votre nom et vos initiales dans les options Word :

- Onglet **Révision**>groupe **Suivi** cliquez sur la flèche du bouton **Suivi des modifications**, puis sur *Changer le nom d'utilisateur...* qui affiche les options standard de Word : dans la partie droite du menu spécifiez le nom `Xavier XX` et les initiales `XXX`, puis cliquez sur [OK].

- Ouvrez le document `Betisier-XXX.docx`.

le suivi des modifications est activé et ne peut être désactivé sauf à connaitre le mot de passe

Lorsque vous travaillez avec le *Suivi des modifications* : les modifications que vous apportez sont mises en évidence à l'aide de marques de révision qui s'affichent dans le texte ou dans des bulles. Toute modification est signalée dans la marge gauche par un trait vertical.

Effectuez des modifications avec le *Suivi des modifications*.

- Insérez un paragraphe vide sous le titre, puis saisissez le sous-titre suivant : `Une sélection de petites phrases relevées dans des rapports de Gendarmerie.`
- Mettez en forme le sous titre : Italique, Centré, Espace Après `20` pt.
- Mettez en forme le titre principal : Gras, Centré, Espace Après `20` pt.
- Supprimez la quatrième et la dernière citation car elles ne vous amusent pas.
- Ajoutez une nouvelle phrase à la fin : `Le contrevenant n'arrêtait pas de m'appeler ironiquement Monsieur, c'est pourquoi je lui ai dressé un procès-verbal pour insulte à agent des forces de l'ordre.`
- Enregistrez le document, puis fermez-le et transmettez le document à l'auteur JPM.

4-ACCEPTEZ OU REFUSEZ LES MODIFICATIONS

Vous allez maintenant jouer le rôle de l'auteur JPM.

- Commencez donc par redéfinir votre nom et vos initiales, `Jean-Pierre MARTIN/JPM`

Vous avez reçu le fichier `Betisier-XXX` révisé par le correcteur XXX.

- Ouvrez le fichier `Betisier-XXX.docx`.
- Visualisez les marques de révision : amenez le pointeur sur une marque de révision, une info bulle s'affiche avec le nom du correcteur et la date de la révision.

- Désactivez la protection en cliquant sur le bouton **Protéger un document** puis sur [Désactiver la protection], le suivi des modifications est alors désactivé automatiquement.
- Acceptez les modifications du sous-titre : cliquez sur le sous-titre, puis cliquez sur le bouton **Accepter**, cliquez sur la bulle *Mise en forme* : Centré puis cliquez sur **Accepter**, cliquez sur la bulle **Mis en forme : Gras** puis cliquez sur **Accepter**.
- De la même façon, acceptez les modifications du titre.
- Passez en revue toute les marques de révision : cliquez au début du document, puis cliquez sur **Suivant**, comme vous ne savez pas encore si vous allez accepter ou refuser cliquez sur **Suivant**, puis cliquez sur **Accepter**, puis cliquez sur **Suivant** et cliquez sur **Accepter**.
- Un message d'invite vous propose de reprendre la recherche au début, cliquez sur [OK].
- Cliquez sur le bouton **Refuser**.
- Un message vous informe qu'il n'y a plus de marque de révision cliquez sur [OK].

Si vous aviez décidé d'accepter toute les révisions, cliquez sur la flèche du bouton **Accepter**, puis sur la commande *Accepter toutes les modifications dans le document*.

5-RECONSTITUEZ LES MARQUES DE RÉVISION D'UNE COPIE MODIFIÉE

Supposez que vous ayez transmis votre document à un autre relecteur à YYY, en oubliant d'activer le suivi des modifications. Le relecteur vous a transmis le fichier modifié. Vous pouvez reconstituer les marques de révision des modifications effectuées par YYY dans le fichier `Betiser-YYY.docx`.

- Onglet **Révision**>groupe **Comparer** cliquez sur le bouton **Comparer** puis sur la commande *Comparer...*, ❶ sélectionnez `Betisier.docx`, ❷ sélectionnez `Betisier-YYY.docx`, puis au-dessous saisissez `YYY` les initiales du correcteur, cliquez sur [OK].

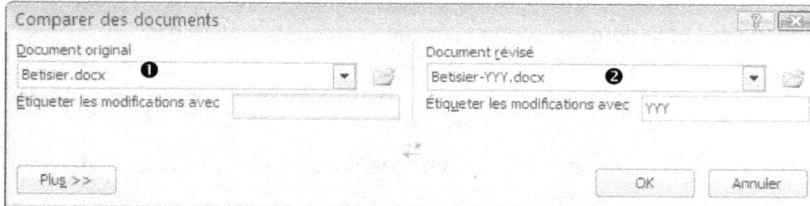

La comparaison reconstitue les marques de révision dans un nouveau document nommé initialement *Comparer les résultats N*.

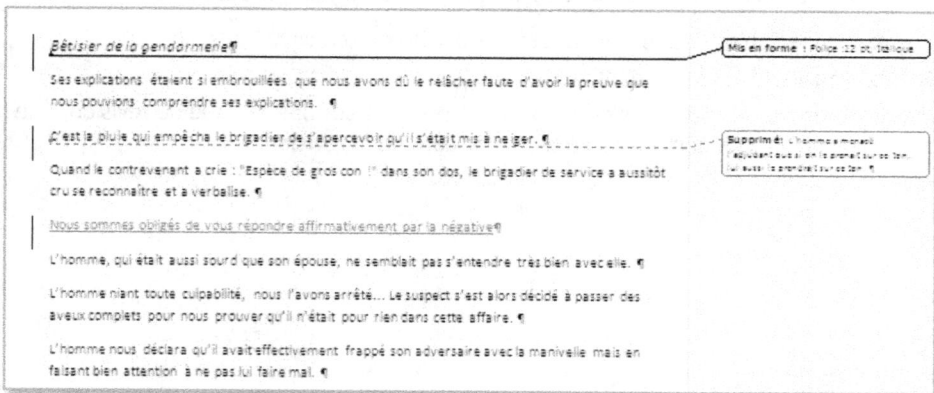

- Enregistrez ce document sous le nom `Betiser-YYY`, en remplaçant le fichier existant.

6-Combinez les marques de révision de plusieurs correcteurs

Vous voulez combiner les révisions des deux relecteurs XXX et YYY. Or vous avez précédemment accepté ou refusé les révisions de XXX, et le fichier `Betisier-XXX` ne contient donc plus les marques de révision. Vous allez les reconstituer :

- Procédez comme précédemment pour reconstituer les marques de révision de XXX en comparant `Betisier` et `Betisier-XXX` et en enregistrant le résultat dans `Betisier-XXX`.

Vous allez maintenant combiner les marques de révision de `Betisier-XXX` et `Betisier-YYY`. Commencez par combiner les documents `Betisier.docx` et `Betiser-XXX.docx` :

- Onglet **Révision**>groupe **Comparer** cliquez sur le bouton **Comparer** puis sur la commande *Combiner...* (les icônes ✏ servent à parcourir les dossiers).

  ❶ sélectionnez le document original `Betisier.docx`, ❷ sélectionnez le document révisé par XXX `Betisier-XXX.docx`, si la comparaison des documents détecte des modifications non marquées, spécifiez un nom de relecteur fictif pour chaque document source (ici `Inconnu`).

- Cliquez sur [OK].

Un nouveau est créé avec le nom *Combiner des résultats N* (N est un numéro de séquence), il contient le texte original et les marques de révision XXX.

- Enregistrez le document obtenu sous le nom `Betisier-revisé.docx` et fermez ce document.

Combinez ensuite les marques de révision de `Betisier-revisé.docx` et `Betiser-YYY.docx` :

- Procédez comme ci-dessus.

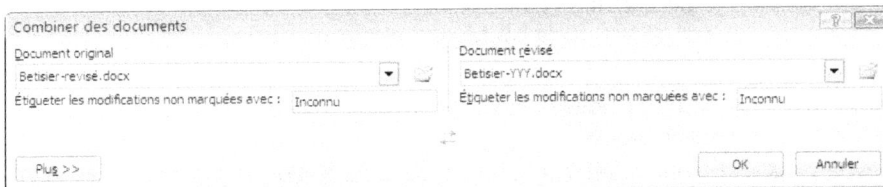

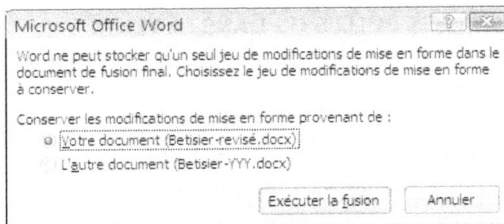

- Lorsque des marques de révision de mise en forme sur des mêmes éléments existent dans les deux documents, Word qui ne peut conserver que celle qui provient d'un des deux : indiquez lequel, puis cliquez sur [Exécuter la fusion].

- Enregistrez le document obtenu sous le nom `Betisier-revisé.docx`.

- Vérifiez que vous retrouvez dans ce document toutes les marques de révision des correcteurs XXX et YYY, en amenant le pointeur sur les marques de révision.

7-CHOISISSEZ LES DIFFÉRENTS AFFICHAGES DU DOCUMENT

- Sous l'onglet **Révision**>groupe **Suivi des modifications**, cliquez sur le bouton **Afficher pour la révision**, puis cliquez sur *Final* : affiche le document modifié sans voir les marques de révision, comme si elles avaient été acceptées.

- Cliquez sur le bouton **Afficher pour la révision**, puis cliquez sur *Original* : affiche le document comme il était sans voir les révisions, comme si elles avaient été refusées.

- Cliquez sur le bouton **Afficher pour la révision**, puis cliquez sur *Final avec marques* : affiche le document modifié, mais les marques de révision effectuées restent visibles.

- Cliquez sur le bouton **Afficher pour la révision**, puis cliquez sur *Original avec marques* : affiche le document original, mais avec les marques de révision à effectuer visibles.

- En dernier lieu, choisissez l'affichage *Final avec marques.*

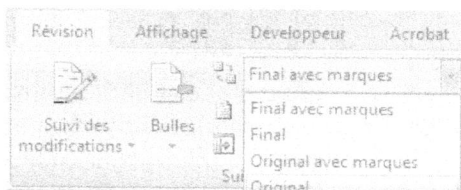

8-AFFICHEZ SÉLECTIVEMENT LES MARQUES DE RÉVISION

Affichez les marques d'un relecteur.

- Cliquez sur le bouton **Afficher les marques** puis sur *Relecteurs...*, puis sur cliquez sur *Tous les relecteurs* pour désélectionner tous les relecteurs.

- Cliquez sur le bouton **Afficher les marques** puis sur *Relecteurs...*, puis sur cliquez sur XXX relecteurs pour afficher seulement les marques de XXX.

- Affichez seulement les marques d'YYY, puis réaffichez celles de tous les relecteurs.

Affichez seulement les marques d'insertion et de suppression.

- Cliquez sur le bouton **Afficher pour la révision** puis sur *Mise en forme* pour désélectionner les marques de mise en forme.

Affichez seulement les marques de mise en forme.

- Cliquez sur le bouton **Afficher pour la révision** puis sur *Mise en forme* pour sélectionner à nouveau les marques de mise en forme.

- Cliquez sur le bouton **Afficher pour la révision** puis sur *Insertion et suppression* pour désélectionner ce type de marque.

- Après avoir visualisé le résultat réaffichez les marques d'insertion et suppression.

9-AFFICHEZ LES MARQUES DE RÉVISION DANS DES BULLES OU DANS LE TEXTE

- Sous l'onglet **Révision**>groupe **Suivi des modifications**, cliquez sur le bouton **Bulles**, puis cliquez sur *Afficher toutes les révisions dans le texte.*
  Notez que le sous-titre inséré est maintenant dans le texte, comme toutes les autres révisions d'insertion, notez aussi que les révisions de suppression barrée dans le texte.

- Cliquez sur le bouton **Bulles**, puis cliquez sur *Afficher les révisions dans les bulles* :
  Notez que le sous-titre inséré est maintenant dans une bulle texte, comme toutes les autres révisions d'insertion, notez aussi que les révisions de suppression ne sont plus dans le texte mais sont dans une bulle.

- Cliquez sur le bouton **Bulles**, puis cliquez sur *Afficher les commentaires et la mise en forme dans les bulles.*
  C'est une bonne façon de différencier visuellement les différents types de marque de révision.

CAS 11 : COLLABORER À UN DOCUMENT

10-MODIFIEZ LES OPTIONS DE SUIVI

- Cliquez sur la flèche du bouton **Suivi des modifications**, puis sur la commande *Modifier les options de suivi...* Repérez les paramétrages des modifications qui peuvent être suivies : les marques d'insertion et suppression, les déplacements de texte, les mises en forme, les bulles.

11-INSÉREZ DES COMMENTAIRES

En plus des révisions vous pouvez insérer des commentaires dans un document que vous relisez. Vous allez jouer le rôle du relecteur ZZZ.

- Ouvrez le document `Betisier-ZZZ`, des marques de révisions sont déjà en place.
- Changez le nom d'utilisateur `Zoe Zebulon`/ZZZ.
- Insérez des commentaires, puis transmettez le document à l'auteur JPM.
- Changez le nom d'utilisateur en `Jean-Paul MARTIN`/JPM.
- Combinez les révisions de `Betisier-ZZZ` dans celles de `Betisier-révisé`.
- Dans la 3ème citation, cliquez après canaille et insérez le commentaire : sous l'onglet **Révision**>groupe **Commentaires**, cliquez sur le bouton Nouveau commentaire et saisissez `Les policiers ne sont pas forcément grossiers !`.
- Cliquez à la fin de la 5ème citation, insérez le commentaire : `Il semble que cette citation doit être séparée de la suivante.`
- Enregistrez le document puis transmettez le document à l'auteur JPM.

12-CONSULTEZ LES COMMENTAIRES

- Prenez le rôle de l'auteur JPM : changez le nom d'utilisateur (Jean-Paul MARTIN/JPM).
- Ouvrez le document `Betisier-ZZZ` et supprimez la protection, puis fermez le document.
- Combinez le document Betisier-révisé.docx avec le document `Betisier-ZZZ.docx`.
- Enregistrez le nouveau document sous le nom `Betisier-révisé.docx`.

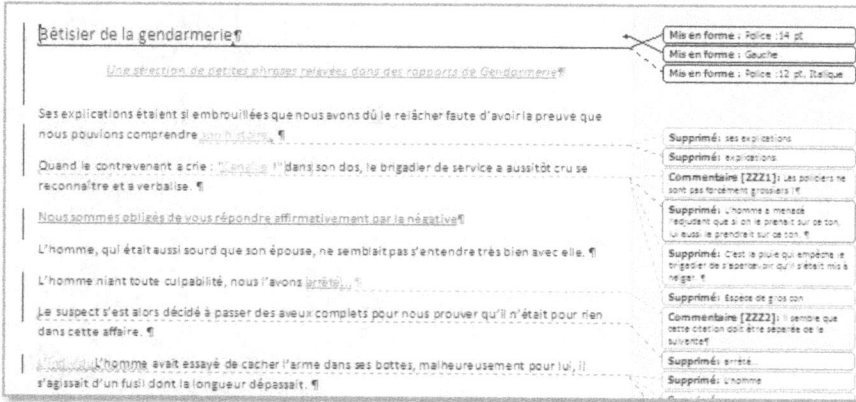

- Constatez que les commentaires de ZZZ apparaissent dans des bulles.

Vous pouvez naviguer de commentaire en commentaire.

- Sous l'onglet **Révision**>groupe **Commentaires**, cliquez sur le bouton **Suivant** pour placer le point d'insertion dans le commentaire suivant, ou cliquez sur **Précédent** pour placer le point d'insertion dans le commentaire précédent.
- Lorsque vous avez pris connaissance d'un commentaire, vous pouvez le supprimer : cliquez sur le bouton **Supprimer**.
- Vous pouvez passer en revue les marques de révision et les accepter ou les refuser une à une, ensuite supprimez les commentaires.
- Enregistrez puis fermez le document.

CAS 12 : DOCUMENTS MAÎTRES

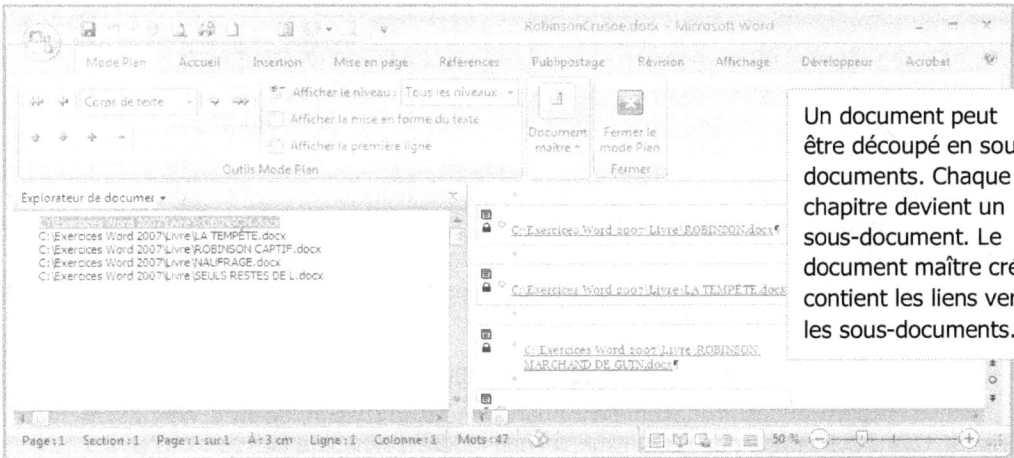

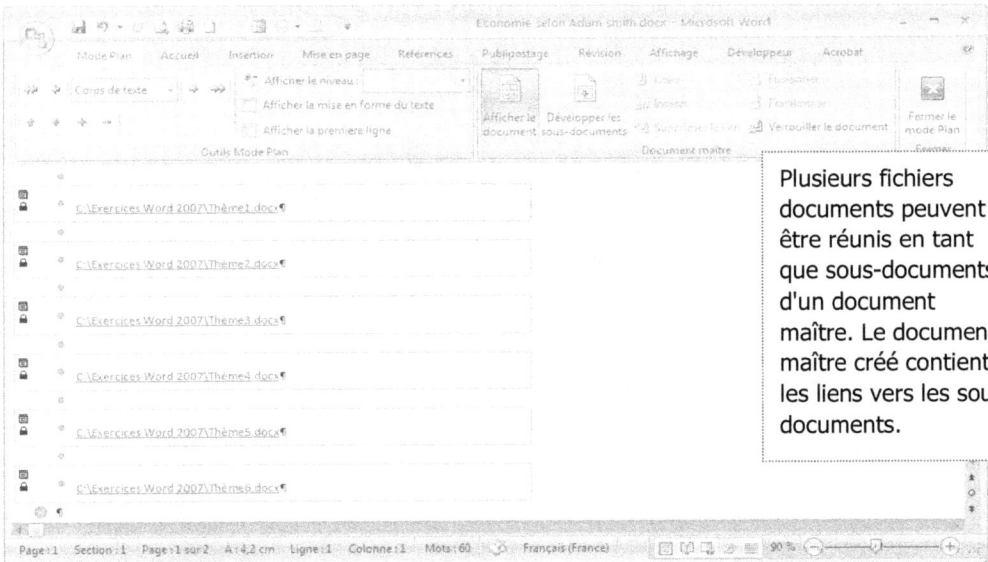

Un document peut être découpé en sous-documents. Chaque chapitre devient un sous-document. Le document maître créé contient les liens vers les sous-documents.

Plusieurs fichiers documents peuvent être réunis en tant que sous-documents d'un document maître. Le document maître créé contient les liens vers les sous-documents.

L'économie de Adam smith

Sommaire

La division du travail et l'intérêt personnel..2
La valeur travail et la monnaie...4
Les facteurs de production...5
La formation des prix, la concurrence et le marché..................................6
Distorsions causées par l'État..8
La rente et les revenus...9

CAS 12 : DOCUMENTS MAÎTRES

Lorsqu'un document est volumineux, il est pratique de le découper en sous-documents afin de travailler sur chaque sous-document séparément tout en préservant l'intégrité de l'ensemble.

Vous allez découper un livre contenu initialement dans un seul document en autant de sous-document que de chapitre. Ensuite vous ferez l'inverse, en réunissant plusieurs fichiers sans les fusionner pour constituer un livre.

1-DÉCOUPEZ UN DOCUMENT EN SOUS-DOCUMENTS

Chaque chapitre du document commence par une tête de chapitre de style *Titre 1*, c'est donc ce style *Titre 1* qui va servir au découpage. À chaque tête de chapitre de style *Titre 1*, il y aura création d'un sous-document et dans un document maître sera créé avec un lien vers le sous-document.

- Ouvrez le fichier `CasA12.docx`, et enregistrez-le sous le nom `RobinsonCrusoe` dans le dossier `C:\Exercices Word 2007\Livre`.

- Passez en affichage en mode plan : cliquez sur l'icône *Plan* ❶ sur la barre d'état de la fenêtre Word, un onglet **Mode Plan** apparaît sur le Ruban.

- Affichez seulement les titres de plus haut niveau (*Titre 1*) : cliquez sur la flèche du bouton **Afficher le niveau**, sélectionnez *Niveau 1*. Chaque titre et ses sous-niveaux constitueront un sous-document dans un fichier séparé.

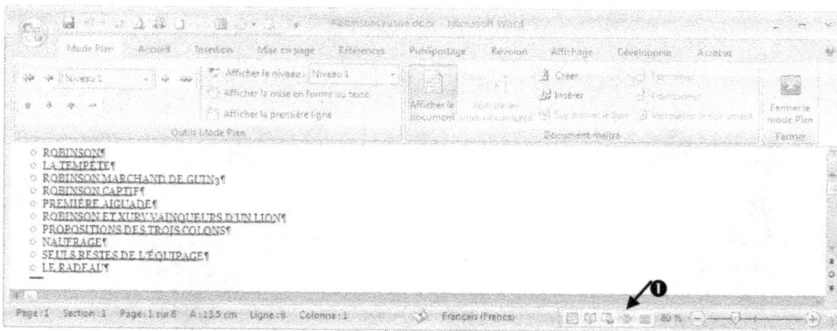

- Sélectionnez les titres en faisant glisser le pointeur dans la zone de sélection (marge gauche) devant les paragraphes titre.

- Sous l'onglet **Mode plan**>groupe **Document maître** cliquez sur le bouton **Afficher le document**, puis sur le bouton **Créer**.

Le document est transformé en document maître, les sous-documents apparaissent affichés dans un cadre pointillé avec une icône ❶ de sous-document en marge gauche.

CAS 12 : DOCUMENTS MAÎTRES

- Pour créer les fichiers sous-documents : enregistrez le document maître.
- Chaque sous document est enregistré dans un fichier séparé, le titre sera pris comme nom du fichier sous-document. Le document initial est transformé en document maître, il contient des liens vers les sous-documents.
- Pour afficher les liens : cliquez sur le bouton **Réduire les sous-documents**.
  Les liens sont affichés à la place du contenu des sous-documents.
- Pour afficher le contenu des sous-documents à la place des liens, cliquez sur le bouton **Développer les sous-documents.**

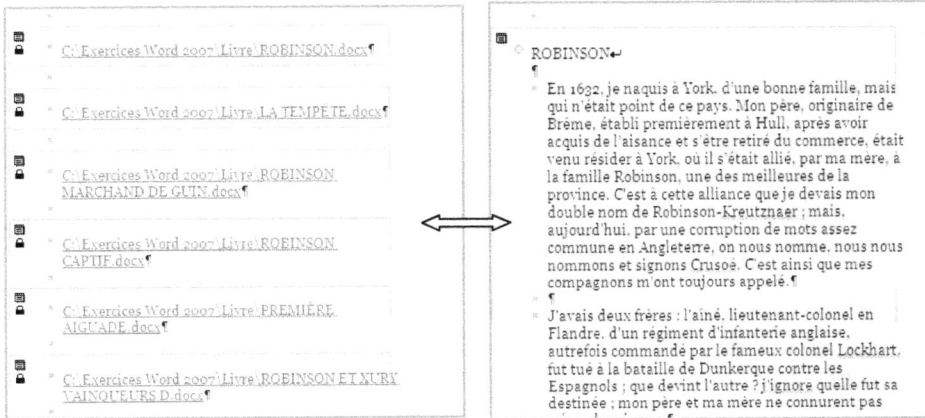

- Fermez le document maître.

2-VÉRIFIEZ LA PRÉSENCE DES FICHIERS SOUS-DOCUMENTS

- Cliquez sur le **Bouton Office** puis sur *Ouvrir*, sélectionnez `C:\Exercices Word007\Livre`.

Les fichiers sous-documents ont été créés (les noms sont les titres du document initial), le fichier `RobinsonCrusoe.docx` devenu un document maître a sa taille réduite à 15 Ko alors que le document initial était de 48 Ko, car il contient seulement des liens vers les sous-documents.

- Ouvrez le document maître en double-cliquant sur son nom.
  Notez qu'à l'ouverture ce sont les liens qui sont affichés.
- Affichez les contenus des sous-documents à la place des liens, puis passez en *Aperçu avant impression*. Le document maître s'affiche comme si les contenus des sous-documents faisaient partie d'un même document.

Vous remarquez que le document maître commence par une page vierge, ce qui n'était pas le cas du document initial. La raison en est que Word a inséré un saut de section continu devant chaque lien et que le style *Titre 1* prévoit un saut de page avant le paragraphe, donc lorsque vous développez les sous-documents un saut de page s'effectue avant le premier titre.

- Cliquez sur le bouton **Réduire les sous-documents**, puis passez en affichage *Brouillon* en cliquant sur l'icône *Brouillon* sur la barre d'état de la fenêtre Word.

- Développez les sous-documents.
- Cliquez sur l'onglet **Accueil** sur le Ruban, puis cliquez sur un titre vous constatez que le titre mis en forme avec la police *Georgia*, il est de même pour les paragraphes de texte.
C'est avec cette police que les styles étaient définis dans le document initial, le document maître a bien sûr conservé cette mise en forme.

3-OUVREZ UN SOUS-DOCUMENT DANS UNE FENÊTRE SÉPARÉE

- Le ficher sous-document peut être ouvert dans une fenêtre séparée. Vous pouvez modifier le sous-document dans cette fenêtre : sous l'onglet **Mode plan**>groupe **Document maître** cliquez sur le bouton **Afficher le document** le contenu du sous-document apparaît dans un cadre grisé, double-cliquez sur l'icône de sous-document.
- Modifiez la date du début de 1632 en 1634, enregistrez le document puis basculez dans le document maître : la modification a été prise en compte.
- Essayez de modifier la date dans le document maître, vous constatez que cela n'est plus possible. La raison est que le sous-document étant déjà ouvert dans une fenêtre séparée, le sous-document est verrouillé dans le document maître comme le signale une icône de verrou sous l'icône de sous-document.
- Basculez dans la fenêtre sous-document séparée et fermez le document, puis basculez dans la fenêtre du document maître. L'icône du verrou n'est plus là, vous pouvez maintenez modifier le texte du sous-document.
- Modifiez la date du début de 1634 en 1636, puis double-cliquez sur l'icône de sous-document : le sous–document s'affiche dans une fenêtre séparée avec la date 1636. Une modification faite dans le document maître a été immédiatement enregistrée dans le fichier sous-document.
- Fermez la fenêtre du sous-document, enregistrez et fermez le document maître.
- Vous pouvez ouvrir un fichier sous-document et le modifier directement : ouvrez le fichier ROBINSON.docx, remettez la date à 1632, puis fermez le document en enregistrant.

4-COMMENT INTERAGISSENT LES STYLES ENTRE SOUS-DOCUMENT ET DOCUMENT MAÎTRE

Lorsque vous modifiez un style dans un sous-document, cette modification n'est pas reprise dans le style de même nom du document maître. Alors que si vous appliquez une mise en forme directement sur du texte dans le sous-document, cette mise en forme est reprise dans l'affichage document maître.

- Ouvrez le fichier NAUFRAGE.docx, modifiez le style *Titre 1* en spécifiant une police *Arial*, puis dans la deuxième ligne du texte mettez en gras côte de guinée, puis fermez le document en enregistrant.
- Ouvrez le document maître, développez les sous-documents, affichez l'explorateur de document (onglet **Affichage**<groupe **Afficher/masquer**), puis dans le volet explorateur cliquez sur le titre NAUFRAGE. Constatez que la police de ce titre dans le document maître n'est pas *Arial*, mais qu'en revanche que les caractères mis en gras directement dans le sous-document apparaissent aussi en gras dans l'affichage du document maître.

Inversement si vous modifiez un style dans le document maître, il n'est pas modifié dans les sous-documents, alors qu'une mise en forme directe dans le sous document via le document maître est reproduite dans le sous-document.

5-ASSEMBLEZ DES SOUS-DOCUMENTS DANS UN DOCUMENT MAÎTRE

Vous allez maintenant constituer un document maître pour assembler en tant que sous-documents plusieurs fichiers document existants. Il est conseillé que les sous-documents utilisent tous la même feuille de styles, ainsi le document maître reprendra exactement les styles des sous-documents.

Préparez les sous-documents. Dans notre cas, ces sous-documents existent sous les noms de fichiers `Thème1.docx`, `Thème2.docx`... déplacez ces fichiers dans le sous-dossier `C:\Exercices Word 2007\Livre`.

- Créez un document, avec les marges Haut, Gauche et Droit à `2,5` cm, et Bas à `1,25` cm.
- Sous l'onglet **Mode plan**>groupe **Document maître** cliquez sur **Afficher le document**.
- Dans le groupe **Document maître** cliquez sur le bouton **Insérer**, sélectionnez le dossier `C:\Exercices Word 2007\Livre` puis double-cliquez sur le nom du fichier `Thème1.docx`.
- Word détecte un style utilisé de même nom dans le sous-document et le document maître (le style *Titre 1*), il propose de mémoriser la mise en forme du style du sous-document sous un autre nom de style : ce n'est pas utile pour ici, cliquez sur [Non pour tout],
  un lien vers le fichier `Thèmes1.docx` est inséré dans le document maître, le contenu du fichier sous document s'affiche dans le document maître.
- Répétez l'étape précédente pour insérer des liens successivement vers les autres sous-documents : *Thème2.docx*, `Thème3.docx`...à *Thème6.docx.*
- Enregistrez le document maître sous le nom `Economie selon Adam Smith`, **dans le dossier** `C:\Exercices Word 2007\Livre`.
- Cliquez sur le bouton **Réduire les sous-documents** afin de voir les liens à la place du contenu des sous-documents, puis passez en affichage *Brouillon* pour visualiser les sauts de section qui ont été insérés par Word entre avant chaque lien vers un sous-document.
- Passez en affichage *Page* et affichez le volet *Explorateur de document*.
- Dans le volet explorateur de document, cliquez sur un titre pour voir s'afficher le contenu le titre et le texte qui suit dans la fenêtre.

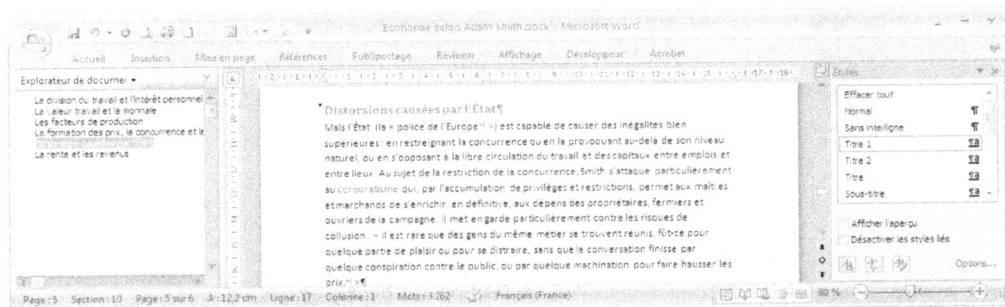

- Faites apparaître la fenêtre des styles puis modifiez le style *Titre 1*, par exemple avec la police *Bradley Hand ITC* en taille `18` et en gras.
- Constatez que le style est modifié pour tous les titres dans le document maître mais pas dans les sous-documents lorsque vous les éditez dans une fenêtre séparée.

Les styles peuvent donc être modifiés dans le document maître sans que la présentation par les styles des sous-documents en soit affectée.

- Modifiez le style *Titre 1* : sous l'onglet **Enchaînement** de façon que chaque titre commence sur une nouvelle page (cochez <☑ Saut de page avant>).

6-INSÉREZ UNE PAGINATION DANS LE PIED DE PAGE DU DOCUMENT MAÎTRE

- Onglet **Insertion**>groupe **En-tête et pied de page**, cliquez sur le bouton **Pied de page**, dans la galerie sélectionnez la vignette *Classique*.
- Passez en affichage *Aperçu avant impression*.

Vous constatez que le pied de page s'inscrit sur toutes les pages du document maître.

- Modifiez la mise en page pour que le pied de page soit positionné à 2 cm au-dessus du bord bas de la feuille : sous l'onglet **Mise en page**, cliquez sur le **lanceur** du groupe, puis sous l'onglet **Disposition** dans la zone <A partir du bord : Pied de page> : spécifiez 2 cm.
- Repassez en affichage *Page*.
- Onglet **Insertion**>groupe **En-tête et pied de page** cliquez sur le bouton **En-tête**, dans la galerie sélectionnez la vignette *Alphabet*, l'en-tête s'inscrit avec un contrôle texte. Cliquez sur le contrôle texte et saisissez L'économie de Adam Smith.
- Passez en *Aperçu avant impression* puis en affichage *Page*.

L'en-tête et pied de page du document maître ne s'inscrivent pas dans les sous-documents.

7-TABLE DES MATIÈRES DU DOCUMENT MAÎTRE

Vous allez ajouter une table des matières en début de document maître.

- Placez le point d'insertion au début du document avant le premier saut de section.
- Sous l'onglet **Référence**>groupe **Table des matières** cliquez sur le bouton **Table des matières**, puis dans la galerie : sélectionnez la vignette *Sommaire*.

Vous allez changer la présentation de la table des matières.

- Sélectionnez le paragraphe Sommaire, définissez un espace avant et après de 50 pt, centrez, définissez la police de taille 18.
- Cliquez sur une entrée de table des matières, définissez un espace avant de 20 pt, vous constatez que toutes les entrées s'espacent de 20 pt, car le style *TM 1* est paramétré pour être mise à jour automatiquement.

CAS 12 : DOCUMENTS MAÎTRES

8-DIFFÉRENCIEZ LA MISE EN PAGE DES PAGES PAIRES ET IMPAIRES

Vous allez définir une mise en page différente sur les pages paires et impaires.

■ Onglet **Mise en page** cliquez sur le **lanceur** du groupe **Mise en page**, puis sous l'onglet **Marges** dans la zone <Afficher plusieurs pages> : sélectionnez *Pages en vis-à-vis*, et dans la zone <Reliure> : spécifiez 1 cm, dans la zone <Appliquer à> : sélectionnez *À tout le document*, cliquez sur [OK].

Vous devez alors redéfinir l'en-tête sur les pages paires.

■ Double-cliquez sur l'en-tête sur une page impaire, sélectionnez tout le contenu de l'en-tête et copiez-le dans le *Presse-papiers*.

■ Faites défiler le document jusqu'à la page suivante (paire), collez le contenu du Presse-papiers, puis supprimez le dernier paragraphe vide.

■ Passez en *Aperçu avant impression* pour vérifier que l'en-tête est bien sur toutes les pages.

Vous devez aussi redéfinir le pied de page sur les pages paires.

■ Repassez en affichage *Page*, double-cliquez sur le pied de page sur une page impaire, sélectionnez le contenu du pied de page (utiliser la fonction sélection d'un tableau) et copiez le dans le Presse-papiers, puis faites défiler le document jusque sur une page paire, cliquez dans le pied de page encore vide et collez le Presse-papiers.

■ Passez en *Aperçu avant impression* pour vérifier que l'en-tête est bien sur toutes les pages.

Définissez un alignement différent des en-têtes de pages paires et impaires.

■ Repassez en affichage *Page*, double-cliquez sur le pied de page sur une page impaire et alignez à droite, faites défiler le document jusque sur une page paire, cliquez sur l'en-tête et alignez-le à gauche.

■ Repassez en affichage *Page*.

9-IMPRIMEZ LES PAGES RECTO VERSO

■ Cliquez sur le **Bouton Office** puis sur *Imprimer* qui affiche le dialogue *Imprimer*, dans la zone <Imprimer> située au bas de l'écran : sélectionnez *Pages impaires*, puis lancez l'impression en cliquant sur [OK].

■ Lorsque les pages recto (impaires) ont été imprimées, replacez les feuilles dans le bac d'imprimante de façon que le côté vierge verso soit placé du bon côté être imprimé et dans le bon ordre. En principe, vous devrez remettre les pages en ordre inverse.

■ Cliquez sur le **bouton Office** puis sur *Imprimer* qui affiche le dialogue *Imprimer*, dans la zone <Imprimer> située au bas de l'écran : sélectionnez *Pages paires*, puis lancez l'impression en cliquant sur [OK].

Plutôt que de procéder de la façon précédente, vous pouvez aussi cocher simplement dans le dialogue *Imprimer* l'option <☑ Recto verso manuel>. Word propose automatiquement de replacer les feuilles dans l'autre sens après avoir imprimé les rectos.

.

Index

www.ingramcontent.com/pod-product-compliance
Lightning Source LLC
Chambersburg PA
CBHW051213200326
41519CB00025B/7097